全国高职高专教育土木建筑类专业新理念教材

（第二版）

建筑力学

◎ 主编　段贵明

同济大学 出版社
TONGJI UNIVERSITY PRESS

内 容 提 要

本书根据高职高专土木建筑类建筑工程技术专业人才培养目标和规格要求,紧密结合工程实际和国家、行业现行标准、规范编写而成。

本书共有 11 个单元,包括静力学基本知识,平面力系的合成与平衡,平面图形的几何性质,平面杆件体系的几何组成分析,杆件的基本变形(一),杆件的基本变形(二),强度理论及杆件的组合变形,压杆稳定,静定结构的内力和位移,超静定结构的内力和位移,影响线和内力包络图等内容。

本书可作为高职高专、成人高校等建筑工程、道路桥梁工程、市政工程、地下与隧道工程、水利工程等土木工程类专业的教材,也可作为广大自学者及相关专业工程技术人员的参考用书。

图书在版编目(CIP)数据

建筑力学／段贵明主编. —2 版. —上海:同济大学出版社,2021.2
全国高职高专教育土木建筑类专业新理念教材
ISBN 978 - 7 - 5608 - 8828 - 6

Ⅰ. ①建… Ⅱ. ①段… Ⅲ. ①建筑科学－力学－高等职业教育－教材 Ⅳ. ①TU311

中国版本图书馆 CIP 数据核字(2019)第 255264 号

全国高职高专教育土木建筑类专业新理念教材

建筑力学(第二版)

主编 段贵明

责任编辑 马继兰 高晓辉 责任校对 徐春莲 封面设计 陈益平

出版发行 同济大学出版社 www.tongjipress.com.cn
(地址:上海市四平路 1239 号 邮编:200092 电话:021－65985622)

经 销 全国各地新华书店
印 刷 启东市人民印刷有限公司
开 本 787mm×1092mm 1/16
印 张 19.75
字 数 493 000
版 次 2021 年 2 月第 2 版 2021 年 2 月第 1 次印刷
书 号 ISBN 978 - 7 - 5608 - 8828 - 6

定 价 60.00 元

第二版前言

本书按照高职高专人才的培养目标及高职教育的特点，结合编者多年从事教学的经验而编写。本书的特点是，以必需和够用为准则，强化应用为重点。简化了对一些理论的推导和证明，对土木工程较实用的内容列举了较多的例题，各单元均编有单元概述、学习目标、教学建议、思考题和习题，考虑到高职教育的国际化，还提供了中英文对照的关键词，同时还附有部分习题答案，供读者参考。

第二版做了以下修订：删减了扭转部分理论性较强的章节；精选替换部分习题；按照现行国家标准《钢结构设计标准》（GB 50017—2017）对压杆稳定的计算进行调整；简化了位移法计算；等等。

本书可作为高职高专、成人高校等建筑工程、道路桥梁工程、市政工程、地下与隧道工程、水利工程等土木工程类专业的教材；也可作为广大自学者及相关专业工程技术人员的参考用书。

本书由段贵明担任主编，王宇清、张海珍担任副主编，具体参加本书编写工作的还有：山西五建集团有限公司王宇清（单元 1、单元 3）；山西建筑职业技术学院段贵明（单元 2、单元 6、绪论）；山西五建集团有限公司彭辉（单元 4、单元 8）；山西建筑职业技术学院张海珍（单元 5、单元 9）；山西建筑职业技术学院贾瑜（单元 7）；山西建筑职业技术学院孙晋（单元 10、单元 11）。

在本书的编写过程中，参考了部分相同学科的教材等文献，在此向文献的作者表示感谢。

由于编者水平有限，书中难免有错漏之处，恳请广大读者批评指正。读者可将对本书的意见和建议发送至 183637703@qq.com，我们将及时加以改进。

编　者

2019 年 9 月

目　录

◎ 绪　论

为使读者对本书有一个总体的认识，现对本书的研究对象、主要任务、基本内容以及学习方法进行简单介绍。

0.1 本书的研究对象

工程中习惯将主动作用在建筑物上的力叫做**荷载**。在建筑物中承受并传递荷载而起骨架作用的部分叫做**建筑结构**，简称**结构**。组成结构的单个物体叫**构件**。例如梁、板、墙、柱、基础等都是常见的构件。构件一般分三类，即**杆件**（一个方向的尺寸远大于另两个方向的尺寸的构件）、**薄壁构件**（一个方向的尺寸远小于另两个方向的尺寸的构件）和**实体构件**（三个方向的尺寸都较大的构件）。在结构中应用较多的是杆件，如梁和柱（图0-1（a），（b））是单个构件的结构；屋架（图0-1（c））是由许多杆件组成的结构；排架结构（图0-1（d））是由两根竖柱将屋架和基础连接而成的结构，也属于由杆件组成的结构。

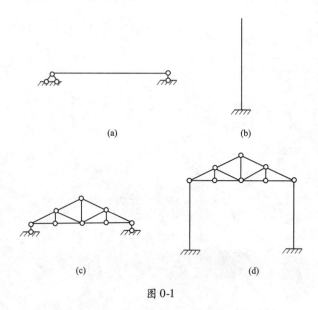

(a)　　　　　　　　　　　　(b)

(c)　　　　　　　　　(d)

图 0-1

对土建施工类专业来讲，本书的主要研究对象是杆件和杆件结构。

0.2 本书的主要任务

建筑结构和构件都有承受多大荷载的问题，"建筑力学"就是研究结构和构件承载能力的科学。承载能力就是承受荷载的能力，它主要包括结构和构件的强度、刚度和稳定性。

（1）**强度**。是指结构或构件抵抗破坏的能力。结构能安全承受荷载而不破坏，就认为满足强度要求。

（2）**刚度**。是指结构或构件抵抗变形的能力。任何结构或构件在外力作用下都会产生变形，在一定荷载作用下，刚度愈小的构件，变形就愈大。根据工程上不同用途，对各种结构和构件的变形给予一定的限制。如果结构或构件的变形被限制在允许的范围内，就认为满足刚度要求。

（3）**稳定性**。是指构件保持原有平衡状态的能力。例如，受压的细长直杆在压力不大时，可以保持原有的直线平衡状态；当压力增大到一定数值时，便会突然变弯而丧失工作能力。这种现象就称为压杆失去稳定，简称**失稳**。构件失稳会产生严重的后果。因此必须保证结构和构件有足够的稳定性。

为了保证结构和构件具有足够的承载力，一般来说，都要选择较好的材料和截面较大的构件，但任意选用较好的材料和过大的截面，势必造成优材劣用、大材小用，造成巨大的浪费。于是建筑中的安全和经济就形成了一对矛盾。"建筑力学"的任务就是为解决这一矛盾提供必要的理论基础和计算方法。

0.3　本书的内容简介

本书共分为 11 个单元。单元 1 介绍静力学基本知识，单元 2 介绍平面力系的合成与平衡，单元 3 介绍平面图形的几何性质，单元 4 介绍平面杆件体系的几何组成分析，单元 5、单元 6 分别介绍了杆件的基本变形（轴向拉伸与压缩、剪切与挤压、扭转和弯曲），单元 7 介绍强度理论及杆件的组合变形，单元 8 介绍压杆稳定，单元 9 介绍静定结构的内力和位移，单元 10 介绍超静定结构的内力和位移，单元 11 介绍影响线和内力包络图。

0.4　本书的学习方法

"建筑力学"是土建施工类专业的一门重要的专业基础课，为下一步"建筑结构""地基与基础"等专业课的学习打基础，学习时要理论联系实际，理解它的基本原理，掌握分析问题的方法和解题思路，切忌死记硬背，要多做练习。以下是本书学习的几点建议：

（1）课前预习。将不懂的和不理解的地方记录下来。

（2）上课认真听讲。思想要集中，跟上老师的思路，特别注意听预习时不懂的内容，要重点扼要地记笔记。

（3）课后复习。先复习当堂内容，再看懂例题，最后完成作业。

（4）作业要求。独立、按时完成，书写整洁，叙述简明扼要，画图用直尺，要求横平竖直、上下对正。

◎单元 **1**

静力学基本知识

单元概述：本单元阐述了力的基本知识、静力学公理、常见约束的类型及其反力特点以及对物体进行受力分析并准确画出受力图。正确地对物体进行受力分析并画出受力图是解决力学问题的关键。

学习目标：

1. 掌握力、刚体和平衡的概念，熟悉静力学的基本公理。
2. 熟悉各种常见约束的特点及约束反力的形式。
3. 能熟练地对物体进行受力分析并画出其受力图。

教学建议：结合实际，针对学生常见的物体现场教学，对其进行受力分析，几种常见的约束可用实物教具演示，使学生对力学模型的建立和受力分析有一个感性认识，明确力学的重要性以及与后续课程的关系。

关键词：力（force）；刚体（rigid body）；平衡（equilibrium）；约束（constraint）；约束反力（constraint forces）；受力分析（stress analysis）

1.1　基本概念

1.1.1　力的概念

力（force）是物体间相互的机械作用。这种相互作用会使物体的运动状态发生变化（外效应）或使物体产生变形（内效应）。

力的概念是从劳动中产生的，并通过生活和生产实践不断加深和完善。如在建筑工地劳动，人们拉车、弯钢筋时，由于肌肉紧张，我们感到用了"力"；吊车起吊构件时，同样感觉到吊车用"力"把重物吊起，等等。

力的作用方式是多种多样的。物体间相互直接接触时，会产生相互间的推、拉、挤、压等作用力；物体间不直接接触时，也能产生相互间的吸引力或排斥力，如地球引力场对于物体的引力，电场对于电荷的引力和斥力，等等。

实践证明，力对物体的作用效果取决于**力的三要素**，即**力的大小、方向和作用点**。

1. **力的大小**

力是有大小的。力的大小表明物体间相互作用的强弱程度。在国际单位制中，力的单位是牛顿（N）或千牛顿（kN）。

2. **力的方向**

力不但有大小，而且还有方向。在不改变力的大小而只改变力的方向时，会产生不同的作用效应。

3. **力的作用点**

力的作用点表示两物体间相互作用的位置。力的作用位置实际上有一定的范围，当作用范围与物体相比很小时，可以近似地看作是一个点。

力对物体的作用效应，取决于力的大小、方向和作用点。这三个要素中的任一要素改变时，都会对物体产生不同的效应。因此，在描述一个力时，必须全面表明这个力的三要素。

4. 力的图示法

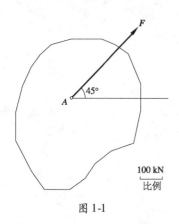

图 1-1

力是一个有方向和大小的量，所以力是**矢量**。通常，可以用一段带箭头的线段来表示。线段的长度（按预先选定的比例）表示力的大小；线段与某定直线的夹角表示力的方位，箭头表示力的指向；带箭头线段的起点或终点表示力的作用点。如图 1-1 所示的力 F，选定的基本长度表示 100 kN，按比例量出力 F 的大小是 300 kN，力的方向与水平线间的夹角成 45°，指向右上方，作用在物体的 A 点上。

用字母表示力矢量时，用黑体字 F，普通体 F 只表示力矢量的大小。

1. 1. 2　刚体的概念

在外力作用下，几何形状、尺寸的变化可忽略不计的物体，称为**刚体**（rigid body）。它是实际物体理想化的力学模型。实际物体在力的作用下，都会产生不同程度的变形，但这些微小的变形，对平衡（equilibrium）问题的研究影响很小，可以忽略不计。在静力学中，我们把所研究的物体都看作是刚体。

1. 2　静力学公理

人们在长期的生活和生产活动中，通过反复观察、试验和总结，得出了关于静力的最基本的客观规律，这些客观规律称为静力学公理。它们是静力学部分的基础。

1. 2. 1　力的平行四边形公理

作用于物体上同一点的两个力，可以合成为一个合力，合力的作用点也在该点，合力的大小和方向，由这两个力矢量为边构成的平行四边形的对角线确定，如图 1-2 所示。

这个公理是复杂力系合成（简化）的基础，它揭示了力的合成是遵循矢量加法的。只有当两个力共线时，才能用代数加法。

根据这一公理作出的平行四边形称为**力的平行四边形**。

运用这个公理可以将两个共点的力合成为一个力；同样，一个已知力也可以分解为两个分力。

在实际工程中，常将一个力 F 沿直角坐标轴 x、y 分解，得到两个相互垂直的分力 F_x 和 F_y，此时，力的平行四边形中两个分力间的夹角为 90°，如图 1-3 所示。这样，就可以应用简单的三角函数关系，求得每个分力的大小。

$$\left.\begin{array}{l} F_x = F\cos\alpha \\ F_y = F\sin\alpha \end{array}\right\} \tag{1-1}$$

式中，α 为力 F 与 x 轴之间的夹角。

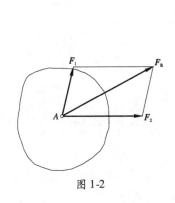

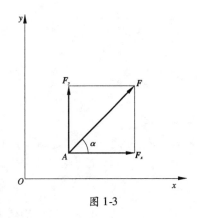

图 1-2　　　　　　　　　　　　　　　　图 1-3

1.2.2　二力平衡公理

二力平衡公理　作用在同一刚体上的两个力，使刚体处于平衡的必要和充分条件是这两个力大小相等，方向相反，且在同一直线上，如图 1-4 所示。

这个公理说明一个刚体在两个力作用下平衡时必须满足的条件。对于刚体而言，这个条件是既必要又充分的；但对于变形体，这个条件是不充分的。如软绳受两个等值反向的拉力作用可以平衡，而受两个等值反向的压力作用就不能平衡。

1.2.3　加减平衡力系公理

在作用于刚体上的任意力系中，加上或减去任意一个平衡力系，并不改变原力系对刚体的作用效应。

因为平衡力系不会改变物体的运动状态（静止或匀速直线运动），所以，在刚体上加上或去掉任意平衡力系，是不会改变刚体的运动状态的。这个公理对于研究力系的简化问题很重要。

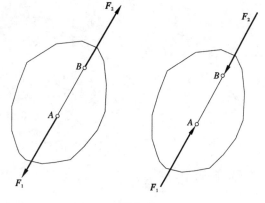

图 1-4

推论 1　力的可传性原理

作用在刚体上的力，可以沿其作用线移动到刚体内任意一点，而不改变该力对刚体的作用效应。

证明：

（1）设力 F 作用在物体 A 点（图 1-5（a））。

（2）根据加减平衡力系公理，可在力的作用线上任取一点 B，加上一个平衡力系 F_1 和 F_2，并使 $-F_1 = F_2 = F$（图 1-5（b））。

（3）由于力 F 与 F_1 是一个平衡力系，可以去掉，所以，只剩下作用在 B 点的力 F_2（图 1-5（c））。

（4）F_2 与原力等效，就相当于把作用在 A 点的力 F 沿其作用线移到 B 点。

由力的可传性原理可知，对于刚体来说，力的作用点已不再是决定力作用效应的要素，已被

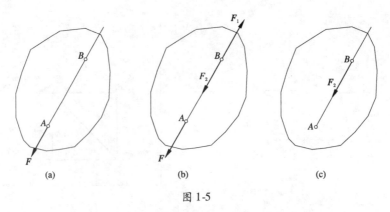

图 1-5

作用线所取代。所以，力的三要素可改为**力的大小、方向和作用线**。

推论**2** 三力平衡汇交定理

一刚体受共面不平行的三个力作用而平衡时，这三个力的作用线必汇交于一点。

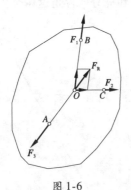

证明：

（1）设有三个共面不平行的力 F_1，F_2，F_3 分别作用于同一刚体上的 B，C，A 三点而平衡（图1-6）。

（2）由力的可传性原理，将 F_1，F_2 移到该两力作用线交点 O，并按力的平行四边形公理合成为合力 F_R，F_R 也作用于 O 点。

（3）因 F_1，F_2，F_3 平衡，则 F_R 应与 F_3 平衡。由二力平衡公理可知，F_3 必定与合力 F_R 共线。于是 F_3 也通过 F_1 与 F_2 的交点 O。

利用三力平衡汇交定理，可确定物体在共面但不平行的三个力作用下平衡时，某一个未知力的方向。

图 1-6

1.2.4 作用与反作用公理

两物体间的作用力与反作用力，总是大小相等、方向相反，沿同一直线并分别作用于两个物体上。

这个公理概括了两个物体间相互作用的关系。力总是成对出现的，有作用力必定有反作用力，且总是同时产生，又同时消失。例如，将物体 A 放置在物体 B 上时（图1-7（a）），F 是物体 A 对物体 B 的作用力，作用在物体 B 上，F' 是物体 B 对物体 A 的反作用力，作用在物体 A 上；F 与 F' 是作用力与反作用力关系，即大小相等（$F = F'$）、方向相反（F 指向下方，F' 指向上方）、沿同一作用线，如图1-7（b）所示。

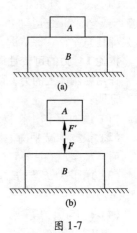

图 1-7

1.3 工程中常见的约束及约束反力

1.3.1 约束与约束反力的概念

在空间中运动，位移不受限制的物体称为**自由体**，如飞行的炮弹、火箭等。在空间中只有运动趋势，位移受到限制的物体称为**非自由体**，如梁、柱等。工程实际中所研究的构件都属于非自由体。

对非自由体的某些位移起限制作用的周围物体称为约束体，简称**约束**（constraint）。如地基是基础的约束，基础是柱子（或墙）的约束，等等。约束是阻碍物体运动的物体，这种阻碍作用就是力的作用。阻碍物体运动的力称为**约束反力**（constraint forces），简称**反力**。所以，约束反力的方向必与该约束所能阻碍物体运动的方向相反。

物体受到的力一般可以分为两类：一类是使物体运动或使物体有运动趋势的力，称为**主动力**，如重力、水压力、土压力、风压力等，在工程中通常称主动力为荷载；另一类是约束对于物体的约束反力，一般主动力是已知的，而约束反力是未知的。

1.3.2 几种常见的约束与约束反力

现介绍几种在工程中常见的约束类型及其约束反力的特性。

1. 柔体约束

柔软的绳索、链条、皮带等用于阻碍物体的运动时，都称为**柔体约束**。由于柔体本身只能承受拉力，所以柔体约束只能限制物体沿柔体中心线且离开柔体的运动，而不能限制物体沿其他方向的运动。因此，柔体约束对物体的约束反力是通过接触点，沿柔体中心线且背离物体的拉力，常用 F_T 表示，如图1-8所示。

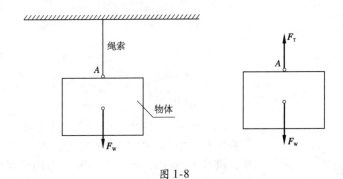

图1-8

2. 光滑接触面约束

物体与其他物体接触，当接触面光滑，摩擦力很小可以忽略不计时，就是**光滑接触面约束**。这类约束不能限制物体沿约束表面公切线的位移，只能阻碍物体沿接触表面公法线并指向约束物体方向的位移。因此，光滑接触面约束对物体的约束反力，是作用于接触点处，沿接触面的公法线，并指向被约束物体的压力，常用 F_N 表示，如图1-9所示。

3. 圆柱铰链约束

圆柱铰链简称**铰链**，是由一个圆柱形销钉插入两个物体的圆孔中构成，并且认为销钉和圆孔的表面都是光滑的，如图1-10（a）所示。常见的铰链实例如门窗用的合页。这种约束可以用1-10（b）所示的力学简图表示。销钉只能限制物体在垂直于销钉轴线平面内任意方向的相对移动，而不能限制物体绕销钉的转动。当物体相对于另一物体有运动的趋势时，销钉与圆孔壁将在某点接触，约束反力通过销钉中心与接触点，由于接触点的位置一般不确定（与主动力有关），故约束反力的方向未知。所以，圆柱铰链的约束反力是在垂直于销钉轴线的平面内并通过销钉中心，

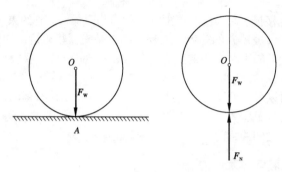

图 1-9

而方向不定，如图 1-10（c）所示。工程中也常用通过铰链中心的两个相互垂直的未知分力来表示，如图 1-10（d）所示。

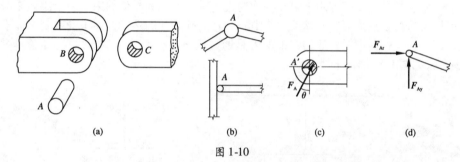

图 1-10

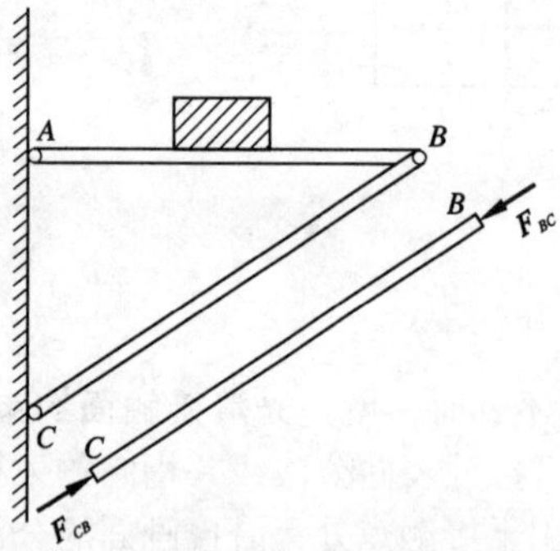

4. 链杆约束

两端用铰链与物体分别连接且中间不受其他力的直杆称为**链杆约束**。如图 1-11 所示的支架，*BC* 杆为横杆 *AB* 的链杆约束。链杆只能限制物体沿链杆轴线方向的运动，而不能限制其他方向的运动。所以，链杆约束对物体的约束反力沿链杆的轴线，而指向未定。

5. 固定铰支座（铰链支座）

工程中将结构或构件支承在基础或另一静止构件上的装置称为**支座**。支座也是约束，支座对它所支承的构件的约束反力也称**支座反力**。

用圆柱铰链把结构或构件与支座底板连接，并将底板固定在支承物上构成的支座称为**固定铰支座**。图 1-12（a）是固定铰支座的示意图。这种支座能限制构件在垂直于销钉平面内任意方向的移动，而不能限制构件绕销钉的转动，可见，其约束性能与圆柱铰链相同。所以，固定铰支座对构件的支座反力也通过铰链中心，而方向不定，其计算简图如图 1-12（b）所示，支座反力如图 1-12（c），（d）所示。

在工程实际中，桥梁上的某些支座比较接近理想的固定铰支座，而在房屋建筑中这种理想的支座很少，通常情况下，把限制移动而允许产生微小转动的支座都视为固定铰支座。例如将屋架通过连接件焊接支承在柱子上；预制混凝土柱插入杯形基础，用沥青、麻丝填实等，均可视为固定铰支座。

图 1-11

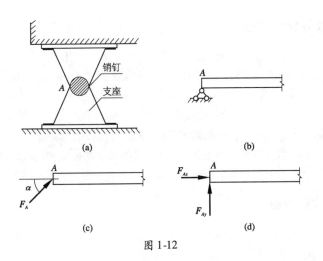

图 1-12

6. 可动铰支座

在固定铰支座下面加几个辊轴支承于平面上，就构成**可动铰支座**。图 1-13（a）为可动铰支座示意图。这种支座只能限制构件沿垂直于支承面方向移动，而不能限制构件绕销钉转动和沿支承面方向移动，其约束性能与链杆的约束性相同。所以，可动铰支座对构件的支座反力通过铰链中心，且垂直于支承面，指向不定。其计算简图如图 1-13（b）所示，其支座反力如图1-13（c)所示。

在工程实际中，例如钢筋混凝土梁搁置在砖墙上，可将砖墙简化为可动铰支座。

7. 固定端支座

把构件和支承物完全连接为一整体，构件在支承端既不能沿任意方向移动，也不能转动的支座称为**固定端支座**。图 1-14（a）为固定端支座的构造示意图，由于这种支座既限制构件的移动，又限制构件的转动，所以，它包括水平力、竖向力和一个阻止转动的约束反力偶。其计算简图如图 1-14（b）所示，其支座反力如图 1-14（c）所示。关于力偶的概念见单元 2。

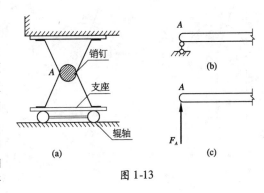

图 1-13

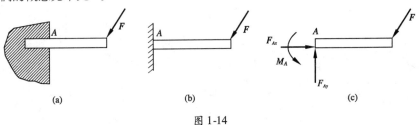

图 1-14

在工程实际中，插入地基中的电线杆、阳台的挑梁等，其根部的约束均可视为固定端支座。

11

1.4 物体的受力分析和受力图

在进行力学计算时,首先要分析物体受了哪几个力,每个力的作用位置和方向如何,哪些是已知力,哪些是未知力,这个分析过程称为物体的**受力分析**(stress analysis)。

在工程实际中,通常都是几个物体或几个构件相互联系,形成一个系统,称为**物体系统**,故须明确要对哪一个物体进行受力分析,即首先要明确研究对象。为了更清晰地表示物体的受力情况,须把研究的物体从周围物体上脱离出来,单独画出它的简图,被脱离出来的研究对象称为**脱离体**。画出周围物体对它的全部作用力(包括主动力和约束反力),这种表示物体受力的简明图形,称为物体的**受力图**。受力图是进行力学计算的依据,也是解决力学问题的关键,必须认真对待,熟练地掌握。

1.4.1 单个物体的受力图

画单个物体的受力图,首先要明确研究对象,并把该物体从周围环境中脱离出来;再把已知主动力画在简图上;最后根据实际情况,分别在解除约束处画上相应的约束反力。必须强调,约束反力一定要与约束的类型相对应。

【例题 1-1】 重量为 F_W 的圆球,用绳索挂于光滑墙面上,如图 1-15(a)所示,试画出圆球的受力图。

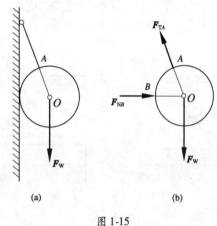

(a)　　　　**(b)**

图 1-15

【解】（1）取圆球为研究对象。

（2）画主动力。已知圆球的重力 F_W。作用于圆球重心 O,垂直向下。

（3）画约束反力。在 A 点为柔体约束,其约束反力 F_{TA},沿绳索方向,背离圆球,反向延长线过 O 点。在 B 点为光滑接触面约束,其约束反力 F_{NB},作用线沿墙面法线,指向 O 点。

圆球的受力图如图 1-15(b)所示。

【例题 1-2】 梁 AB 上作用有已知力 F,梁的自重不计,A 端为固定铰支座,B 端为可动铰支座,如图 1-16(a)所示,试画出梁 AB 的受力图。

【解】（1）取梁 AB 为研究对象。

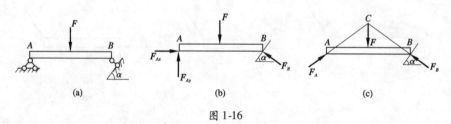

(a)　　　　　　**(b)**　　　　　　**(c)**

图 1-16

（2）画出主动力。已知力 F 的作用。

（3）画出约束反力。梁 B 端是可动铰支座,其约束反力是 F_B,与斜面垂直,指向可向上,也可向下,此处假设指向上。A 端为固定铰支座,其约束反力为一个大小与方向不定的 F_A,可用水

平与垂直反力 F_{Ax}，F_{Ay} 表示，如图 1-16（b）所示。

若进一步分析，梁 AB 在 F，F_A，F_B 三个力作用下平衡，所以可由三力平衡汇交定理，确定铰链 A 处的约束反力 F_A 的方向，点 C 为力 F 与 F_B 作用线的交点。当梁 AB 平衡时，约束反力 F_A 的作用线必通过点 C，即在 AC 作用线上，但指向未定，此处为假设，以后可由平衡条件确定，如图 1-16（c）所示。

【例题 1-3】　一水平梁 AB 受已知力 F 作用，A 端是固定端支座，梁 AB 的自重不计，如图 1-17（a）所示。试画出梁 AB 的受力图。

【解】　（1）取梁 AB 为研究对象。

（2）画主动力，即已知力 F。

（3）画约束反力。A 端是固定端支座，其约束反力为水平和垂直的未知力 F_{Ax}，F_{Ay}，以及未知的约束反力偶 M_A。

受力图如图 1-17（b）所示。

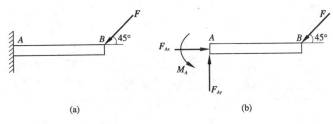

图 1-17

1.4.2　物体系统的受力图

物体系统的受力图与单个物体的受力图画法相同，只是研究对象可能是整个物体系统或系统的某一部分或某一物体。画物体系统整体的受力图时，只需把整体作为单个物体一样对待；画系统的某一部分或某一物体的受力图时，只需把研究对象从系统中分离出来，同时注意被拆开的联系处有相应的约束反力，并应符合作用力与反作用力公理。

当以若干物体组成的系统为研究对象时，系统内各物体间的相互作用力称为**内力**；系统外的物体作用于该系统中各物体的力称为**外力**。内力对系统的作用效果相互抵消，故在整体系统受力图上，内力不必画出，只需画出系统所受的外力。但必须指出，内力与外力的区分不是绝对的，在一定条件下可以相互转化。如【例题 1-4】中研究梁 CD 时，F_{Cx}，F_{Cy} 为外力，但研究整梁 AD 时，F_{Cx}，F_{Cy} 就成为内力了。可见，内力与外力的区分，只有相对于某一确定的研究对象才有意义。

【例题 1-4】　梁 AC 和 CD 用圆柱铰链 C 连接，并支承在三个支座上，A 处是固定铰支座，B 和 D 处是可动铰支座，如图 1-18（a）所示。试画梁 AC，CD 及整梁 AD 的受力图。梁的自重不计。

【解】　（1）梁 CD 的受力分析。受主动力 F_1 作用，D 处是可动铰支座，其约束反力 F_D 垂直于支承面，指向假定向上；C 处为铰链约束，其约束反力可用两个相互垂直的分力 F_{Cx} 和 F_{Cy} 来表示，指向假定，如图 1-18（b）所示。

（2）梁 AC 的受力分析。受主动力 F_2 作用；A 处是固定铰支座，它的约束反力可用 F_{Ax} 和 F_{Ay} 表示，指向假定；B 处是可动铰支座，其约束反力用 F_B 表示，指向假定；C 处是铰链，它的约束

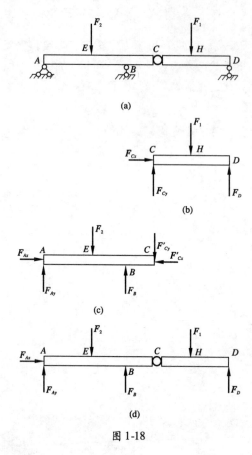

图 1-18

反力是 $F_{Cx}{}'$，$F_{Cy}{}'$，与作用在梁 CD 上的 F_{Cx}，F_{Cy} 是作用力与反作用力关系，其指向不能再任意假定。梁 AC 的受力图如图 1-18（c）所示。

（3）取整梁 AD 为研究对象。A，B，D 处支座反力假设的指向应与图 1-18（b），（c）相符。C 处的约束属于内部约束，约束反力属于内力，不必画出。其受力图如图 1-18（d）所示。

【例题 1-5】 如图 1-19（a）所示的三角形托架，A，C 处是固定铰支座，B 处为铰链连接。各杆的自重及各处的摩擦不计。试画出水平杆 AB、斜杆 BC 及整体的受力图。

【解】 （1）斜杆 BC 的受力分析。BC 杆的两端都是铰链连接，其约束反力应当是通过铰链中心方向不定的未知力 F_C 和 F_B，而 BC 杆只受到这两个力的作用，且处于平衡，由二力平衡公理可知，F_C 与 F_B 两力必定大小相等、方向相反，作用线沿两铰链中心的连线，指向可先任意假定。BC 杆的受力如图 1-19（b）所示，图中假设 BC 杆受压。

（2）水平杆 AB 的受力分析。杆上作用有主动力 F。A 处是固定铰支座，其约束反力用 F_{Ax}，F_{Ay} 表示；B 处铰链连接，其约束反力用 $F_B{}'$ 表示，但 $F_B{}'$ 与 F_B 为作用力与反作用力关系，即 $F_B{}'$ 与 F_B 等值、共线、反向，如图 1-19（c）所示。

（3）整个三角架 ABC 的受力分析如图 1-19（d）所示，B 处作用力不画出，A，C 处的支座反力的指向应与图 1-19（b），（c）所示相符。

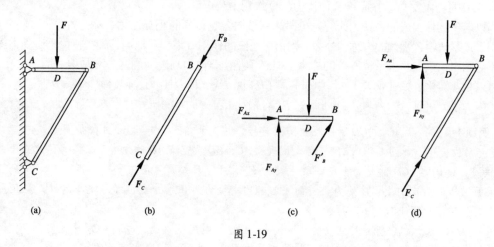

图 1-19

　　只受两个力作用而处于平衡的构件叫二力构件，简称二力杆。它所受的两个力必定沿两力作用点的连线，且大小相等、方向相反。约束中的链杆就是二力杆。二力杆可以是直杆，也可以是曲杆。

　　通过以上例题的分析，画受力图时应注意以下几点：

　　（1）必须明确研究对象。画受力图首先必须明确要画哪个物体的受力图，是单个物体，还是几个物体组成的系统。不同的研究对象的受力图是不同的。

　　（2）正确确定研究对象受力的数目。对每一个力都应明确它是哪一个物体施加给研究对象的，不能凭空产生，也不能漏掉。

　　（3）注意约束反力与约束类型相对应。

　　每解除一个约束，就有与它相应的约束反力作用于研究对象；约束反力的方向要依据约束的类型来画，不能根据主动力的方向来简单推想。另外，同一约束反力在各受力图中假定的指向应一致。

　　（4）注意作用力与反作用力之间的关系。当分析两物体之间的相互作用时，要注意作用力与反作用力的关系。作用力的方向一旦确定，其反作用力的方向就必须与其相反。在画整个系统的受力图时，系统中各物体间的相互作用力是内力，不必画出，只需画出全部外力。

思考题

1-1　平衡的概念是什么？试举出一两个物体处于平衡状态的例子。

1-2　力的概念是什么？举例说明改变力的三要素中任一要素都会影响力的作用效果。

1-3　二力平衡公理和作用与反作用公理的区别是什么？

1-4　二力杆的概念是什么？二力杆受力与构件的形状有什么关系？

1-5　常见的约束类型有哪些？各种约束反力的方向如何确定？

1-6　图 1-20 中，试在构件 A，B 两点各加一个力使构件平衡。

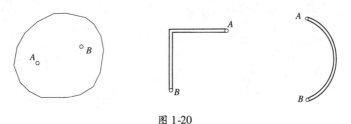

图 1-20

习题

1-1 画出图 1-21 所示各物体的受力图, 假定各接触面都是光滑的。

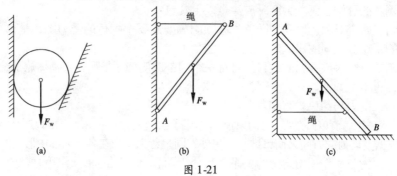

图 1-21

1-2 试作图 1-22 中各梁的受力图, 梁的自重不计。

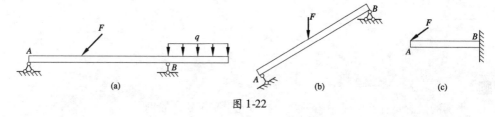

图 1-22

1-3 试作图 1-23 所示结构各部分及整体的受力图。接触面为光滑面, 结构自重不计。

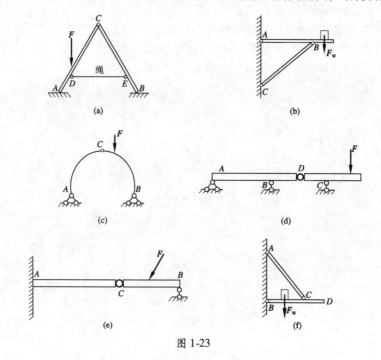

图 1-23

◎ 单元 *2*

平面力系的合成与平衡

单元概述：本单元主要阐述了平面力系的简化与平衡问题。

学习目标：

1. 掌握各种平面力系的简化方法和结果。

2. 掌握各种平面力系的平衡条件、平衡方程及平衡计算。

3. 了解各种平面力系的简化过程。

教学建议：本单元教学方法以课堂讲述法为主，辅助讲练结合。用多媒体表示一些工程实例。

关键词：平面汇交力系（coplanar concurrent forces）；平面一般力系（coplanar general forces system）；平面平行力系（coplanar parallel forces）；力矩（moment of force）

当力系中各力作用线都在同一平面内时，称该力系为**平面力系**；当力系中各力作用线不在同一平面内时，称该力系为**空间力系**。由于工程实际中的力系大多能简化为平面力系，所以本书只分析平面力系。平面力系又可分为平面汇交力系（coplanar concurrent forces）、平面力偶系、平面平行力系（coplanar parallel forces）、平面一般力系（coplanar general forces system）等。本单元研究这些力系的简化、合成与平衡及物体系的平衡问题。

2.1 平面汇交力系

在平面力系中，当各力作用线汇交于一点时称为**平面汇交力系**。

2.1.1 平面汇交力系合成的几何法

设一刚体受到平面汇交力系 F_1，F_2，F_3，F_4 的作用，各力作用线汇交于点 A，如图 2-1（a）所示。为合成此力系，可根据力的平行四边形公理，逐步两两合成各力，最后求得一个通过汇交点 A 的合力 F_R；还可以用更简捷的方法求此合力 F_R 的大小和方向。任取一点 a 将各分力的矢量依次首尾相连，由此组成一个不封闭的力多边形 $abcde$，而由起点 a 指向终点 e 的封闭边 ae 即表示合力 F_R 的大小和方向，如图 2-1（b）所示。图中的虚线 $\overline{ac}$ 矢（F_{R1}）为力 F_1 与 F_2 的合力矢，虚线 $\overline{ad}$ 矢（F_{R2}）为力 F_{R1} 与 F_3 的合力矢，在作力多边形时不必画出。

根据矢量相加的交换律，任意变换各分力矢的作图次序，可得形状不同的力多边形，但其合力矢 $\overline{ae}$ 仍然不变，如图 2-1（c）所示。封闭边矢量 $\overline{ae}$ 仅表示此平面汇交力系合力 F_R 的大小和方向（即合力矢），而合力的作用线仍应通过原汇交点 A，如图 2-1（a）所示的 F_R。

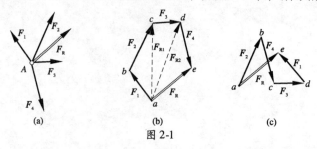

图 2-1

总之，平面汇交力系合成的结果为一合力，合力的大小和方向等于各分力的矢量和，合力的

作用线通过汇交点。设平面汇交力系包含 n 个力，以 $\boldsymbol{F}_\mathrm{R}$ 表示它们的合力矢，则有

$$F_\mathrm{R} = F_1 + F_2 + F_3 + \cdots + F_n = \sum F_i \tag{2-1}$$

2.1.2　平面汇交力系平衡的几何条件

由于平面汇交力系可用其合力来代替，显然，**平面汇交力系平衡的必要和充分条件是该力系的合力等于零。**即

$$\sum \boldsymbol{F}_i = 0 \tag{2-2}$$

在平衡情况下，力多边形中最后一个力的终点与第一个力的起点重合，此时的力多边形称为封闭的力多边形。于是，**平面汇交力系平衡的几何条件为力多边形自行封闭。**

求解平面汇交力系的平衡问题时可用图解法，即按比例先画出封闭的力多边形，然后用直尺和量角器在图上量得所要求的未知量；也可根据图形的几何关系，用三角公式计算出未知量，这种解题方法称为**几何法**。

【**例题 2-1**】　如图 2-2（a）所示，重 $F_\mathrm{W} = 10$ kN 的球放在与水平线成 30° 角的光滑斜面上，并且与斜面平行的绳 AB 系住，试求绳 AB 受到的拉力及球对斜面的压力。

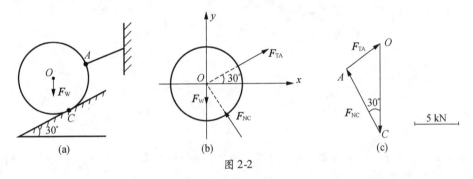

图 2-2

【**解**】　取球作为研究对象，画它的受力图，如图 2-2（b）所示。球受到自重 F_W，斜面上的约束反力 F_NC 及绳的拉力 F_TA，形成一个平面汇交力系，可用平面汇交力系的几何条件求解。选定单位长度表示 5 kN，F_NC，F_TA 的方向已知而大小未知，从任一点 O 点作 $\overline{OC}$ 等于 F_W（$F_\mathrm{W} = 10$ kN），过点 O、C 分别作 F_TA，F_NC 的平行线交于 A 点，得到封闭的三角形 OAC，线段 OA 及 OC 分别表示力 F_TA 和 F_NC 的大小，如图 2-2（c）所示，按比例尺量得

$$F_\mathrm{NC} = 8.66 \text{ kN}$$

$$F_\mathrm{TA} = 5 \text{ kN}$$

2.1.3　平面汇交力系合成的解析法

1. 力在坐标轴上的投影

设力 $\boldsymbol{F}$ 作用在物体的某点 A，如图 2-3（a）所示。在力 $\boldsymbol{F}$ 的同平面内取直角坐标系 Oxy，从力 $\boldsymbol{F}$ 的两端 A 和 B 分别向 x 轴作垂线，得垂足 a 和 b，线段 ab 加正号或负号，就称为力 $\boldsymbol{F}$ 在

x 轴上的投影，用 F_x 表示。同理，线段 $a'b'$ 加正号或负号，为力 F 在 y 轴上的投影，用 F_y 表示。

投影正、负的规定：**当从力的始端的投影 a 到终端的投影 b 的方向与坐标轴的正向一致时，该投影取正值；反之，取负值。** 如图2-3（a）中力 F 的投影 F_x，F_y 均取正值。

通常力在坐标轴上的投影，可按下式计算：

$$\left.\begin{array}{l} F_x = \pm F\cos\alpha \\ F_y = \pm F\sin\alpha \end{array}\right\} \tag{2-3}$$

式中，α 为力 F 与坐标轴 x 所夹的锐角。

两种特殊情形：

（1）当力与坐标轴垂直时，力在该轴上的投影为零。

（2）当力与坐标轴平行时，力在该轴上的投影的绝对值等于该力的大小。

在图2-3（b）中画出力 F 沿直角坐标轴方向的分力 F_x 和 F_y，与图2-3（a）中的投影 F_x，F_y 不同，力的投影只有大小和正负，为标量，而力的分力为矢量，有大小、方向，其作用效果与作用点或作用线有关，二者不可混淆。

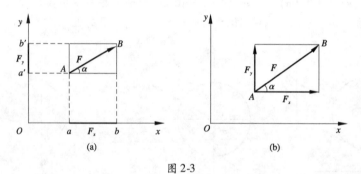

图 2-3

【例题 2-2】 试分别求出图2-4中各力在 x 轴和 y 轴上的投影。已知 $F_1 = F_2 = F_3 = F_4 = F_5 = F_6 = 100$ kN，各力的方向如图2-4所示。

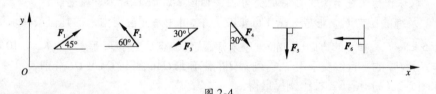

图 2-4

【解】 由式（2-3）可得出各力在 x，y 轴上的投影为

F_1 的投影：$F_{1x} = F_1\cos45° = 100 \times 0.707 = 70.7$ kN，$F_{1y} = F_1\sin45° = 100 \times 0.707 = 70.7$ kN

F_2 的投影：$F_{2x} = -F_2\cos60° = -(100 \times 0.5) = -50$ kN，$F_{2y} = F_2\sin60° = 100 \times 0.866 = 86.6$ kN

F_3 的投影：$F_{3x} = -F_3\cos30° = -(100 \times 0.866) = -86.6$ kN，$F_{3y} = -F_3\sin30° = -(100 \times 0.5) = -50$ kN

F_4 的投影：$F_{4x} = F_4\cos60° = 100 \times 0.5 = 50$ kN，$F_{4y} = -F_4\sin60° = -(100 \times 0.866) = -86.6$ kN

F_5 的投影：$F_{5x} = F_5\cos90° = 0$，$F_{5y} = -F_5\sin90° = -(100 \times 1) = -100$ kN

F_6 的投影：$F_{6x} = -F_6\cos0° = -(100 \times 1) = -100$ kN，$F_{6y} = F_6\sin0° = 0$

2. 合力投影定理

合力投影定理建立了合力的投影与分力的投影之间的关系。

图 2-5 中表示平面汇交力系 F_1，F_2，F_3 组成的力多边形 $ABCD$，AD 表示该力系合力 F_R。取任一轴 x，把各力都投影到 x 轴上，并令 F_{1x}，F_{2x}，F_{3x} 和 F_{Rx} 分别表示力 F_1，F_2，F_3 和合力 F_R 在 x 轴上的投影。由图 2-5 可得：

$$F_{1x} = ab, \quad F_{2x} = bc, \quad F_{3x} = -cd, \quad F_{Rx} = ad$$

而 $ad = ab + bc - cd$，因此得

$$F_{Rx} = F_{1x} + F_{2x} + F_{3x}$$

上式可推广到任意多个汇交力的情况，即

$$F_{Rx} = F_{1x} + F_{2x} + F_{3x} + \cdots + F_{nx} = \sum F_x \tag{2-4}$$

即合力在任一坐标轴上的投影等于各分力在同一坐标轴上投影的代数和。这就是合力投影定理。

3. 用解析法求平面汇交力系的合力

当平面汇交力系已知时，可选取直角坐标系，分别求出力系中各力在 x 轴、y 轴上的投影，再根据合力投影定理求得合力 F_R 在 x 轴、y 轴上的投影 F_{Rx}，F_{Ry}，则合力 F_R 的大小和方向可由下式确定：

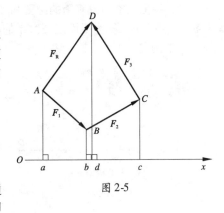

图 2-5

$$\left. \begin{aligned} F_R &= \sqrt{F_{Rx}^2 + F_{Ry}^2} = \sqrt{\left(\sum F_x\right)^2 + \left(\sum F_y\right)^2} \\ \tan\alpha &= \frac{|F_{Ry}|}{|F_{Rx}|} = \frac{|\sum F_y|}{|\sum F_x|} \end{aligned} \right\} \tag{2-5}$$

式中，α 为合力 F_R 与 x 轴所夹的锐角。合力的作用线通过力系的汇交点，合力 F_R 的指向，由 F_{Rx} 和 F_{Ry}，即 $\sum F_x$，$\sum F_y$ 的正负号来确定。

【例题 2-3】 已知某平面汇交力系如图 2-6 所示。$F_1 = 200$ kN，$F_2 = 300$ kN，$F_3 = 100$ kN，$F_4 = 250$ kN，试求该力系的合力。

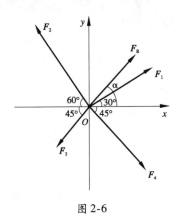

图 2-6

【解】 （1）建立直角坐标系 Oxy，如图 2-6 所示。计算合力在 x，y 轴上的投影。

$$\begin{aligned} F_{Rx} &= \sum F_x = F_1\cos30° - F_2\cos60° - F_3\cos45° + F_4\cos45° \\ &= 200 \times 0.866 - 300 \times 0.5 - 100 \times 0.707 + 250 \times 0.707 \\ &= 129.2 \text{ kN} \end{aligned}$$

$$\begin{aligned} F_{Ry} &= \sum F_y = F_1\sin30° + F_2\sin60° - F_3\sin45° - F_4\sin45° \\ &= 200 \times 0.5 + 300 \times 0.866 - 100 \times 0.707 - 250 \times 0.707 \\ &= 112.35 \text{ kN} \end{aligned}$$

（2）求合力的大小

$$F_R = \sqrt{F_{Rx}^2 + F_{Ry}^2} = \sqrt{129.2^2 + 112.35^2} = 171.22 \text{ kN}$$

（3）求合力的方向

$$\tan\alpha = \frac{|F_{Ry}|}{|F_{Rx}|} = \frac{112.35}{129.2} = 0.87$$

$$\alpha = 41°$$

由于 F_{Rx}，F_{Ry} 均为正，故 α 应在第一象限，合力 F_R 的作用线通过力系的汇交点 O，如图 2-6 所示。

2.1.4　平面汇交力系平衡的解析条件

由式（2-2）可知，平面汇交力系平衡的必要和充分条件是该力系的合力等于零。由式（2-5）的第一式有：

$$\sum F_x = 0, \qquad \sum F_y = 0 \tag{2-6}$$

于是，**平面汇交力系平衡的必要和充分的解析条件是各力在两个坐标轴上投影的代数和分别等于零**。式（2-6）称为**平面汇交力系的平衡方程**。这是两个独立的方程，可以求解两个未知量。

下面举例说明平面汇交力系平衡方程的实际应用。

【例题 2-4】　平面刚架在 C 点受水平力 F 作用，如图 2-7（a）所示。设 $F = 40$ kN，不计刚架自重。求支座 A，B 的反力。

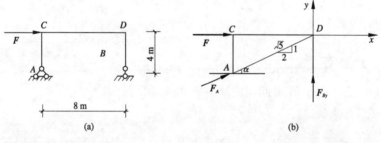

图 2-7

【解】　（1）选取研究对象。取刚架为研究对象，它受到水平力 F 及支座反力 F_A，F_{By} 三个力的作用。利用三力平衡汇交定理，可画出刚架的受力图，如图 2-7（b）所示，图中 F_A，F_{By} 的指向为假设。

（2）画出研究对象的受力图。

（3）选取适当的坐标系。最好使坐标轴与某一个未知力垂直，以便简化计算。设直角坐标系如图 2-7（b）所示。

（4）建立平衡方程求解未知力。

由

$$\sum F_x = 0, \qquad F_A\cos\alpha + F = 0$$

得

$$F_A = -\frac{F}{\cos\alpha} = -40 \times \frac{\sqrt{5}}{2} = -44.72 \text{ kN} \qquad (\swarrow)$$

所得负号表示 F_A 的实际方向与假设方向相反。

由

$$\sum F_y = 0, \qquad F_{By} + F_A\sin\alpha = 0$$

得
$$F_{By} = -F_A\sin\alpha = -(-44.72) \times \frac{1}{\sqrt{5}} = 20 \text{ kN}\ (\uparrow)$$

所得正号表示 F_{By} 假设的方向与实际方向一致。

支座反力的实际方向，通常在答案后用加括号的箭头表示。

2.2　平面力对点的矩与平面力偶系

力对刚体的作用效应使刚体的运动状态发生改变（包括移动与转动），其中力对刚体的移动效应可用力矢来度量；而力对刚体的转动效应可用力对点的矩（简称力矩）来度量，即 **力矩**（moment of force）**是度量力对刚体转动效应的物理量。**

2.2.1　力对点的矩（力矩）

如图 2-8 所示，力 F 与点 O 位于同一平面内，点 O 称为**矩心**，点 O 到力的作用线的垂直距离 d 称为**力臂**，在平面问题中，力对点的矩的定义如下：

力对点的矩是一个代数量，它的绝对值等于力的大小与力臂的乘积，它的正负可按下列方法规定：力使物体绕矩心逆时针转向时为正，反之为负。

力 F 对 O 点的矩以 $M_O(F)$ 表示，即

$$M_O(F) = \pm Fd = \pm 2A_{\triangle OAB} \tag{2-7}$$

式中，$A_{\triangle OAB}$ 为三角形 OAB 的面积，如图 2-8 所示。

显然，当力的作用线通过矩心，即力臂等于零时，它对矩心的力矩等于零。力矩的单位常用牛顿米（$N \cdot m$）或千牛顿米（$kN \cdot m$）。

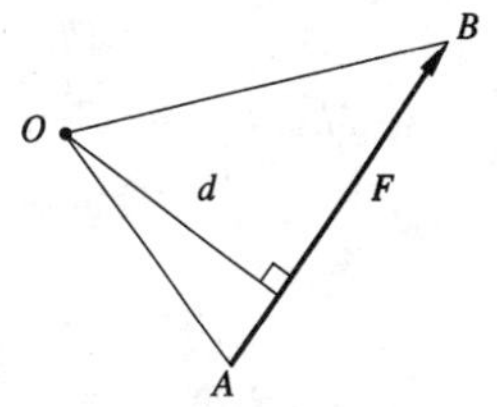

2.2.2　合力矩定理

平面汇交力系的合力对平面内任一点的力矩，等于力系中各分力对同一点的力矩的代数和。即

$$M_O(F_R) = M_O(F_1) + M_O(F_2) + \cdots + M_O(F_n) = \sum M_O(F_i) \tag{2-8}$$

图 2-8

按力系等效概念，式（2-8）必然成立，且该式应适用于任何有合力存在的力系。

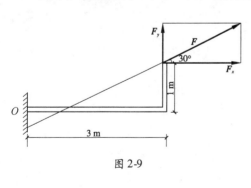

图 2-9

【例题 2-5】　如图 2-9 所示，已知 $F = 150 \text{ N}$。试计算力 F 对 O 点的矩。

【解】　直接求力 F 对 O 点的矩有困难，不易计算出力臂。根据合力矩定理将力 F 分解为相互垂直的两个分力 F_x，F_y，则两分力的力臂是已知的。故由式（2-8）可得：

$$\begin{aligned} M_O(F) &= M_O(F_x) + M_O(F_y) = -F_x \times 1 + F_y \times 3 \\ &= -F\cos30° \times 1 + F\sin30° \times 3 \\ &= -150 \times 0.866 \times 1 + 150 \times 0.5 \times 3 \\ &= 95.1 \text{ N} \cdot \text{m} \end{aligned}$$

2.2.3　力偶和力偶矩

在生活和生产实践中，我们常常见到汽车司机用双手转动驾驶盘（图 2-10）、人们用两手指

拧开瓶盖和旋转钥匙开锁等。在驾驶盘、瓶盖和钥匙等物体上，都作用了成对的等值、反向、不共线的平行力，这两个等值、反向、不共线的平行力不能平衡，会使物体转动。这种**由两个大小相等、方向相反、不共线的平行力组成的力系，称为力偶**，用符号（F，F'）表示，如图 2-11 所示。力偶的两个力之间的距离 d 称为**力偶臂**，力偶所在的平面称为**力偶的作用面**。由于力偶不能再简化成更简单的形式，所以力偶与力都是组成力系的两个基本元素。

力偶是由两个力组成的特殊力系，它的作用只改变物体的转动状态。因此，力偶对物体的转动效应可用**力偶矩**来度量，而力偶矩的大小为力偶中的力与力偶臂的乘积即 Fd。在图 2-11 中，力偶（F，F'）对任一点 O 的矩为 $-F(d+x)+F'x = -F(d+x-x)=-Fd$。这表明力偶对任意点的矩都等于力偶矩，而与矩心位置无关。

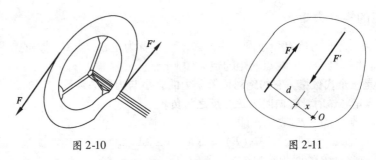

图 2-10   图 2-11

力偶在平面内的转向不同，其作用效应也不相同。因此，平面力偶对物体的作用效应由以下两个因素决定：①力偶矩的大小；②力偶在作用面内的转向。因此，平面力偶矩可视为代数量，以 M 或 M（F，F'）来表示，即

$$M = \pm Fd \tag{2-9}$$

于是可得出以下结论：**平面力偶矩是一个代数量，其绝对值等于力的大小与力偶臂的乘积，正负号表示力偶的转向，一般以逆时针转向为正，顺时针转向为负**。力偶矩的单位与力矩单位相同，也是牛顿·米（N·m）或千牛顿·米（kN·m）。

2.2.4 力偶的基本性质

1. 力偶不能简化为一个合力

由于力偶中的两个力大小相等、方向相反、作用线平行，则可得出：力偶在任一轴上的投影为零。

力偶和力对物体作用的效应不同，说明力偶不能用一个力来代替，即力偶不能简化为一个力，因而力偶也不能和一个力平衡，力偶只能与力偶平衡。

2. 力偶的矩

力偶对其作用平面内任一点的矩都等于力偶矩，而与矩心无关。

3. 力偶的等效性

在同一平面内的两个力偶，如果力偶矩相等，则两力偶彼此等效。由此，得出两个推论：

推论 1   **力偶可以在其作用平面内任意转移，而不改变它对刚体的作用效果。**

推论 2   **只要保持力偶矩的大小和力偶的转向不变，可同时改变力偶中力的大小和力偶臂。**

由此可见,力偶臂和力的大小都不是力偶的特征量,只有力偶矩是平面力偶作用的唯一度量。今后常用图2-12所示的符号表示力偶。M为力偶矩。

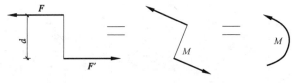

图2-12

2.2.5 平面力偶系的合成和平衡条件

在物体的某一平面内同时作用两个或两个以上的力偶时,这群力偶称为**平面力偶系**。

1. 平面力偶系的合成

平面力偶系可以合成为一个合力偶,合力偶矩等于各分力偶矩的代数和(可用力偶的等效性证明)。即

$$M = M_1 + M_2 + \cdots + M_n = \sum M_i \tag{2-10}$$

式中,M表示合力偶矩;M_1,M_2,$\cdots$,M_n分别表示力偶系中各力偶的力偶矩。

【例题2-6】 如图2-13所示,有三个力偶同时作用在物体某平面内。已知$F_1 = 80\ \text{N}$,$d_1 = 0.8\ \text{m}$,$F_2 = 100\ \text{N}$,$d_2 = 0.6\ \text{m}$,$M_3 = 24\ \text{N} \cdot \text{m}$,求其合成的结果。

【解】 三个共面力偶合成的结果是一个合力偶,力偶矩为

$$M_1 = F_1 d_1 = 80 \times 0.8 = 64\ \text{N} \cdot \text{m}$$
$$M_2 = -F_2 d_2 = -(100 \times 0.6) = -60\ \text{N} \cdot \text{m}$$
$$M_3 = 24\ \text{N} \cdot \text{m}$$

由式(2-10)得合力偶矩为

$$M = M_1 + M_2 + M_3 = 64 - 60 + 24 = 28\ \text{N} \cdot \text{m}$$

合力偶矩大小为$28\ \text{N} \cdot \text{m}$,逆时针转向,与原力偶系共面。

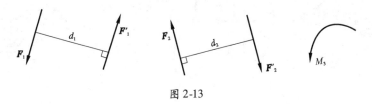

图2-13

2. 平面力偶系的平衡条件

由平面力偶系合成结果可知,力偶系平衡时,其合力偶矩等于零。因此,平面力偶系平衡的必要和充分条件是**力偶系中所有各力偶矩的代数和等于零**,即:

$$\sum M_i = 0 \tag{2-11}$$

式(2-11)又称为**平面力偶系的平衡方程**。对于平面力偶系的平衡问题,利用式(2-11)可以求解一个未知量。

【例题2-7】 如图2-14(a)所示的梁AB,受一力偶的作用。已知力偶矩$M = 20\ \text{kN} \cdot \text{m}$,梁长$l = 4\ \text{m}$,梁自重不计。求$A$,$B$支座处的反力。

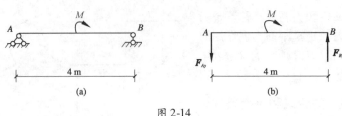

图 2-14

【解】 取梁 AB 为研究对象。该梁只受主动力偶 M 的作用，所以，A，B 支座处的两个反力必定也组成一个力偶，如图 2-14（b）所示。

由式（2-11）可知 $F_{By}l - M = 0$，得：

$$F_{By} = \frac{M}{l} = \frac{20}{4} = 5 \text{ kN} \quad (\uparrow) \qquad F_{Ay} = F_{By} = 5 \text{ kN} \quad (\downarrow)$$

2.3 平面一般力系的简化

平面一般力系是指各力的作用线在同一平面内但不全交于一点，也不全互相平行的力系。平面一般力系是工程中最常见的力系，很多实际问题都可简化成平面一般力系问题处理。例如图 2-15（a）所示的三角形屋架，它的厚度比其他两个方向的尺寸小得多，这种结构称为平面结构。在平面结构上作用的各力，一般都在同一平面内，组成平面一般力系。如图 2-15（b）所示，三角形屋架受到屋面传来的竖向荷载 F_1、风荷载 F_2 以及两端支座反力 F_{Ax}，F_{Ay}，F_{By}，这些力组成平面一般力系。

在实际工程中，还有些结构本身并不是平面结构，而且所受的力也不是分布在某一个平面内，但是由于结构本身有一个对称平面，且作用于结构上的力也对称于该面分布，则作用于该结构上的力系也可简化为在此对称平面内的平面一般力系。如图 2-16 所示沿直线行驶的汽车，车受到的重力 F_W、空气阻力 F 以及地面对前后轮的约束反力的合力 F_{RA}，F_{RB}，都可简化到汽车的对称面内，组成平面一般力系。

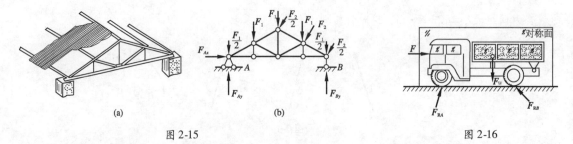

图 2-15   图 2-16

总之，建筑工程中的很多问题，都可以简化为平面一般力系的问题来处理。平面一般力系是工程中最常见也是最重要的力系。本节将讨论平面一般力系的简化与平衡问题。

2.3.1 平面一般力系向作用面内任一点简化

力系向一点简化是一种较为简便并具有普遍性的力系简化方法。此方法的理论基础是力的平移定理。

1. 力的平移定理

作用于刚体上某点的力可以平行移到此刚体上的任一点，但必须附加一个力偶，这个附加力偶的力偶矩等于原力对新作用点的矩，这就是力的平移定理。这个定理可用图 2-17 得以证明，设

刚体的 A 点作用力 F（图 2-17（a）），在刚体上任取一点 O，并在 O 点加上一对平衡力 F' 和 F''，且作用线与力 F 平行，令 $F = F' = F''$（图 2-17（b）），则图 2-17（a）与（b）力系等效，而图 2-17（b）的三个力又可视作一个作用在 O 点的力 F' 和力偶（F，F''），该力偶称为附加力偶（图 2-17（c）），其力偶矩为

$$M = Fd = M_O(F)$$

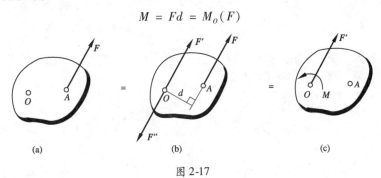

$$
\begin{array}{ccc}
\text{(a)} & \text{(b)} & \text{(c)}
\end{array}
$$

图 2-17

力的平移定理说明作用于物体上某点的一个力可以和作用于另外一点的一个力和力偶等效，反过来也可将同平面内的一个力和力偶转化为一个合力，如将图 2-17（c）转化为图 2-17（a），这个力 F 与 F' 大小相等、方向相同、作用线平行，作用线间的垂直距离为

$$d = \frac{|M|}{F'}$$

2. 平面一般力系向作用面内任一点简化——主矢和主矩

刚体上作用有 n 个力 F_1，F_2，…，F_n 组成的平面一般力系，如图 2-18（a）所示，在平面内任取一点 O，称为**简化中心**，应用力的平移，把各力都平移到 O 点，这样，得到作用于点 O 的平面汇交力系 F_1'，F_2'，…，F_n' 和附加力偶组成的平面力偶系，其附加力偶矩分别为 M_1，M_2，…，M_n（图 2-18（b））。其中平面汇交力系 F_1'，F_2'，…，F_n' 可合成为作用于 O 点的一个力 F_R'，这个力矢 F_R' 称为原力系的**主矢**；附加平面力偶系可合成为一个力偶，这个力偶的力偶矩 M_O' 称为原力系对简化中心 O 的**主矩**，如图 2-18（c）所示。

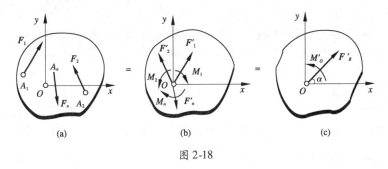

$$
\begin{array}{ccc}
\text{(a)} & \text{(b)} & \text{(c)}
\end{array}
$$

图 2-18

由平面汇交力系合成的理论可知

$$F_R' = F_1' + F_2' + \cdots + F_n'$$

且

$$F_1' = F_1, F_2' = F_2, \cdots, F_n' = F_n$$

故

$$F_R' = F_1 + F_2 + \cdots + F_n = \sum F \tag{2-12}$$

即力矢 F_R' 等于原来各力的矢量和。

确定主矢 F_R' 的大小和方向可应用解析法。过 O 点取直角坐标系 Oxy，如图 2-18（c）所示，主矢 F_R' 在 x 轴和 y 轴上的投影为

$$F'_{Rx} = F'_{1x} + F'_{2x} + \cdots + F'_{nx} = F_{1x} + F_{2x} + \cdots + F_{nx} = \sum F_x$$

$$F'_{Ry} = F'_{1y} + F'_{2y} + \cdots + F'_{ny} = F_{1y} + F_{2y} + \cdots + F_{ny} = \sum F_y$$

式中，F_{ix}'，F_{iy}' 和 F_{ix}，F_{iy} 分别是力 F_i' 和 F_i 在坐标轴 x 和 y 上的投影，由于 F_i' 和 F_i 大小相等、方向相同，所以它们在同一轴上的投影相等。

于是可得主矢 F_R' 的大小和方向为

$$F'_R = \sqrt{F_{Rx}'^2 + F_{Ry}'^2} = \sqrt{\left(\sum F_x\right)^2 + \left(\sum F_y\right)^2}$$

$$\tan\alpha = \frac{|F'_{Ry}|}{|F'_{Rx}|} = \frac{|\sum F_y|}{\sum F_x}$$

(2-13)

式中，α 为主矢 F_R' 与 x 轴所夹的锐角；F_R' 的指向由 $\sum F_x$ 和 $\sum F_y$ 的正负号确定。

由平面力偶系合成的理论可知

$$M_O' = M_1 + M_2 + \cdots + M_n$$

且
$$M_1 = M_O(F_1), M_2 = M_O(F_2), \cdots, M_n = M_O(F_n)$$

故
$$M_O' = M_O(F_1) + M_O(F_2) + \cdots + M_O(F_n) = \sum M_O(F)$$

(2-14)

综上所述可知：**平面一般力系向作用面内任一点简化的结果，是一个力和力偶。这个力作用在简化中心，它的矢量称为原力系的主矢，并等于这个力系中各力的矢量和；这个力偶的力偶矩称为原力系对简化中心的主矩，并等于原力系中各力对简化中心力矩的代数和。**

应当注意：力系的主矢与简化中心的位置无关，而力系对简化中心的主矩，一般情况下与简化中心的位置有关，故主矩 M_O' 中的下标是为指明简化中心而设的。

主矢描述原力系对物体的平移作用，主矩描述原力系对物体绕简化中心的转动作用，二者的作用总和才能代表原力系对物体的作用。因此，单独的主矢 F_R' 或主矩 M_O' 并不与原力系等效，即主矢 F_R' 不是原力系的合力，主矩 M_O' 也不是原力系的合力偶矩，只有 F_R' 与 M_O' 两者相结合才与原力系等效。

现应用平面一般力系的简化理论，对固定端的支座反力进行分析。工程实际中的固定端支座，也称为插入端，是指该支座能限制物体沿任一方向的移动和转动。例如，一端嵌入墙内，另一端自由的雨篷梁，其墙体对梁的约束就是固定端约束，其计算简图如图 2-19（a）所示。固定端约束反力实质为平面任意力系，如图 2-19（b）所示。将此力系向 A 点简化可得一力 F_A 和一力偶矩为 M_A 的力偶，如图 2-19（c）所示。力 F_A 还可用其分力 F_{Ax} 和 F_{Ay} 代替，如图 2-19（d）所示。

2.3.2 平面一般力系简化结果的讨论

平面一般力系向一点简化，一般可以得到主矢 F_R' 和主矩 M_O'，但这不是最后的简化结果，还可以进一步合成，得到最简形式。现根据主矢与主矩是否为零，对可能出现的下列四种情况作进一步分析讨论。

（1）若 $F_R' = 0$，$M_O' \neq 0$。说明原力系与一个力偶等效，即原力系合成为一个合力偶，合力偶的力偶矩就等于原力系对简化中心的主矩，即

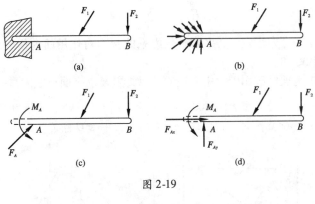

图 2-19

$$M = \sum M_O(\boldsymbol{F})$$

由于力偶对其平面内任意一点的矩都相同，因此当力系合成为一个力偶时，主矩与简化中心的选择无关。

（2）若 $\boldsymbol{F}_R' \neq 0$，$M_O' = 0$。说明力系与通过简化中心的一个力等效，即原力系合成为一个合力，合力的大小、方向和原力系的主矢 $\boldsymbol{F}_R'$ 相同，作用线通过简化中心。

（3）若 $\boldsymbol{F}_R' \neq 0$，$M_O' \neq 0$。根据力的平移定理的逆过程，可以将简化结果进一步合成为一个作用于另一点 O' 的合力 $\boldsymbol{F}_R$，如图 2-20 所示。可见原力系合成为一个合力 $\boldsymbol{F}_R$，合力 $\boldsymbol{F}_R$ 的大小和方向与原力系的主矢 $\boldsymbol{F}_R'$ 相同，而合力作用线至简化中心的距离 d 为

$$d = \frac{|M_O'|}{F_R'} = \frac{|M_O'|}{F_R}$$

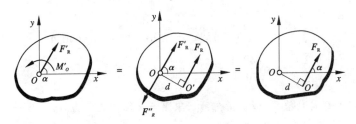

图 2-20

（4）若 $\boldsymbol{F}_R' = 0$，$M_O' = 0$。说明力系平衡，这种情形将在下节详细讨论。

综上所述，不平衡的平面一般力系，其简化的结果只能是一个力，或是一个力偶。

2.3.3　平面力系的合力矩定理

由前面分析可知，当 $\boldsymbol{F}_R' \neq 0$，$M_O' \neq 0$ 时，平面力系可简化为一个合力 $\boldsymbol{F}_R$，如图 2-20 所示，合力 $\boldsymbol{F}_R$ 对 O 点的矩是

$$M_O(\boldsymbol{F}_R) = F_R d$$

而
$$\boldsymbol{F}_R d = M_O', \quad M_O' = \sum M_O(\boldsymbol{F})$$

所以
$$M_O(F_R) = \sum M_O(F) \tag{2-15}$$

于是可得平面力系的合力矩定理：**平面一般力系的合力对作用面内任一点的矩，等于力系中各力对同一点的矩的代数和**。

平面力系的合力矩定理可应用于简化力矩的计算，以及求平面一般力系的合力的作用线位置。

【例题 2-8】 已知挡土墙自重 $F_W = 400$ kN，水压力 $F_1 = 170$ kN，土压力 $F_2 = 340$ kN，各力的方向及作用线位置如图 2-21（a）所示。试将这三个力向底面中心 O 点简化，并求简化的最后结果。

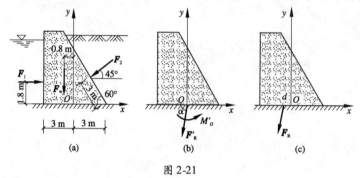

图 2-21

【解】 以底面中心 O 为简化中心，取坐标系如图 2-21（a）所示。由式（2-13）可求得主矢的大小和方向。由于

$$\sum F_x = F_1 - F_2\cos45° = 170 - 340 \times 0.707 = -70.4 \text{ kN}$$

$$\sum F_y = -F_2\sin45° - F_W = -340 \times 0.707 - 400 = -640.4 \text{ kN}$$

所以

$$F_R' = \sqrt{(\sum F_x)^2 + (\sum F_y)^2} = \sqrt{(-70.4)^2 + (-640.4)^2} = 644.3 \text{ kN}$$

$$\tan\alpha = \frac{|\sum F_y|}{|\sum F_x|} = \frac{640.4}{70.4} = 9.1, \quad \alpha = 83.72°$$

因为 $\sum F_x$ 和 $\sum F_y$ 都是负值，故 F_R' 指向第三象限与 x 轴的夹角为 α。

再由式（2-14）可求得主矩为

$$M_O' = \sum M_O(F) = -F_1 \times 1.8 + F_2\cos45° \times 3 \times \sin60° - F_2\sin45° \times (3 - 3\cos60°) + F_W \times 0.8$$
$$= -170 \times 1.8 + 340 \times 0.707 \times 3 \times 0.866 - 340 \times 0.707 \times (3 - 3 \times 0.5) + 400 \times 0.8$$
$$= 277.9 \text{ kN} \cdot \text{m}$$

计算结果为正，表示 M_O' 是逆时针转向。

因为主矢 $F_R' \neq 0$，$M_O' \neq 0$，如图 2-21（b）所示，所以还可以进一步合成为一个合力 F_R。F_R 的大小、方向与 F_R' 相同，它的作用线与 O 点的距离为

$$d = \frac{|M_O'|}{F_R'} = \frac{277.9}{644.3} = 0.431 \text{ m}$$

因为 M_O' 为正，故 $M_O(F_R)$ 也应为正，即合力 F_R 应在 O 点左侧，如图 2-21（c）所示。

现在介绍一下分布荷载的概念。当荷载连续地作用在整个物件或构件的一部分上（不能看作集中荷载）时，称为**分布荷载**。有些荷载分布在构件的体积内，称为**体荷载**，如大坝的自重；有些荷载分布在构件的某一面积上，称为**面荷载**，如楼板上的荷载、风荷载、雪荷载、水坝上的水压力等；有些荷载是分布在一个狭长的面积上或体积上，则可以把它简化为沿其中心线分布的荷载，称为**线荷载**，如梁的自重和楼板传给梁的荷载都可简化为沿梁的长度分布的线荷载。当荷载均匀分布时，称为**均布荷载**；当荷载分布不均匀时，称为**非均布荷载**。板的自重即为面均布荷载，如图 2-22（a）所示；梁的自重即为线均布荷载，如图 2-22（b）所示；水池的池壁所受的水压力则因压强与水深成正比，而为三角形分布的非均布荷载，如图 2-22（c）所示。

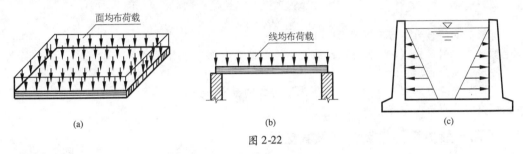

面均布荷载　　　　线均布荷载

(a)　　　　　　　　　(b)　　　　　　　　　(c)

图 2-22

构件上每单位体积、单位面积或单位长度上所承受的荷载分别称为**体荷载集度**、**面荷载集度**或**线荷载集度**，它们各表示对应的分布荷载的密集程度。荷载集度要乘以相应的体积或面积或长度后才是荷载（力）。线荷载集度的单位是牛/米（N/m）等，而面荷载集度与体荷载集度的单位则分别为牛/米^2（N/m^2）与牛/米^3（N/m^3）等。

【例题 2-9】　　求如图 2-23 所示三角形分布荷载的简化结果。设梁的长度 l 和荷载集度 q_0 是已知的。

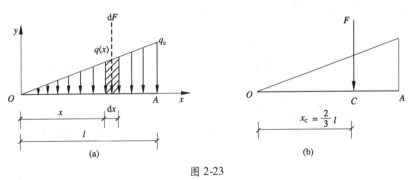

(a)　　　　　　　　　　　　　　(b)

图 2-23

【解】　　对图 2-23（a）取坐标系，由于各分布力同向且彼此平行，都垂直于 x 轴，可知该力系必定合成为一个合力 F。F 的大小可通过积分求得，合力方向与分布力同向。取微分长度 dx 上的荷载为 dF，$dF = q(x)dx$，则合力 F 的大小为

$$F = \int_0^l dF = \int_0^l q(x)dx$$

由图示三角形的相似关系可知，任意位置处分布力集度 $q(x)$ 为

$$q(x) = \frac{q_0}{l}x \qquad (0 \leq x \leq l)$$

于是得

$$F = \int_0^l \frac{q_0}{l} x \mathrm{d}x = \frac{1}{2} q_0 l \qquad (\text{a})$$

合力 $\boldsymbol{F}$ 作用线的位置，可用合力矩定理确定。设合力作用线通过横坐标为 x_C 的 C 点，则：

$$Fx_C = \int_0^l x \mathrm{d}F = \int_0^l \frac{q_0}{l} x^2 \mathrm{d}x = \frac{1}{3} q_0 l^2$$

可得

$$x_C = \frac{\frac{1}{3} q_0 l^2}{F} = \frac{2}{3} l \qquad (\text{b})$$

三角形荷载的合力 $\boldsymbol{F}$ 示于图 2-23（b）。

这里应注意到，式（a）中合力 $\boldsymbol{F}$ 的大小恰为该三角形荷载图的面积；式（b）中 x_C 恰为该荷载图的形心横坐标。

均布线荷载合力的大小等于荷载集度乘以荷载的分布长度，方向同分布荷载同向，其作用线通过该荷载的分布长度中点。

2.4 平面一般力系的平衡方程及其应用

2.4.1 平面一般力系的平衡条件与平衡方程

平面一般力系向作用面内任一点简化得到主矢 $\boldsymbol{F}_\mathrm{R}'$ 和主矩 M_O'。当力系的主矢 $\boldsymbol{F}_\mathrm{R}'$ 和主矩 M_O' 都为零时，该力系是平衡力系。反过来，若力系平衡，则其主矢 $\boldsymbol{F}_\mathrm{R}'$ 和主矩 M_O' 必定为零。由此可见，平面一般力系平衡的必要和充分条件是力系的主矢 $\boldsymbol{F}_\mathrm{R}'$ 和主矩 M_O' 都为零，即：

$$F_\mathrm{R}' = 0, \ M_O' = 0 \qquad (2\text{-}16)$$

将式（2-13）和式（2-14）代入式（2-16）可得

$$\left.\begin{array}{l} \sum F_x = 0 \\ \sum F_y = 0 \\ \sum M_O(\boldsymbol{F}) = 0 \end{array}\right\} \qquad (2\text{-}17)$$

因此，平面一般力系平衡的充分必要条件也可以表述为：**力系中所有各力在两个坐标轴上的投影的代数和分别等于零，而且力系中所有各力对任一点力矩的代数和也等于零。** 式（2-17）称为**平面一般力系的平衡方程**，是三个独立的方程，可以求解三个未知量。

2.4.2 平衡方程的其他形式

式（2-17）是平面一般力系平衡方程的基本形式。除了这种形式外，还可将平衡方程表示为二力矩形式或三力矩形式。

1. 二力矩形式的平衡方程

$$\left.\begin{array}{l} \sum F_x = 0 \\ \sum M_A(\boldsymbol{F}) = 0 \\ \sum M_B(\boldsymbol{F}) = 0 \end{array}\right\} \qquad (2\text{-}18)$$

式中，x 轴不可与 A，B 两点的连线垂直。

2. 三力矩形式的平衡方程

$$\left.\begin{array}{l} \sum M_A(\boldsymbol{F}) = 0 \\ \sum M_B(\boldsymbol{F}) = 0 \\ \sum M_C(\boldsymbol{F}) = 0 \end{array}\right\} \tag{2-19}$$

式中，A，B，C 三点不共线。

　　平面一般力系的平衡方程虽有三种形式，但不论采用哪种形式，都只能写出三个独立的平衡方程。因为当力系满足式（2-17）、式（2-18）或式（2-19）的三个平衡方程时，力系必定平衡，任何第四个平衡方程都是力系平衡的必然结果，都不再是独立的。我们可以利用这个方程来校核计算的结果。在实际应用中，采用哪种形式的平衡方程，完全取决于计算是否简便。

2.4.3　平衡方程的应用

　　应用平面一般力系的平衡方程求解平衡问题的解题步骤如下：

　　（1）确定研究对象。根据题意分析已知量和未知量，选取适当的研究对象。

　　（2）画出研究对象受力图。

　　（3）列平衡方程求解未知量。为简化计算，避免解联立方程，在应用投影方程时，选取的投影轴应尽量与多个未知力相垂直；应用力矩方程时，矩心应选在多个未知力的交点上，这样可使方程中的未知量减少，使计算简化。

【**例题 2-10**】　钢筋混凝土刚架受荷载及支承情况如图 2-24（a）所示。已知 $F_P = 6 \text{ kN}$，$M = 3 \text{ kN·m}$，刚架自重不计。求支座 A，B 的反力。

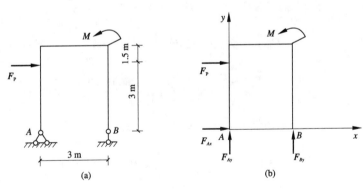

图 2-24

【**解**】　取刚架为研究对象，其受力图如图 2-24（b）所示。刚架上作用有集中力 F_P 和力偶矩为 M 的力偶，以及支座反力 F_{Ax}，F_{Ay}，F_{By}，各反力的指向都是假定的，它们组成平面一般力系。应用三个平衡方程可以求解三个未知反力。

取直角坐标系如图 2-24（b）所示，

由　　　　　　　　　　　　$\sum F_x = 0, \quad F_{Ax} + F_P = 0$

得 $$F_{Ax} = -F_P = -6 \text{ kN} \ (\leftarrow)$$

由 $$\sum M_A(F) = 0, \quad F_{By} \times 3 + M - F_P \times 3 = 0$$

得 $$F_{By} = \frac{3F_P - M}{3} = \frac{3 \times 6 - 3}{3} = 5 \text{ kN} \ (\uparrow)$$

由 $$\sum F_y = 0, \quad F_{Ay} + F_{By} = 0$$

得 $$F_{Ay} = -F_{By} = -5 \text{ kN} \ (\downarrow)$$

【例题 2-11】 梁 AB 一端是固定端支座，另一端无约束，这样的梁称为**悬臂梁**。它承受荷载作用如图 2-25（a）所示。已知 $F_P = 2ql$，$\alpha = 60°$，梁的自重不计。求支座 A 的反力。

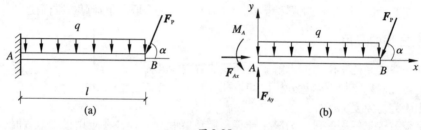

图 2-25

【解】 以梁 AB 为研究对象，其受力图如图 2-25（b）所示，支座反力的指向是假设的。梁上所受的荷载和支座反力组成平面一般力系。列平衡方程时，可将均布荷载 q 用其合力 F_q 表示，$F_q = ql$，方向与均布荷载方向相同，作用在 AB 的中点，坐标系如图 2-25（b）所示。

由 $$\sum F_x = 0, \quad F_{Ax} - F_P \cos 60° = 0$$

得 $$F_{Ax} = F_P \cos 60° = 2ql \times \frac{1}{2} = ql \ (\rightarrow)$$

由 $$\sum F_y = 0, \quad F_{Ay} - ql - F_P \sin 60° = 0$$

得 $$F_{Ay} = ql + 2ql \times \frac{\sqrt{3}}{2} = (1 + \sqrt{3}) \ ql = 2.732ql \ (\uparrow)$$

由 $$\sum M_A(F) = 0, \quad M_A - ql\frac{l}{2} - F_P \sin 60° \times l = 0$$

得 $$M_A = \frac{1}{2}ql^2 + 2ql\frac{\sqrt{3}}{2}l = ql^2 \ (\frac{1}{2} + \sqrt{3}) \ = 2.232ql^2 \quad (\curvearrowleft)$$

力系既然平衡，则力系中各力在任一轴上投影的代数和必然等于零，力系中各力对任一点力矩的代数和也必然等于零。因此，可再列出其他的平衡方程，校核计算有无错误。

核校：$\sum M_B(F) = M_A + ql\frac{l}{2} - F_{Ay}l = (\frac{1}{2} + \sqrt{3})ql^2 + \frac{1}{2}ql^2 - ql^2(1 + \sqrt{3}) = 0$

可见 F_{Ay} 和 M_A 计算无误。

特别注意，固定端的约束反力偶千万不能漏画。这是初学者常犯的错误。

【例题 2-12】　外伸梁受荷载如图 2-26（a）所示。已知均布荷载集度 $q = 20\ \text{kN/m}$，力偶矩 $M = 38\ \text{kN·m}$，集中力 $F_\text{P} = 10\ \text{kN}$。试求支座 A，B 的反力。

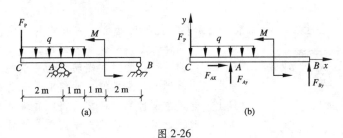

图 2-26

【解】　取梁 BC 为研究对象，其受力如图 2-26（b）所示，建立坐标系 xCy。

由
$$\sum F_x = 0$$

得
$$F_{Ax} = 0$$

由
$$\sum M_A(\boldsymbol{F}) = 0,\quad F_{By} \times 4 + M + q \times 3 \times 0.5 + F_\text{P} \times 2 = 0$$

得
$$F_{By} = -\frac{M + 1.5 \times q + 2 \times F_\text{P}}{4} = -\frac{38 + 1.5 \times 20 + 2 \times 10}{4} = -22\ \text{kN}(\downarrow)$$

由
$$\sum M_B(\boldsymbol{F}) = 0,\quad -F_{Ay} \times 4 + M + q \times 3 \times 4.5 + F_\text{P} \times 6 = 0$$

得
$$F_{Ay} = \frac{M + 13.5 \times q + 6 \times F_\text{P}}{4} = \frac{38 + 13.5 \times 20 + 6 \times 10}{4} = 92\ \text{kN}\quad(\uparrow)$$

校核：
$$\sum F_y = F_{Ay} + F_{By} - F_\text{P} - 3 \times q = 92 - 22 - 10 - 3 \times 20 = 0$$

说明计算无误。

当平面力系中各力的作用线互相平行时，称其为平面平行力系。 它是平面一般力系的一种特殊情形。

如图 2-27 所示，设物体受平面平行力系 $\boldsymbol{F}_1$，$\boldsymbol{F}_2$，$\cdots$，$\boldsymbol{F}_n$ 的作用。如果取 x 轴与各力垂直，则不论力系是否平衡，各力在 x 轴上的投影恒等于零，即 $\sum F_x \equiv 0$，故平面平行力系的独立平衡方程的数目只有两个，即

$$\left.\begin{array}{l} \sum F_y = 0 \\ \sum M_O(\boldsymbol{F}) = 0 \end{array}\right\} \tag{2-20}$$

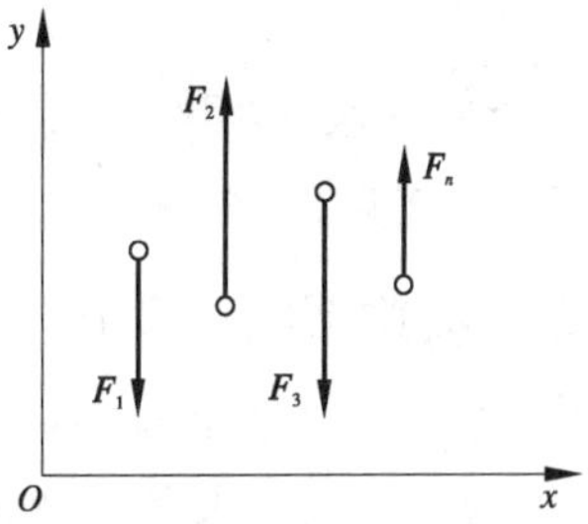

图 2-27

同理，由平面一般力系平衡方程的二力矩形式，可导出平面平行力系平衡方程的二力矩式

$$\left.\begin{array}{l} \sum M_A(\boldsymbol{F}) = 0 \\ \sum M_B(\boldsymbol{F}) = 0 \end{array}\right\} \tag{2-21}$$

其中 A，B 两点的连线不与各力的作用线平行。

【例题 2-13】 梁 AB 的两端支承在墙内，其上受到预制板传来的均布荷载 $q_1 = 12$ kN/m 以及设备荷载 $F = 18$ kN。如图 2-28（a）所示，梁自重 $q_2 = 5$ kN/m。试求墙壁对梁 A，B 端的约束反力。

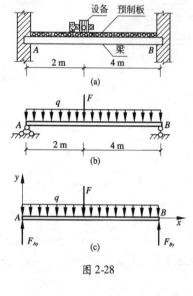

图 2-28

【解】 先考虑墙壁对梁的约束应简化为哪种形式的支座。当梁端伸入墙内的长度较短时，墙壁可限制梁沿水平和铅直方向的移动，而对梁端转动约束的能力很小，一般就不考虑阻止转动的约束性能，而将它简化为固定铰支座。在工程上，为了方便计算，通常又将两端墙体之一视为可动铰支座。同时，近似地取梁端支承区的中点作为支座处。将预制板传来的均布荷载与梁的自重合为均布线荷载 q，即 $q = q_1 + q_2 = 17$ kN/m；设备荷载简化为集中荷载 F，于是得到梁 AB 的计算简图，如图 2-28（b）所示。这种两端分别支承在固定铰支座和可动铰支座上的梁，称为**简支梁**。

取梁 AB 为研究对象。其上作用有集中荷载 F、线荷载 q 及支座的约束反力 $\boldsymbol{F}_{Ay}$ 和 $\boldsymbol{F}_{By}$。由于力 $\boldsymbol{F}$，q，$\boldsymbol{F}_{By}$ 相互平行，故 $\boldsymbol{F}_{Ay}$ 必与各力平行，才能保持该力系为平衡力系。梁的受力图如图 2-28（c）所示，应用二力矩式的平衡方程可求解两个未知力。取坐标系如图 2-28（c）所示。

由

$$\sum M_A(\boldsymbol{F}) = 0, \quad F_{By} \times 6 - F \times 2 - q \times 6 \times 3 = 0$$

得

$$F_{By} = \frac{2 \times F + 18 \times q}{6} = \frac{2 \times 18 + 18 \times 17}{6} = 57 \text{ kN}(\uparrow)$$

由

$$\sum M_B(\boldsymbol{F}) = 0, \quad F \times 4 + q \times 6 \times 3 - F_{Ay} \times 6 = 0$$

得

$$F_{Ay} = \frac{4 \times F + 18 \times q}{6} = \frac{4 \times 18 + 18 \times 17}{6} = 63 \text{ kN}(\uparrow)$$

校核：

$$\sum F_y = 63 + 57 - 18 - 17 \times 6 = 0$$

说明计算无误。

2.5 物体系统的平衡·静定和超静定问题

前面我们研究了单个物体的平衡问题，但是在工程实际问题中，往往遇到由几个物体通过一定的约束联系在一起的物体系统，如图 2-29 所示的组合梁等。当整个物体系统处于平衡时，其中每一个物体或物体的每一部分也必然处于平衡。因此，在解决物体系统的平衡问题时，既可选整个系统为研究对象，也可选其中某个物体为研究对象，然后列出相应的平衡方程，以解出所需的未知量。

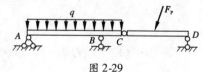

图 2-29

我们研究物体系统平衡问题时，要寻求解题的最佳方法，即以最少的计算过程，迅速而准确地求出未知力。其有效方法就是尽量避免解联立方程。一般情况下，通过合理地选取研究对象，以及恰当地列平衡方程，就能取得事半功倍的效果。而合理地选取研究对象，一般有以下两种方法：

方法一：先取整个物体系统作为研究对象，求得某些未知量；再取其中某部分物体（一个物体或几个物体的组合）作为研究对象，求出其他未知量。

方法二：先取某部分物体作为研究对象，再取其他部分物体或整体作为研究对象，逐步求得所有未知量。

下面举例说明求解物体系统的平衡问题的方法及步骤。

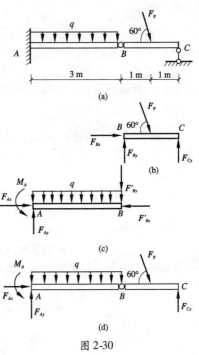

图 2-30

【例题 2-14】   组合梁受荷载如图 2-30（a）所示。已知 $q = 4 \text{ kN/m}$，$F_P = 20 \text{ kN}$，梁自重不计。求支座 A，C 的反力。

【解】   若取整个梁为研究对象，画其受力图如图 2-30（d）所示，有 F_{Ax}，F_{Ay}，M_A 及 F_{Cy} 4 个未知量，而独立的平衡方程只有 3 个，所以，仅以梁整体分析是不够的，还需分析部分的平衡。分别画出各部分的受力图，如图 2-30（b），（c）所示，从受力图可以看出：在 BC 梁上只有 3 个未知量，而在 AB 梁上有 5 个未知量。因此，该问题应先以 BC 梁为研究对象，求出 F_{Cy}，然后再考虑整体梁平衡，就能解出其余未知力。

（1）取 BC 部分为研究对象（图 2-30（b））

由$$\sum M_B(\boldsymbol{F}) = 0, \quad F_{Cy} \times 2 - F_p \sin 60° \times 1 = 0$$

得$$F_{Cy} = \frac{F_P \times \sin 60°}{2} = \frac{20 \times 0.866}{2} = 8.66 \text{ kN}(\uparrow)$$

（2）取整个组合梁为研究对象（图 2-30（d））

由$$\sum F_y = 0, \quad F_{Ay} + F_{Cy} - F_p \sin 60° - q \times 3 = 0$$

得$$F_{Ay} = 3q + F_p \sin 60° - F_{Cy} = 3 \times 4 + 20 \times 0.866 - 8.66 = 20.66 \text{ kN}(\uparrow)$$

由$$\sum F_x = 0, \quad F_{Ax} + F_p \cos 60° = 0$$

得$$F_{Ax} = -F_p \cos 60° = -20 \times 0.5 = -10 \text{ kN}(\leftarrow)$$

由$$\sum M_A(\boldsymbol{F}) = 0, \quad M_A + F_{Cy} \times 5 - q \times 3 \times \frac{3}{2} - F_p \sin 60° \times 4 = 0$$

得$$M_A = 4 \times F_p \sin 60° + 4.5 \times q - 5 \times F_{Cy}$$
$$= 4 \times 20 \times 0.866 + 4.5 \times 4 - 5 \times 8.66 = 43.98 \text{ kN·m} \quad (\circlearrowleft)$$

校核：对整个组合梁列出

$$\sum M_C(F) = 43.98 + 4 \times 3 \times 3.5 + 20 \times 0.866 \times 1 - 20.66 \times 5 = 0$$

说明计算无误。

本例也可以分别以梁 BC 和 AB 为研究对象，建立平衡方程求解支座反力。这就需要通过 BC 杆的平衡方程，求出 F_{Bx}，F_{By}，并以 $F_{Bx}{}'$，$F_{By}{}'$ 的值代入 AB 梁的平衡方程中，通过 AB 梁为研究对象的平衡方程，求得 F_{Ax}，F_{Ay} 和 M_A，这样做显然比较麻烦。所以，当解题方法不止一种时，要通过分析对其进行比较，以确定最简捷的方法。由于解题方法没有一成不变的规律可循，故应做一定数量的习题，灵活求解，举一反三，才能逐步掌握。

【例题 2-15】 钢筋混凝土三铰刚架受荷载如图 2-31（a）所示，已知 $q = 12$ kN/m，$F_P = 18$ kN，求支座 A，B 及顶铰 C 处的约束反力。

【解】 三铰刚架由左、右两半架组成，它们都受到平面一般力系作用，因此可列出 6 个独立的平衡方程，而所求未知力总计也是 6 个，即 A，B 固定铰支座及 C 铰处的约束反力各 2 个未知量。6 个独立的平衡方程可以求解 6 个未知量。

三铰刚架整体、左半架和右半架的受力图如图 2-31（b），（c），（d）所示。图中约束反力的指向都是假设的。如果先取左半架或右半架为研究对象，在其上有 4 个未知力，用平衡方程解不出任何一个未知量。如果先取整体刚架为研究对象，虽然也有 4 个未知量，但由于 F_{Ax}，F_{Ay}，F_{Bx} 交于 A 点，F_{Bx}，F_{By}，F_{Ax} 交于 B 点，所以无论以 A 点或 B 点为矩心列的力矩方程，都能立即求出未知力 F_{By} 或 F_{Ay}。然后，再考虑左半架或右半架的平衡，这时每个半架都只剩下 3 个未知力，问题就迎刃而解了。

（1）取三铰刚架整体为研究对象（图 2-31（b））

由 $$\sum M_A(F) = 0, \quad F_{By} \times 12 - F_P \times 4 - q \times 6 \times 9 = 0$$

得 $$F_{By} = \frac{4 \times F_P + 54 \times q}{12} = \frac{4 \times 18 + 54 \times 12}{12} = 60 \text{ kN} \quad (\uparrow)$$

由 $$\sum M_B(F) = 0, \quad -F_{Ay} \times 12 + F_P \times 8 + q \times 6 \times 3 = 0$$

得 $$F_{Ay} = \frac{8 \times F_P + 18 \times q}{12} = \frac{8 \times 18 + 18 \times 12}{12} = 30 \text{ kN} \quad (\uparrow)$$

由 $$\sum F_x = 0, \quad F_{Ax} - F_{Bx} = 0$$

得 $$F_{Ax} = F_{Bx} \tag{a}$$

（2）再取左半架为研究对象（图 2-31（c））

由 $$\sum M_C(F) = 0, \quad F_{Ax} \times 6 + F_P \times 2 - F_{Ay} \times 6 = 0$$

得 $$F_{Ax} = \frac{6 \times F_{Ay} - 2 \times F_P}{6} = \frac{6 \times 30 - 2 \times 18}{6} = 24 \text{ kN} \quad (\rightarrow)$$

由 $$\sum F_x = 0, \quad F_{Ax} - F_{Cx} = 0$$

得 $$F_{Cx} = F_{Ax} = 24 \text{ kN}(\leftarrow)$$

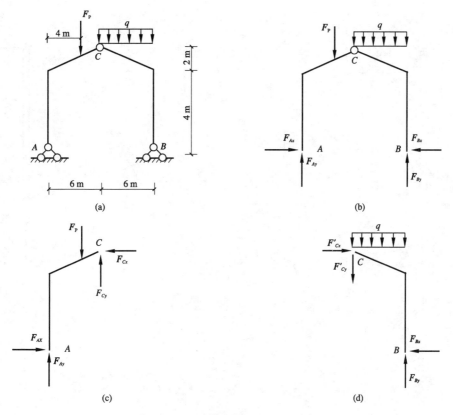

图 2-31

由
$$\sum F_y = 0, \quad F_{Cy} + F_{Ay} - F_P = 0$$
得
$$F_{Cy} = F_P - F_{Ay} = 18 - 30 = -12 \text{ kN}(\downarrow)$$

将 F_{Ax} 的值代入式（a），可得

$$F_{Bx} = F_{Ax} = 24 \text{ kN}(\leftarrow)$$

校核：可以再取右半架为研究对象，列出它的平衡方程，并将求出的数值代入，验算是否满足平衡条件。（请读者自己完成）

【例题 2-16】　如图 2-32（a）中的起重架，自重不计，A，B，D 处均为铰接，E 端为固定端支座，在横杆 AC 的 C 端挂一重物，其重量 $F_W = 6$ kN，求固定端支座 E 的反力、铰链 A 的约束反力及杆 BD 所受的力。

【解】　该起重架由 3 根杆组成，杆 BD 两端铰接，中间没有荷载，故为**二力杆**。

以整体为研究对象可以求出固定端支座 E 处的 3 个约束反力。考虑重物的平衡（图 2-32（b）），可得绳索拉力 $F_T = 6$ kN。为了求出铰 A 的约束反力和杆 BD 所受的力，必须将物体系统从铰结点处拆开。以杆 AC 为研究对象，可以求得铰 A 的约束反力和 BD 杆所受的力，以杆 AE 为研究对象也可以，但计算较复杂。

（1）以整体为研究对象（图 2-32（a））

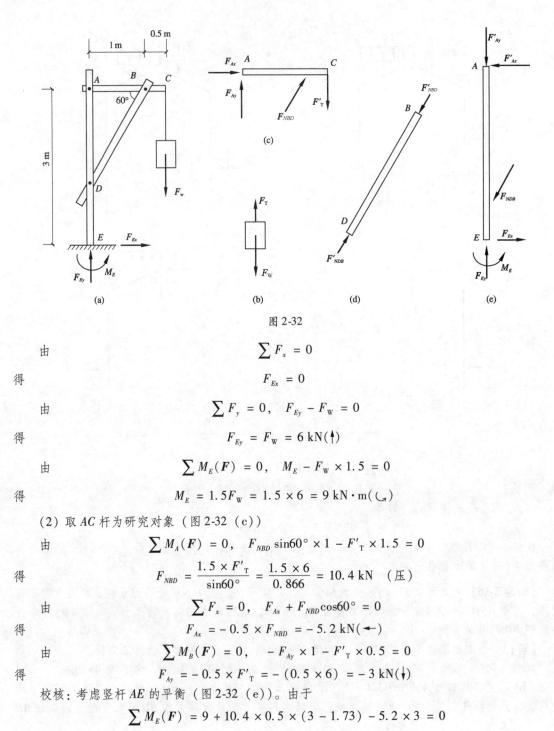

图 2-32

由
$$\sum F_x = 0$$

得
$$F_{Ex} = 0$$

由
$$\sum F_y = 0, \quad F_{Ey} - F_W = 0$$

得
$$F_{Ey} = F_W = 6 \text{ kN}(\uparrow)$$

由
$$\sum M_E(F) = 0, \quad M_E - F_W \times 1.5 = 0$$

得
$$M_E = 1.5 F_W = 1.5 \times 6 = 9 \text{ kN} \cdot \text{m}(\curvearrowleft)$$

（2）取 AC 杆为研究对象（图 2-32（c））

由
$$\sum M_A(F) = 0, \quad F_{NBD} \sin 60° \times 1 - F'_T \times 1.5 = 0$$

得
$$F_{NBD} = \frac{1.5 \times F'_T}{\sin 60°} = \frac{1.5 \times 6}{0.866} = 10.4 \text{ kN} \quad (\text{压})$$

由
$$\sum F_x = 0, \quad F_{Ax} + F_{NBD} \cos 60° = 0$$

得
$$F_{Ax} = -0.5 \times F_{NBD} = -5.2 \text{ kN}(\leftarrow)$$

由
$$\sum M_B(F) = 0, \quad -F_{Ay} \times 1 - F'_T \times 0.5 = 0$$

得
$$F_{Ay} = -0.5 \times F'_T = -(0.5 \times 6) = -3 \text{ kN}(\downarrow)$$

校核：考虑竖杆 AE 的平衡（图 2-32（e））。由于
$$\sum M_E(F) = 9 + 10.4 \times 0.5 \times (3 - 1.73) - 5.2 \times 3 = 0$$

说明计算结果正确。

迄今为止，我们曾多次提到，在物体或物体系统的平衡问题中，当未知量的数目等于独

立平衡方程的数目时，全部未知量均可由平衡方程求出，这样的问题称为**静定问题**，前面所列举的平衡问题的例子均属此类。反之，若未知量的数目多于平衡方程的数目，则由平衡方程就不能解出全部未知量来，这样的问题称为**超静定（或静不定）问题**。如图 2-33 所示的梁就是静不定问题。静不定问题的特点是具有"多余"约束，所以未知量数多于平衡方程数。由于在静不定结构中出现了多余的约束，因此可以减小结构的变形，或者说增加结构的刚度和坚固性。

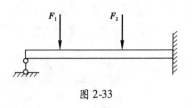

图 2-33

解决静不定问题时，需要考虑物体的变形，不属于刚体静力学的范围，在力系的合成与平衡问题中不予讨论，待以后在结构的内力与位移计算中去讨论。

思考题

2-1　两平面汇交力系的力多边形分别如图 2-34（a），（b）所示，两个力多边形中各力的关系如何？

2-2　合力一定比分力大吗？

2-3　如图 2-35 所示，各物体受 3 个不等于零的力作用，各力的作用线都汇交于一点，图 2-35（a）中力 F_1 和 F_2 共线。试问它们是否可能平衡？

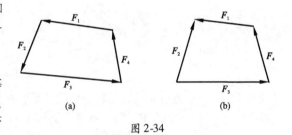

图 2-34

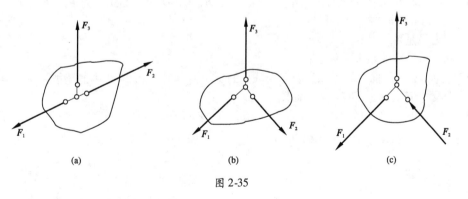

图 2-35

2-4　试比较力矩与力偶矩的异同点。

2-5　合力矩定理的内容是什么？它有什么用途？

2-6　在物体 A，B，C，D 四点作用两个平面力偶，其力多边形封闭，如图 2-36 所示。试问物体是否平衡？

2-7　如图 2-37 所示的三铰拱上，有力 F_P 作用于 D 点。根据力的平移定理将力 F_P 平移至 E 点，并附加一个力偶矩 $M = 4F_P a$ 的力偶。试问力 F_P 平移前后对支座 A，B 的反力有什么影响？能不能这样将力平移？为什么？

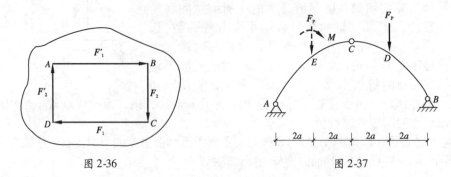

图 2-36　　　　　　　　　　　　　图 2-37

2-8　若平面力系向 O 点简化，得到的主矢 F_R' 的方向和主矩 M_O' 的转向如图 2-38 所示的各种情况，试分别确定它们的合力 F_R 作用线的位置。

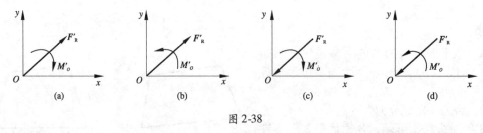

图 2-38

2-9　平面一般力系的合力与其主矢的关系怎样？在什么情况下主矢即为合力？

2-10　在简化一个已知平面力系时，选取不同的简化中心，主矢和主矩是否不同？力系简化的最后结果会不会改变？为什么？

2-11　如图 2-39 所示为分别作用在一平面上 A，B，C，D 四点的 4 个力 F_1，F_2，F_3，F_4，这 4 个力画出的力多边形刚好首尾相接。问：

（1）此力系是否平衡？

（2）此力系简化的结果是什么？

2-12　为什么说平面一般系只有 3 个独立的平衡方程？如图 2-40 中的梁能否列出 4 个平衡方程将 4 个反力 F_{Ax}，F_{Ay}，F_{By}，F_{Cy} 都求出？

2-13　如图 2-41 所示的平面平行力系，如选取的坐标系的 y 轴不与各力平行，则其平衡方程是否可写成 $\sum F_x = 0$，$\sum F_y = 0$ 和 $\sum M_O = 0$ 共 3 个独立的平衡方程？为什么？

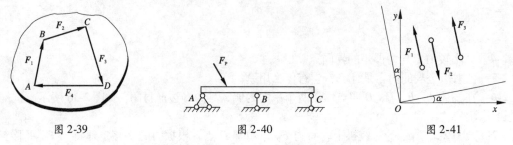

图 2-39　　　　　　　　图 2-40　　　　　　　　图 2-41

2-14　如图 2-42 所示，物体系统处于平衡。

（1）分别画出各部分和整体的受力图。

（2）要求各支座的约束反力，研究对象应怎样选取？

（提示：图 2-42（c）中 A，B，C 处约束力不要分解）

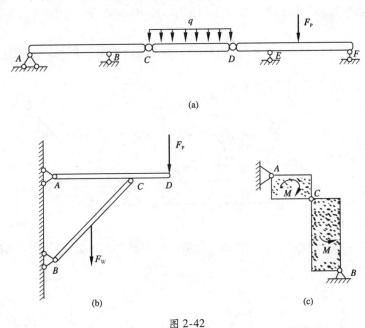

图 2-42

2-15　怎样判断静定和静不定问题？图 2-43 所示的三种情形中哪些是静定问题，哪些是静不定问题？

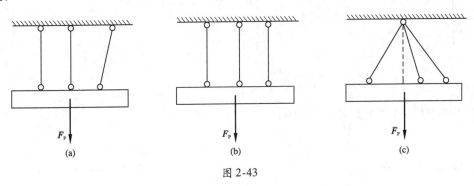

图 2-43

习题

2-1 有 4 个力作用于某物体且汇交于 O 点，已知 $F_1 = 100$ N，$F_2 = 50$ N，$F_3 = 150$ N，$F_4 = 200$ N，各力的方向如图 2-44 所示。试用几何法求这 4 个力的合力。

2-2 已知一钢管重 $F_W = 10$ kN，放置于斜面中，如图 2-45 所示。试用几何法求斜面的反力 F_{NA}，F_{NB}。

2-3 已知 $F_1 = F_2 = 100$ kN，$F_3 = F_4 = 200$ kN，各力方向如图 2-46 所示。试分别计算在 x 轴和 y 轴上的投影。

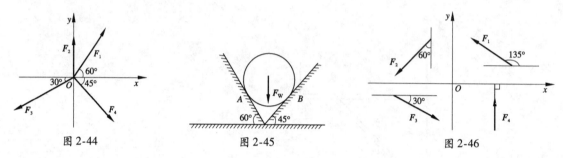

图 2-44   图 2-45   图 2-46

2-4 已知图 2-47 所示支架，杆两端均为铰接，作用重力 $F_W = 20$ kN，求杆 AB，AC 所受到的力。各杆的自重均不计。

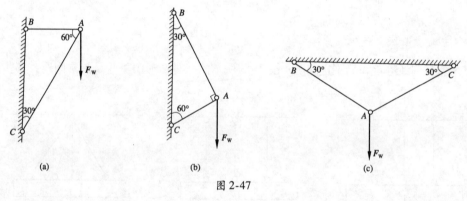

图 2-47

2-5 计算图 2-48 中力 F 对点 O 的矩。

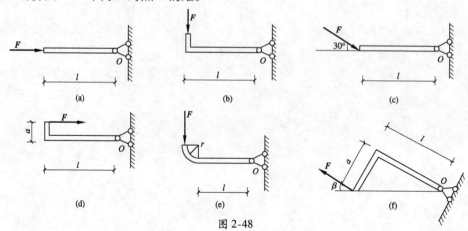

图 2-48

2-6　求图 2-49 所示平面力偶系的合力偶矩。已知 $F_1 = F_1' = 100$ N，$F_2 = F_2' = 150$ N，$F_3 = F_3' = 100$ N，$d_1 = 0.8$ m，$d_2 = 0.7$ m，$d_3 = 0.5$ m。

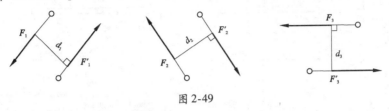

图 2-49

2-7　求图 2-50 中各梁的支座反力。

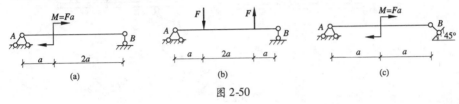

图 2-50

2-8　重力坝受力情况如图 2-51 所示。设坝的自重分别为 $F_{W1} = 9\,600$ kN，$F_{W2} = 21\,600$ kN，水压力 $F_P = 10\,120$ kN。试将该力系向坝底 O 点简化，并求此力系合力的大小、方向和作用线位置。

2-9　钢筋混凝土构件如图 2-52 所示，已知各部分的重量为 $F_{W1} = 2$ kN，$F_{W2} = F_{W4} = 4$ kN，$F_{W3} = 8$ kN。试求这些重力的合力。

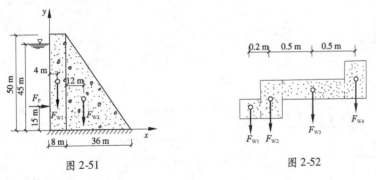

图 2-51　　　　　　　　　　图 2-52

2-10　求图 2-53 所示各梁的支座反力。

2-11　求图 2-54 所示刚架的支座反力。

2-12　某厂房柱高 9 m，受力作用如图 2-55 所示。已知 $F_{P1} = 20$ kN，$F_{P2} = 40$ kN，$F_{P3} = 6$ kN，$q = 4$ kN/m，F_{P1}，F_{P2} 至柱轴线的距离分别为 e_1，e_2，$e_1 = 0.15$ m，$e_2 = 0.25$ m。试求固定端支座 A 的反力。

2-13　如图 2-56 所示雨篷结构简图，水平梁 AB 上受均布荷载 $q = 10$ kN/m，B 端用斜杆 BC 拉住。求铰链 A，C 处的约束反力。

2-14　求图 2-57 所示各梁的支座反力。除图 2-57（a）斜梁 AC 上的均布荷载沿梁的长度分布外，其余的均布荷载都是沿水平方向分布的。

2-15　求图 2-58 所示各组合梁的支座反力。

2-16　求图 2-59 所示各静定平面刚架的支座反力。

2-17　如图 2-60 所示的结构中梁 AB 上作用有均布荷载 $q = 4$ kN/m，各杆自重均不计。试求

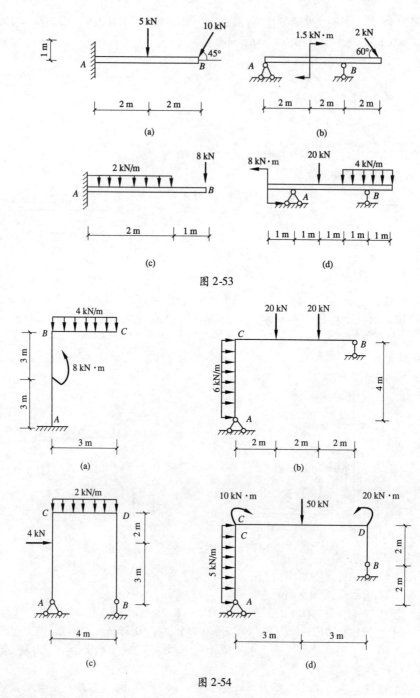

图 2-53

图 2-54

CD 和 DE 两杆所受的力。

2-18　如图 2-61 所示三铰拱，求支座 A，B 的反力及铰链 C 的约束反力。

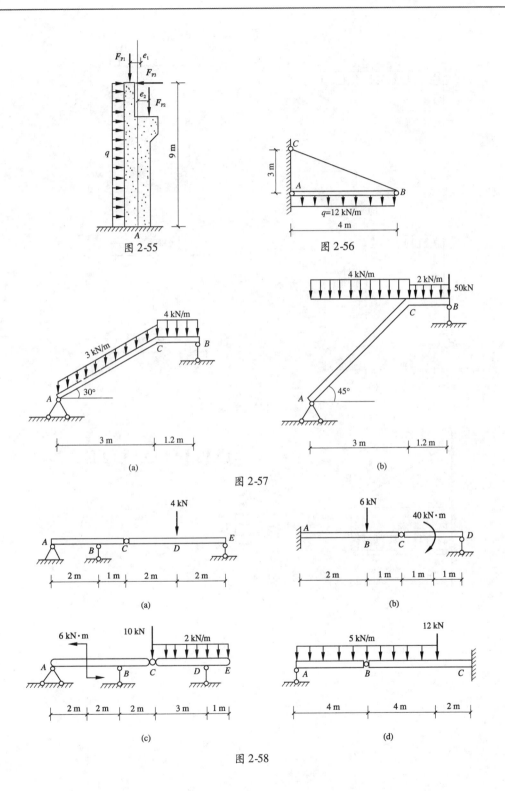

图 2-55

图 2-56

(a)

(b)

图 2-57

(a)

(b)

(c)

(d)

图 2-58

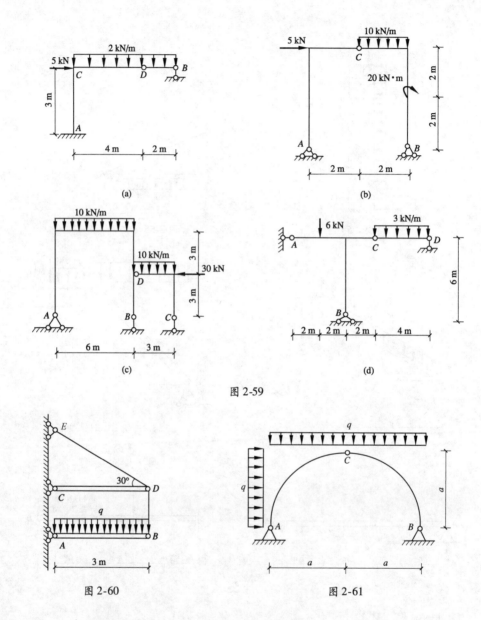

图 2-59

图 2-60　　　　　图 2-61

◎单元 *3*
平面图形的几何性质

单元概述：工程中的杆件，其横截面都是具有一定几何形状的平面图形，把平面图形的几何量称为几何性质。本单元即研究这些几何性质，因为几何性质影响杆件的强度、刚度和稳定性。

学习目标：

1. 了解平面图形的静矩、惯性矩、惯性半径和惯性积的定义、单位。
2. 掌握组合图形的形心和惯性矩的确定。
3. 学会静矩的计算，记住矩形和圆形截面的惯性矩。
4. 学会使用型钢表。

教学建议：结合实例让学生了解本单元的现实意义。

关键词：静矩（first moments）；形心（centroid）；惯性矩（inertia moment）；惯性积（inertia product）；惯性半径（inertia radius）；形心主惯性轴（centroidal principal axes of inertia）；形心主惯性矩（centroidal principal moments of inertia）

工程中的杆件，其横截面都是具有一定几何形状的平面图形。在计算中，会遇到一些与平面图形的形状和尺寸有关的物理量，这些物理量统称为**平面图形的几何性质**。如杆件截面的横截面面积 A，这些物理量会影响杆件的强度、刚度和稳定性，所以平面图形的几何性质是影响杆件承载能力的重要因素。本单元着重讨论平面图形几何性质的概念和计算方法。

3.1　静矩和形心位置

3.1.1　平面图形的形心

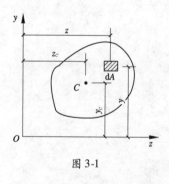

图 3-1

1. 形心的概念及其坐标公式

平面图形的几何中心称为平面图形的形心（centroid）。

如图 3-1 所示为一任意形状的平面图形，其面积为 A，在平面图形内选取坐标系 zOy。在坐标（z，y）处取微面积 dA，则微面积 dA 与坐标 z（或坐标 y）的乘积在整个横截面上求积分再除以平面图形的面积称为平面图形的形心 z_C（或 y_C）坐标，即

$$z_C = \frac{\int_A z\,dA}{A}, \quad y_C = \frac{\int_A y\,dA}{A} \tag{3-1}$$

若平面图形可以分解为若干个简单的图形，则式（3-1）又可写为

$$z_C = \frac{\sum_{i=1}^{n} A_i z_{Ci}}{\sum_{i=1}^{n} A_i}, \quad y_C = \frac{\sum_{i=1}^{n} A_i y_{Ci}}{\sum_{i=1}^{n} A_i} \tag{3-2}$$

式中，y_{Ci}，z_{Ci} 及 A_i 分别为各简单图形的形心坐标和面积；n 为组成组合图形中简单图形的个数。

2. 形心的求法

若平面图形有对称轴或对称中心，则该平面图形的形心必在此对称轴或对称中心上。对于简单的平面图形的形心位置可以从有关工程手册中查出，表 3-1 给出了常见简单平面图形的形心位置。

表 3-1　　　　　　　　　　　　简单平面图形的形心位置

图　　形	形心位置	面积
直角三角形 	$x_C = \dfrac{a}{3}$ $y_C = \dfrac{h}{3}$	$A = \dfrac{ah}{2}$
三角形 	在三中线的交点 $y_C = \dfrac{h}{3}$	$A = \dfrac{ah}{2}$
梯形 	在上、下底中点的连线上 $y_C = \dfrac{h}{3} \cdot \dfrac{a+2b}{a+b}$	$A = \dfrac{h}{2}(a+b)$
半圆形 	$y_C = \dfrac{4r}{3\pi}$	$A = \dfrac{\pi r^2}{2}$
扇形 	$x_C = \dfrac{2}{3} \cdot \dfrac{r\sin\alpha}{\alpha}$	$A = \alpha r^2$

（续表）

图　形	形心位置	面　积
弓形 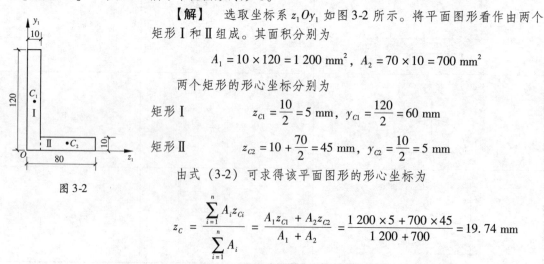	$x_c = \dfrac{2}{3} \cdot \dfrac{r^3 \sin^3 \alpha}{A}$	$A = \dfrac{r^2\ (2\alpha - \sin 2\alpha)}{2}$
二次抛物线（1）	$x_c = \dfrac{3}{4}a$ $y_c = \dfrac{3}{10}b$	$A = \dfrac{1}{3}ab$
二次抛物线（2）	$x_c = \dfrac{5}{8}a$ $y_c = \dfrac{2}{5}b$	$A = \dfrac{2}{3}ab$

在工程实际中，经常遇到工字形、T 形、环形等横截面的构件，这些构件的截面图形是由几个简单的几何图形组合而成的，称为**组合图形**。其形心可采用**分割法**与**负面积法**计算。

1）分割法

将组合图形分割成若干个简单图形，各简单图形的形心位置已知，按式（3-2）求得组合图形的形心。

【例题 3-1】　求图 3-2 所示平面图形的形心。

【解】　选取坐标系 $z_1 O y_1$ 如图 3-2 所示。将平面图形看作由两个矩形 I 和 II 组成。其面积分别为

$$A_1 = 10 \times 120 = 1\,200\ \text{mm}^2, \quad A_2 = 70 \times 10 = 700\ \text{mm}^2$$

两个矩形的形心坐标分别为

矩形 I　　　　$z_{C1} = \dfrac{10}{2} = 5\ \text{mm}, \quad y_{C1} = \dfrac{120}{2} = 60\ \text{mm}$

矩形 II　　　$z_{C2} = 10 + \dfrac{70}{2} = 45\ \text{mm}, \quad y_{C2} = \dfrac{10}{2} = 5\ \text{mm}$

由式（3-2）可求得该平面图形的形心坐标为

$$z_c = \frac{\sum\limits_{i=1}^{n} A_i z_{Ci}}{\sum\limits_{i=1}^{n} A_i} = \frac{A_1 z_{C1} + A_2 z_{C2}}{A_1 + A_2} = \frac{1\,200 \times 5 + 700 \times 45}{1\,200 + 700} = 19.74\ \text{mm}$$

图 3-2

$$y_C = \frac{\sum\limits_{i=1}^{n} A_i y_{Ci}}{\sum\limits_{i=1}^{n} A_i} = \frac{A_1 y_{C1} + A_2 y_{C2}}{A_1 + A_2} = \frac{1\,200 \times 60 + 700 \times 5}{1\,200 + 700} = 39.74 \text{ mm}$$

2）负面积法

将组合图形看作从一个简单图形中挖去另一个简单图形而成，各简单图形的形心位置已知，按式（3-2）求得组合图形的形心。注意挖去图形的面积用负值表示，所以称为负面积法。

【例题 3-2】　求图 3-3 所示的平面图形的形心。已知 $R = 60$ mm，$r = 20$ mm，$a = 40$ mm。

【解】　选取坐标系 zOy，如图 3-3 所示。该图形的对称轴为 z 轴，形心一定在对称轴上，因此 $y_C = 0$。

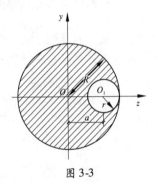

图 3-3

将该图形看作由半径 R 的大圆减去半径 r 的小圆的组合，而半径 r 的小圆面积应为负值。它们的面积和形心坐标分别为

$$A_1 = \pi R^2 = 60^2 \pi, \quad z_{C1} = 0$$

$$A_2 = -\pi r^2 = -20^2 \pi, \quad z_{C2} = a = 40 \text{ mm}$$

所以

$$z_C = \frac{\sum\limits_{i=1}^{n} A_i z_{Ci}}{\sum\limits_{i=1}^{n} A_i} = \frac{z_{C1} A_1 + z_{C2} A_2}{A_1 + A_2} = \frac{0 \times \pi \times 60^2 + 40 \times (-\pi \times 20^2)}{\pi \times 60^2 + (-\pi \times 20^2)}$$

$$= \frac{-\pi \times 20^2 \times 40}{\pi \times (60^2 - 20^2)} = -5 \text{ mm}$$

$$y_C = 0$$

形心 C 的 z 坐标为负值，表示形心 C 位于原点 O 的左侧。

3.1.2　静矩

1. 静矩的概念

在如图 3-1 所示的平面图形中，微面积 dA 与坐标 y（或坐标 z）的乘积称为微面积 dA 对 z 轴（或 y 轴）的**静矩**（first moments），记作 dS_z（或 dS_y），即

$$dS_z = y dA, \quad dS_y = z dA$$

平面图形上所有微面积对 z 轴（或 y 轴）的静矩之和，称为该平面图形对 z 轴（或 y 轴）的静矩，用 S_z（或 S_y）表示。即

$$\left. \begin{array}{l} S_z = \displaystyle\int_A dS_z = \int_A y dA \\[2mm] S_y = \displaystyle\int_A dS_y = \int_A z dA \end{array} \right\} \tag{3-3}$$

从上述定义可以看出，平面图形的静矩是对指定的坐标轴而言的。同一平面图形对不同的坐标轴，其静矩显然不同。静矩的数值可能为正，可能为负，也可能等于零。常用单位是 m^3 或 mm^3。

于是平面图形形心公式又可写为

$$\left.\begin{aligned} z_C &= \frac{S_y}{A} \\ y_C &= \frac{S_z}{A} \end{aligned}\right\} \tag{3-4}$$

或当平面图形形心已知时，将式（3-3）改写为

$$\left.\begin{aligned} S_z &= A \cdot y_C \\ S_y &= A \cdot z_C \end{aligned}\right\} \tag{3-5}$$

由式（3-5）可知，平面图形对 z 轴（或 y 轴）的静矩，等于该图形面积 A 与其形心坐标 y_C（或 z_C）的乘积。对形心位置已知的截面图形，如矩形、圆形及三角形等截面，可直接用式(3-5)来计算静矩。通过平面图形形心的坐标轴，称为平面图形的形心轴。平面图形对形心轴的静矩为零；反之，若平面图形对某轴的静矩为零，则该轴必为形心轴。

2. 组合图形的静矩

根据平面图形静矩的定义，组合图形对 z 轴（或 y 轴）的静矩等于各简单图形对同一轴静矩的代数和，即

$$\left.\begin{aligned} S_z &= A_1 y_{C1} + A_2 y_{C2} + \cdots + A_n y_{Cn} = \sum_{i=1}^{n} A_i y_{Ci} \\ S_y &= A_1 z_{C1} + A_2 z_{C2} + \cdots + A_n z_{Cn} = \sum_{i=1}^{n} A_i z_{Ci} \end{aligned}\right\} \tag{3-6}$$

式中　y_{Ci}，z_{Ci}，A_i——各简单图形的形心坐标和面积；

n——组成组合图形的简单图形的个数。

【例题 3-3】　矩形截面尺寸如图 3-4 所示，试求该矩形对 z_1 轴的静矩 S_{z_1} 和对形心轴 z 的静矩 S_z。

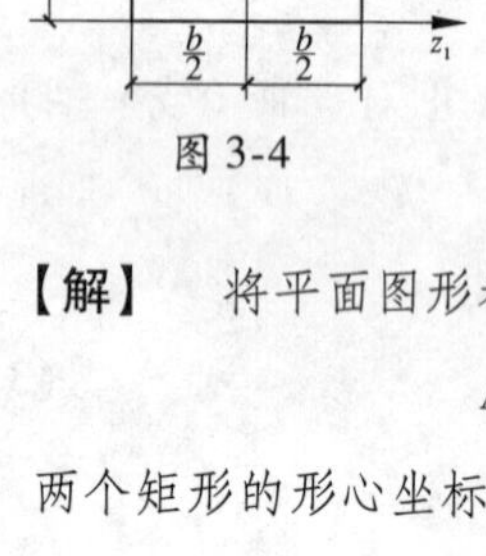

图 3-4

【解】　(1) 计算矩形截面对 z_1 轴的静矩

由式（3-5）可得

$$S_{z_1} = A \cdot y_C = bh \cdot \frac{h}{2} = \frac{bh^2}{2}$$

(2) 计算矩形截面对形心轴的静矩

由于 z 轴为矩形截面的对称轴，通过截面形心，所以矩形截面对 z 轴的静矩为

$$S_z = 0$$

【例题 3-4】　试计算图 3-2 所示的平面图形对 z_1 和 y_1 的静矩。

【解】　将平面图形看作由两个矩形Ⅰ和Ⅱ组成，其面积分别为

$$A_1 = 10 \times 120 = 1\,200\ \text{mm}^2,\ A_2 = 70 \times 10 = 700\ \text{mm}^2$$

两个矩形的形心坐标分别为

矩形Ⅰ　$$z_{C1} = \frac{10}{2} = 5\ \text{mm},\ y_{C1} = \frac{120}{2} = 60\ \text{mm}$$

矩形 II
$$z_{C2} = 10 + \frac{70}{2} = 45 \text{ mm}, \ y_{C2} = \frac{10}{2} = 5 \text{ mm}$$

由式（3-6）可得该平面图形对 z_1 轴和 y_1 的静矩分别为

$$S_{z_1} = \sum_{i=1}^{n} A_i y_{Ci} = A_1 y_{C1} + A_2 y_{C2}$$

$$= 1\,200 \times 60 + 700 \times 5 = 7.\,55 \times 10^4 \text{ mm}^3$$

$$S_{y1} = \sum_{i=1}^{n} A_i z_{Ci} = A_1 z_{C1} + A_2 z_{C2}$$

$$= 1\,200 \times 5 + 700 \times 45 = 3.\,75 \times 10^4 \text{ mm}^3$$

3.2　极惯性矩·惯性矩·惯性积·惯性半径

3.2.1　极惯性矩

设任意平面图形如图 3-5 所示，面积为 A，zOy 为平面图形所在平面内的坐标系。在平面图形内任取一微面积 dA，其坐标为 (z, y)，该微面积距原点 O 的距离为 ρ，将乘积 $\rho^2 dA$ 称为微面积 dA 对原点 O 的**极惯性矩**。整个平面图形上各微面积对原点极惯性矩的总和称为该平面图形对原点的极惯性矩，用 I_P 表示。即

$$I_P = \int_A \rho^2 dA \tag{3-7}$$

从上述定义可以看出，平面图形的极惯性矩是对点来言的，同一图形对不同点的极惯性矩也不相同。式（3-7）中，ρ^2 恒为正值，故极惯性矩也恒为正值。常用单位为 m^4 或 mm^4。

3.2.2　惯性矩

在如图 3-5 所示的平面图形中，将微面积 dA 与 y^2（或 z^2）的乘积 $y^2 dA$（或 $z^2 dA$）称为微面积 dA 对 z 轴（或 y 轴）的**惯性矩**（inertia moment）。整个平面图形上各微面积对 z 轴（或 y 轴）惯性矩的总和称为该平面图形对 z 轴（或 y 轴）的惯性矩，用 I_z（或 I_y）表示。即

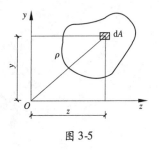

图 3-5

$$\left. \begin{aligned} I_z &= \int_A y^2 dA \\ I_y &= \int_A z^2 dA \end{aligned} \right\} \tag{3-8}$$

从惯性矩的定义可以看出，惯性矩也是对坐标轴而言的。同一图形对不同的坐标轴，其惯性矩不同。式（3-8）中，y^2，z^2 恒为正值，故惯性矩也恒为正值。常用单位为 m^4 或 mm^4。

由图 3-5 可以看出

$$\rho^2 = y^2 + z^2$$

代入式（3-7），得

$$I_P = \int_A \rho^2 \, dA = \int_A (y^2 + z^2) \, dA$$

$$= \int_A y^2 \, dA + \int_A z^2 \, dA$$

$$= I_z + I_y \tag{3-9}$$

式（3-9）表明，平面图形对任一点的极惯性矩，等于平面图形对以该点为原点的任意两正交坐标轴的惯性矩之和。

简单平面图形的惯性矩可直接由式（3-8）求得。常用的一些简单图形的惯性矩可在计算手册中查找，型钢截面的惯性矩可在型钢表中查找。为了便于查用，表3-2列出了几种常见平面图形的面积、形心和惯性矩。

表 3-2 　　　　　　　　　　几种常见平面图形的面积、形心和惯性矩

序号	图形	面积 A	形心到边缘（或顶点）距离 e	惯性矩 I
1		bh	$e_z = \dfrac{b}{2}$　$e_y = \dfrac{h}{2}$	$I_z = \dfrac{bh^3}{12}$　$I_y = \dfrac{hb^3}{12}$
2		$\dfrac{\pi}{4}d^2$	$e = \dfrac{d}{2}$	$I = \dfrac{\pi}{64}d^4$
3		$\dfrac{\pi}{4}(D^2 - d^2)$	$e = \dfrac{D}{2}$	$I = \dfrac{\pi D^4}{64}(1-\alpha^4)$　$\alpha = \dfrac{d}{D}$

（续表）

序号	图形	面积 A	形心到边缘（或顶点）距离 e	惯性矩 I
4	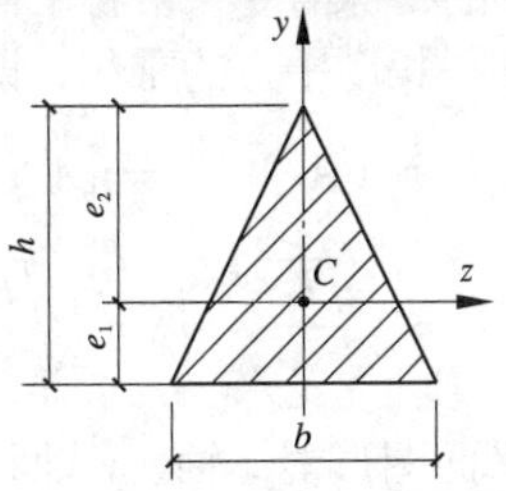	$\dfrac{bh}{2}$	$e_1 = \dfrac{h}{3}$ $e_2 = \dfrac{2h}{3}$	$I_z = \dfrac{bh^3}{36}$
5	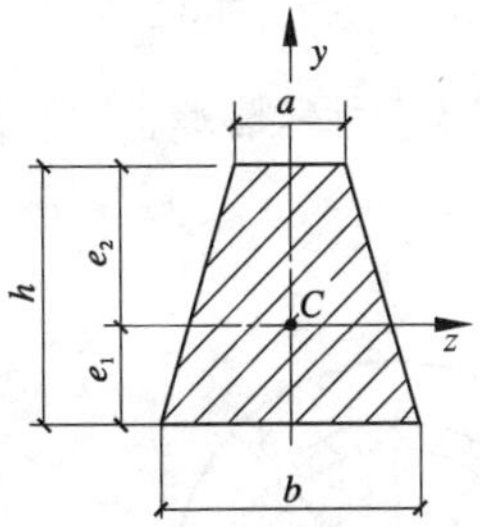	$\dfrac{h(a+b)}{2}$	$e_1 = \dfrac{h(2a+b)}{3(a+b)}$ $e_2 = \dfrac{h(a+2b)}{3(a+b)}$	$I_z = \dfrac{h^3(a^2+4ab+b^2)}{36(a+b)}$
6	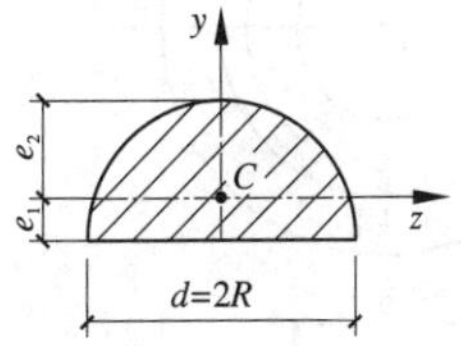	$\dfrac{\pi R^2}{2}$	$e_1 = \dfrac{4R}{3\pi}$	$I_z = \left(\dfrac{1}{8} - \dfrac{8}{9\pi^2}\right)\pi R^4$ $I_y = \dfrac{\pi R^4}{8}$

3.2.3　惯性积

在如图 3-5 所示的平面图形中，微面积 dA 与它的两个坐标 z，y 的乘积 $zydA$ 称为微面积 dA 对 z，y 两轴的**惯性积**（inertia product）。整个图形上所有微面积对 z，y 两轴惯性积的总和称为该图形对 z，y 两轴的惯性积，用 I_{zy} 表示，即

$$I_{zy} = \int_A zy\mathrm{d}A \tag{3-10}$$

从惯性积的定义可以看出，惯性积是平面图形对某两个正交坐标轴而言，同一图形对不同的正交坐标轴，其惯性积不同。由于坐标值 z，y 有正负，因此惯性积可能为正或负，也可能为零。它的单位为 m^4 或 mm^4。

如果坐标轴 z 或 y 中有一根是图形的对称轴，如图 3-6 所示中的 y 轴。在 y 轴两侧的对称位置处，各取一相同的微面积 dA。显然，二者 y 坐标相同，而 z 坐标互为相反数。所以两个微面积的惯性积也互为相反数，它们之和为零。对于整个图形来说，它的惯性积必然为零。即

$$I_{zy} = \int_A zy\mathrm{d}A = 0$$

由此可见，两个坐标轴中只要有一根轴为平面图形的对称轴，则该图形对这一对坐标轴的惯

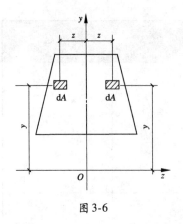

图 3-6

性积一定等于零。

3.2.4 惯性半径

在工程中因为某些计算的特殊需要，常将平面图形的惯性矩表示为平面图形面积 A 与某一长度平方的乘积，即

$$I_z = i_z^2 A, \quad I_y = i_y^2 A, \quad I_P = i_P^2 A \qquad (3\text{-}11)$$

或改写成

$$i_z = \sqrt{\frac{I_z}{A}}, \quad i_y = \sqrt{\frac{I_y}{A}}, \quad i_P = \sqrt{\frac{I_P}{A}} \qquad (3\text{-}12)$$

式中，i_z，i_y，i_P 分别称为平面图形对 z 轴、y 轴和极点的**惯性半径**（inertia radius），也叫回转半径。它的单位为 m 或 mm。

【例题 3-5】　计算如图 3-7 所示圆形、圆环形对坐标原点 O 的极惯性矩。

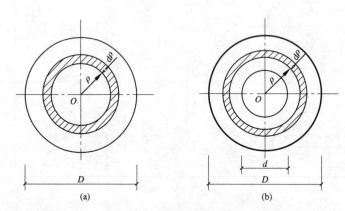

(a)　　　　　　(b)

图 3-7

【解】　现求直径为 d 的实心圆截面对圆心 O 的极惯性矩。可取厚度为 $\mathrm{d}\rho$ 的圆环作为微面积，如图 3-7（a）所示，其微面积为

$$\mathrm{d}A = 2\pi\rho\mathrm{d}\rho$$

由式（3-7）可得

$$I_P = \int_0^{\frac{d}{2}} \rho^2 2\pi\rho\mathrm{d}\rho = \frac{\pi d^4}{32}$$

同理可求得图 3-7（b）所示空心圆截面的极惯性矩 I_P 为

$$I_P = \int_{\frac{d}{2}}^{\frac{D}{2}} \rho^2 2\pi\rho\mathrm{d}\rho = \frac{\pi}{32}(D^4 - d^4) = \frac{\pi D^4}{32}(1 - \alpha^4)$$

式中，D，d 分别为空心圆截面的外径和内径，$\alpha = d/D$。

【例题 3-6】　矩形截面的尺寸如图 3-8 所示。试计算矩形截面对其形心轴 z，y 的惯性矩、惯性半径及惯性积。

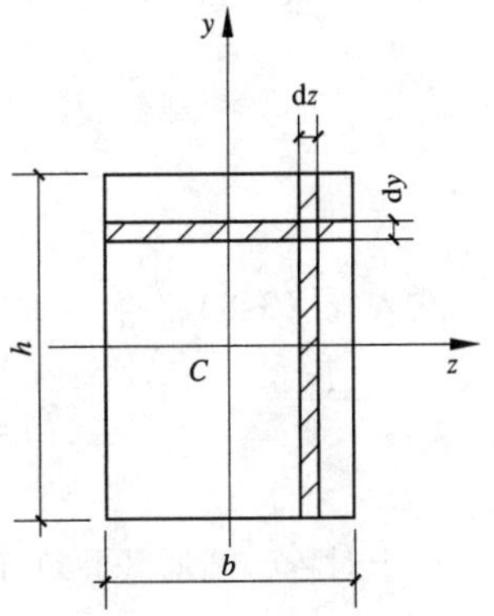

【解】　（1）计算矩形截面对 z 轴和 y 轴的惯性矩

取平行于 z 轴的微面积 $\mathrm{d}A$，如图 3-8 所示，$\mathrm{d}A$ 到 z 轴的距离为 y，则

$$\mathrm{d}A = b\mathrm{d}y$$

由式 (3-8)，可得矩形截面对 z 轴的惯性矩为

$$I_z = \int_A y^2 \mathrm{d}A = \int_{-\frac{h}{2}}^{\frac{h}{2}} y^2 \cdot b\mathrm{d}y = \frac{bh^3}{12}$$

同理可得，矩形截面对 y 轴的惯性矩为

$$I_y = \int_A z^2 \mathrm{d}A = \int_{-\frac{b}{2}}^{\frac{b}{2}} z^2 \cdot h\mathrm{d}z = \frac{hb^3}{12}$$

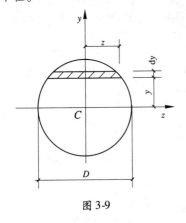

图 3-8

（2）计算矩形截面对 z 轴、y 轴的惯性半径

由式 (3-12) 可得矩形截面对 z 轴和 y 轴的惯性半径分别为

$$i_z = \sqrt{\frac{I_z}{A}} = \sqrt{\frac{\dfrac{bh^3}{12}}{bh}} = \frac{h}{\sqrt{12}}$$

$$i_y = \sqrt{\frac{I_y}{A}} = \sqrt{\frac{\dfrac{hb^3}{12}}{bh}} = \frac{b}{\sqrt{12}}$$

（3）计算矩形截面对 y，z 轴的惯性积

因为 z，y 轴为矩形截面的两根对称轴，故

$$I_{zy} = \int_A yz\mathrm{d}A = 0$$

【例题 3-7】　直径为 D 的圆形截面如图 3-9 所示。试计算圆形对形心轴 z，y 的惯性矩和惯性半径。

图 3-9

【解】　（1）计算圆形截面对形心轴 z，y 的惯性矩

前面已求得圆形截面对 O 点的极惯性矩为

$$I_P = \int_A \rho^2 \mathrm{d}A = \frac{\pi D^4}{32}$$

由对称性可知

$$I_y = I_z$$

由式 (3-9) 得

$$I_y = I_z = \frac{I_P}{2} = \frac{\pi D^4}{64}$$

这一结果也可直接根据公式 (3-8) 求得。取平行于 z 轴的

微小长条为微面积 $\mathrm{d}A$，如图 3-9 所示，则

$$\mathrm{d}A = 2z\mathrm{d}y$$

而

$$z = \sqrt{\left(\frac{D}{2}\right)^2 - y^2}$$

代入式（3-8），得

$$I_z = \int_A y^2 \mathrm{d}A = 2\int_{-\frac{D}{2}}^{\frac{D}{2}} y^2 \sqrt{\left(\frac{D}{2}\right)^2 - y^2}\, \mathrm{d}y = \frac{\pi D^4}{64}$$

由于对称，圆形截面对任一根形心轴的惯性矩都等于 $\frac{\pi D^4}{64}$。

（2）计算圆形截面对其形心轴 z，y 的惯性半径

由于圆形截面对任一根形心轴的惯性矩都相等，故它对任一根形心轴的惯性半径也都相等，即

$$i_y = i_z = i = \sqrt{\frac{I}{A}} = \sqrt{\frac{\dfrac{\pi D^4}{64}}{\dfrac{\pi D^2}{4}}} = \frac{D}{4}$$

3.3 平行移轴公式·组合图形的惯性矩

3.3.1 平行移轴公式

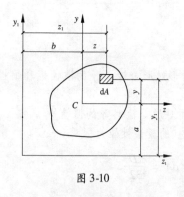

图 3-10

如前所述，同一平面图形对互相平行的两对坐标轴，其惯性矩、惯性积并不相同，但它们之间存在着一定的关系。利用这一关系可求出复杂平面图形惯性矩和惯性积。

图 3-10 为一任意平面图形，图形面积为 A，设形心为 C，z 轴、y 轴是通过图形形心的一对正交坐标轴，z_1 轴、y_1 轴是分别与 z 轴、y 轴平行的另一对正交坐标轴，且距离分别为 a，b。若已知图形对形心轴 z，y 的惯性矩和惯性积分别为 I_z，I_y 及 I_{zy}。下面求该图形对 z_1 轴、y_1 轴的惯性矩和惯性积。

在平面图形上取微面积 $\mathrm{d}A$，微面积 $\mathrm{d}A$ 在 $z-y$ 和 z_1-y_1 坐标系中的坐标分别为（z，y）和（z_1，y_1），由图 3-10 可见，微面积 $\mathrm{d}A$ 在两个坐标系中的坐标有如下关系：

$$z_1 = z + b, \quad y_1 = y + a$$

根据惯性矩定义，图形对 z_1 轴的惯性矩为

$$I_{z_1} = \int_A y_1^2 \mathrm{d}A = \int_A (y + a)^2 \mathrm{d}A$$
$$= \int_A y^2 \mathrm{d}A + 2a\int_A y\mathrm{d}A + a^2\int_A \mathrm{d}A$$

其中
$$\int_A y^2 \mathrm{d}A = I_z, \quad \int_A y \mathrm{d}A = S_z = 0, \quad \int_A \mathrm{d}A = A$$

于是得到
$$\left. \begin{aligned} I_{z_1} &= I_z + a^2 A \\ I_{y_1} &= I_y + b^2 A \end{aligned} \right\} \tag{3-13}$$

同理可得
$$I_{z_1 y_1} = I_{zy} + abA \tag{3-14}$$

式（3-13）、式（3-14）分别称为惯性矩、惯性积的**平行移轴公式**。式中 I_z 与 I_y 必须是平面图形形心轴的惯性矩。式（3-13）表明，图形对任一轴的惯性矩，等于图形对与该轴平行的形心轴的惯性矩，再加上图形面积与两平行轴间距离平方的乘积。由于 a^2（或 b^2）恒为正值，故在所有平行轴中，平面图形对形心轴的惯性矩最小。

【例题 3-8】 计算如图 3-11 所示的矩形截面对 z_1 轴和 y_1 轴的惯性矩。

【解】 z 轴、y 轴是矩形截面的形心轴，它们分别与 z_1 轴和 y_1 轴平行，则由平行移轴公式（3-13）可得，矩形截面对 z_1 轴和 y_1 轴的惯性矩分别为

$$I_{z_1} = I_z + \left(\frac{h}{2}\right)^2 A = \frac{bh^3}{12} + \left(\frac{h}{2}\right)^2 bh = \frac{bh^3}{3}$$

$$I_{y_1} = I_y + \left(\frac{b}{2}\right)^2 A = \frac{hb^3}{12} + \left(\frac{b}{2}\right)^2 bh = \frac{hb^3}{3}$$

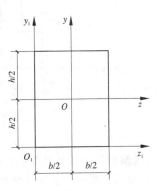

【例题 3-9】 三角形截面图形如图 3-12 所示。已知 $I_{z_0} = \frac{bh^3}{12}$，$z_1$ 轴与 z_0 平行。试求该图形对 z_1 轴的惯性矩。

【解】 已知该图形形心到 z_0 轴的距离为 $h/3$，根据平行移轴公式（3-13）可得

$$I_{z_0} = I_z + \left(\frac{h}{3}\right)^2 A \qquad (a)$$

$$I_{z_1} = I_z + \left(\frac{2h}{3}\right)^2 A \qquad (b)$$

图 3-11

联立求解式（a），（b），可得

$$I_{z_1} - I_{z_0} = \left[\left(\frac{2h}{3}\right)^2 - \left(\frac{h}{3}\right)^2 \right] A$$

故三角形截面对 z_1 轴的惯性矩为

$$I_{z_1} = \frac{bh^3}{12} + \frac{h^2}{3} \cdot \frac{bh}{2} = \frac{bh^3}{4}$$

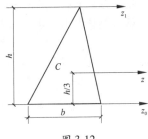

图 3-12

再次强调，在应用平行移轴公式时，z 轴、y 轴必须是形心轴，z_1 轴、y_1 轴必须分别与 z 轴、y 轴平行。

3.3.2 组合图形惯性矩的计算

由惯性矩定义可知，组合图形对任一轴的惯性矩，等于组成组合图形的各简单图形对同一轴惯性矩之和，即

$$I_z = I_{1z} + I_{2z} + \cdots + I_{nz} = \sum I_{iz} \atop I_y = I_{1y} + I_{2y} + \cdots + I_{ny} = \sum I_{iy} \Bigg\} \tag{3-15}$$

在计算组合图形对其形心轴的惯性矩时,首先应确定组合图形的形心位置,然后通过积分或查表求得各简单图形对自身形心轴的惯性矩,再利用平行移轴公式,就可计算出组合图形对其形心轴的惯性矩。

【例题 3-10】 试计算图 3-13 所示的 T 形截面对其形心轴 z,y 的惯性矩。

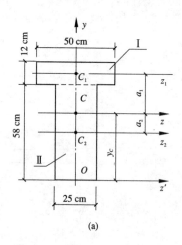 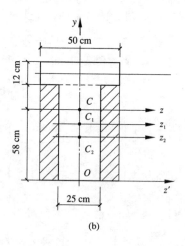

(a)　　　　　　　　　　　(b)

图 3-13

【解】 (1) 计算截面的形心位置

由于 T 形截面有一根对称轴,形心必在此轴上,即

$$z_C = 0$$

选坐标系 yOz',见图 3-13 (a),以确定截面形心的位置 y_C。将 T 形截面分成如图 3-13 (a) 所示的两个矩形 I,II,这两个矩形的面积和形心坐标分别为

$$A_1 = 50 \times 12 = 600 \text{ cm}^2, \qquad y_{C1} = 58 + 6 = 64 \text{ cm}$$

$$A_2 = 25 \times 58 = 1\,450 \text{ cm}^2, \qquad y_{C2} = \frac{58}{2} = 29 \text{ cm}$$

由式 (3-2) 可得,T 形截面的形心坐标为

$$y_C = \frac{\sum A_i y_{Ci}}{\sum A_i} = \frac{A_1 y_{C1} + A_2 y_{C2}}{A_1 + A_2} = \frac{600 \times 64 + 1\,450 \times 29}{600 + 1\,450} = 39.2 \text{ cm}$$

(2) 计算组合图形对形心轴的惯性矩 I_z,I_y

首先分别求出矩形 I,II 对形心轴 z 的惯性矩。由平行移轴公式可得

$$I_{1z} = I_{1z_1} + a_1^2 A_1 = \frac{50 \times 12^3}{12} + 24.8^2 \times 600 = 3.76 \times 10^5 \text{ cm}^4$$

$$I_{2z} = I_{2z_2} + a_2^2 A_2 = \frac{25 \times 58^3}{12} + 10.2^2 \times 1\,450 = 5.57 \times 10^5 \text{ cm}^4$$

整个图形对 z 轴、y 轴的惯性矩分别为

$$I_z = I_{1z} + I_{2z} = (3.76 + 5.57) \times 10^5 = 9.33 \times 10^5 \text{ cm}^4$$

$$I_y = I_{1y} + I_{2y} = \frac{12 \times 50^3}{12} + \frac{58 \times 25^3}{12} = 2.01 \times 10^5 \text{ cm}^4$$

本题也可采用"负面积法"计算。T 形截面可看成是由图 3-13（b）中面积为 50 cm × 70 cm 的矩形减去两个面积均为 12.5 cm × 58 cm 的小矩形（图中的阴影部分）而得到的。请读者自己计算。

两种计算方法所得结果相同，它表明：当把组合图形视为几个简单图形之和时，其惯性矩等于简单图形对同一轴惯性矩之和；当把组合图形视为几个简单图形之差时，其惯性矩等于简单图形对同一轴惯性矩之差。

【例题 3-11】　试计算图 3-14 所示的由方钢和 20a 工字钢组成的组合图形对形心轴 z，y 的惯性矩。

【解】　（1）计算组合图形的形心位置

取 z' 轴作为参考轴，y 轴为组合图形的对称轴，组合图形的形心必在 y 轴上，故 $z_C = 0$。现只需计算组合图形的形心坐标 y_C。由附录 A 的型钢表查得 20a 工字钢 $b = 100$ mm，$h = 200$ mm，其截面积 $A_1 = 35.578$ cm²。由式（3-2）可得

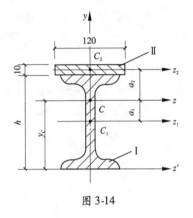

图 3-14

$$y_C = \frac{\sum A_i y_{Ci}}{\sum A_i} = \frac{A_1 y_{C1} + A_2 y_{C2}}{A_1 + A_2}$$

$$= \frac{35.578 \times 10^2 \times \frac{200}{2} + 120 \times 10 \times \left(200 + \frac{10}{2}\right)}{35.578 \times 10^2 + 120 \times 10}$$

$$= 126.48 \text{ mm}$$

（2）计算组合图形对形心轴 z，y 的惯性矩

首先计算 20a 工字钢和方钢截面各自对本身形心轴 z，y 的惯性矩。由附表 A-3 得

$$I_{1z_1} = 2\,370 \text{ cm}^4$$

$$I_{1y} = 158 \text{ cm}^4$$

$$I_{2z_2} = \frac{bh^3}{12} = \frac{120 \times 10^3}{12} = 1.0 \times 10^4 \text{ mm}^4$$

$$I_{2y} = \frac{hb^3}{12} = \frac{10 \times 120^3}{12} = 144 \times 10^4 \text{ mm}^4$$

由平行移轴公式（3-13）可得工字钢和方钢截面分别对 z 轴的惯性矩为

$$I_{1z} = I_{1z_1} + a_1^2 A_1 = 2\,370 \times 10^4 + (126.48 - 100)^2 \times 35.578 \times 10^2$$

$$= 26.19 \times 10^6 \text{ mm}^4$$

$$I_{2z} = I_{2z_2} + a_2^2 A_2 = 1.0 \times 10^4 + (205 - 126.48)^2 \times 120 \times 10$$

$$= 7.41 \times 10^6 \text{ mm}^4$$

整个组合图形对形心轴的惯性矩应等于工字钢和方钢截面对形心轴的惯性矩之和，故得：

$$I_z = I_{1z} + I_{2z} = (26.19 + 7.41) \times 10^6 = 3.36 \times 10^7 \ \text{mm}^4$$

$$I_y = I_{1y} + I_{2y} = (158 + 144) \times 10^4 = 3.02 \times 10^6 \ \text{mm}^4$$

3.4 形心主惯性轴·形心主惯性矩

若平面图形对某对正交坐标轴的惯性积为零则这对正交坐标轴称为平面图形的**主惯性轴**，简称主轴。平面图形对主轴的惯性矩称为**主惯性矩**。平面图形有两个互相垂直的主轴。平面图形对两根主轴的惯性矩分别为平面图形对过原点的所有轴的惯性矩中的极大值和极小值。

通过平面图形形心 C 的主惯性轴称为**形心主惯性轴**（centroidal principal axes of inertia），简称形心主轴。平面图形对形心主轴的惯性矩称为**形心主惯性矩**（centroidal principal moments of inertia）。

确定形心主轴的位置是十分重要的。对于具有对称轴的平面图形，其形心主轴的位置可按如下方法确定（图 3-15）：

（1）如果图形有一根对称轴，则该轴必是形心主轴，而另一根形心主轴通过图形的形心且与该轴垂直，如图 3-15（a）所示。

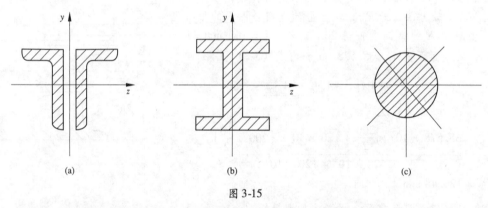

图 3-15

（2）如果图形有两根对称轴，则该两轴都是形心主轴，如图 3-15（b）所示。

（3）如果图形具有两个以上的对称轴，则任一根对称轴都是形心主轴，且对任一形心主轴的惯性矩都相等，如图 3-15（c）所示。

在一般情况下，非对称组合图形的形心主惯性矩在此不作要求。

思考题

3-1 静矩和惯性矩有何异同点？

3-2 已知平面图形对其形心轴的静矩 $S_z = 0$，问该图形的惯性矩 I_z 是否也为零？为什么？

3-3 试问图 3-16 所示两截面的惯性矩 I_z，可否按下式计算：

$$I_z = \frac{BH^3}{12} - \frac{bh^3}{12}$$

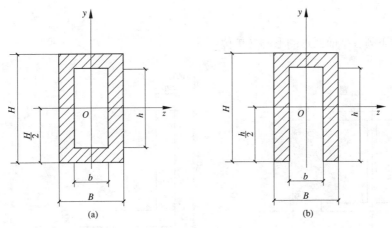

图 3-16

3-4　试指出图 3-17 所示平面图形中哪些轴是平面图形的形心主惯性轴?

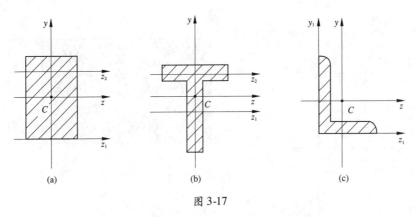

图 3-17

3-5　为什么平面图形对于包括对称轴在内的一对正交坐标轴的惯性积一定为零? 图 3-18 所示图形中 C 点是形心, 平面图形对图示两个坐标轴的惯性积是否为零?

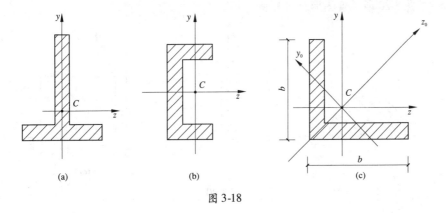

图 3-18

习题

3-1 试求下列各平面图形的形心（单位：mm）。

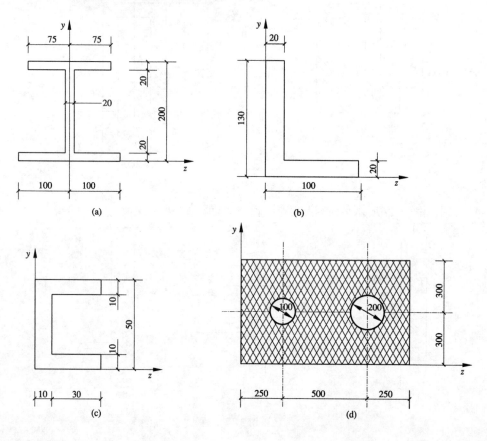

图 3-19

3-2 试求图 3-20 所示各图形对 z_1 轴的静矩。

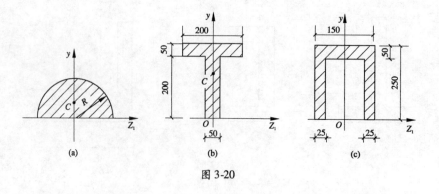

图 3-20

3-3　如图 3-21 所示平面图形，求：（1）形心 C 的位置。（2）图中阴影部分对 z 轴的静矩。

3-4　计算矩形截面对其形心轴的惯性矩。已知 $b = 150$ mm，$h = 300$ mm。如按图 3-22 中虚线所示，将矩形截面的中间部分移至两边缘变成工字形截面，试计算此工字形截面对 z 轴的惯性矩，并求工字形截面的惯性矩较矩形截面的惯性矩增大的百分比。

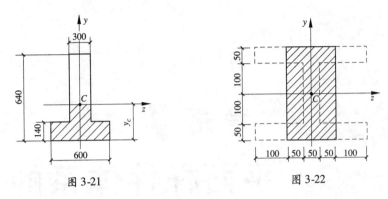

图 3-21　　　　　　　　　　　图 3-22

3-5　计算下列图形对形心轴 z 轴、y 轴的惯性矩和惯性半径。

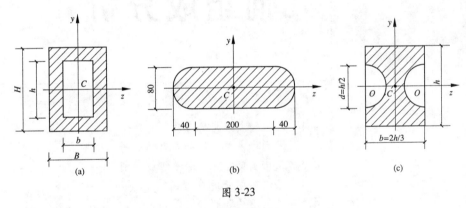

图 3-23

3-6　试计算图 3-20 中各平面图形对形心轴的惯性矩。

3-7　如图 3-24 所示由两个 20a 号槽钢组成的平面图形，若要使 $I_z = I_y$。试求间距 a 的大小。

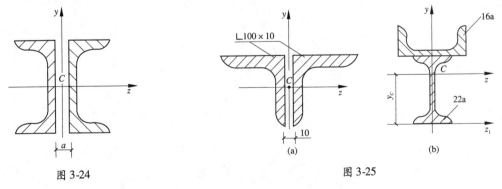

图 3-24　　　　　　　　　　　图 3-25

3-8　计算图 3-25 所示平面图形对形心轴 z 的惯性矩。

平面杆件体系的几何组成分析

单元概述：本单元主要阐述如何用二元体规则、两刚片规则、三刚片规则来分析平面体系的几何组成。同时从几何组成的角度区分静定结构和超静定结构。

学习目标：

1. 掌握无多余约束几何不变体系的基本组成规则。
2. 灵活应用几何不变体系的基本组成规则分析平面杆件体系的几何组成。

教学建议：

1. 用多媒体直观显示几何不变体系和几何可变体系（含瞬变体系）。
2. 采用讲练结合的方法。

关键词：几何组成分析（geometrical mechanism-law of plane structures）；自由度（degree of freedom）；约束（constraint）；多余约束（superfluous constraint）；静定结构（statically determinate structure）；超静定结构（statically indeterminate structure）

4.1 几何组成分析的目的

杆件结构受到荷载作用时，截面上产生内力，同时，结构也发生变形。这种变形一般是微小的，在满足刚度要求的前提下，并不影响结构的正常使用。而分析结构的几何组成时，不考虑由于材料应变引起的变形。杆件体系按照其几何组成可分为两类：①体系受到荷载作用后，其几何形状和位置都不改变的，称为**几何不变体系**，如图4-1（a）所示；②体系受到荷载作用后，其形状和位置是可以改变的，称为**几何可变体系**，如图4-1（b）所示。

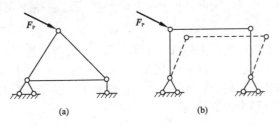

图 4-1

作为结构必须是几何不变体系。分析体系是属于几何不变体系还是几何可变体系的过程，以确定它们属于哪一类体系，称为体系的**几何组成分析**（geometrical mechanism-law of plane structures）。在几何组成分析中，由于不考虑杆件的变形，因此可把体系中的每一杆件或几何不变的某一部分看作一个刚体。平面内的刚体称为**刚片**。本单元只讨论平面问题。

对体系进行几何组成分析的目的在于：①判别某一体系是否几何不变，从而决定它能否作为结构；②研究几何不变体系的组成规则，以保证所设计的结构能承受荷载并维持平衡；③区分静定结构和超静定结构，以指导结构的内力计算。

4.2 平面体系自由度和约束的概念

对体系进行几何组成分析，需了解平面体系自由度（degree of freedom）和约束（constraint）的概念。

4.2.1 自由度

平面体系的自由度是指确定体系的位置所需的独立坐标的数目。

在平面内，一个点的位置可由两个直角坐标 x 和 y 来确定，如图 4-2（a）所示；也可由两个极坐标 ρ 和 θ 来确定，如图 4-2（b）所示。所以，**平面内一个点的自由度是 2。**

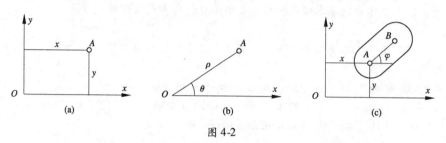

图 4-2

平面内的一个刚片的位置，可由其上任一点 A 的坐标 x，y 和过 A 点的任一线段 AB 的倾角 φ 来确定，如图 4-2（c）所示。所以，**一个刚片在平面内的自由度是 3。**

4.2.2 约束

凡是能减少体系自由度的装置都称为约束。能减少一个自由度，就相当于一个约束。

1. 链杆

链杆是两端以铰与别的物体相连的刚性杆。如图 4-3（a）所示，用一链杆将刚片与基础相连，刚片将不能沿链杆方向移动，因而减少了一个自由度，所以**一根链杆相当于一个约束。**

2. 单铰

单铰是联结两个刚片的铰。如图 4-3（b）所示，用一单铰将刚片 Ⅰ，Ⅱ 在 A 点联结起来，对于刚片 Ⅰ，其位置可由三个坐标来确定；对于刚片 Ⅱ，因为它与刚片 Ⅰ 联结，所以除了能保存独立的转角外，只能随着刚片 Ⅰ 移动。也就是说，已经丧失了自由移动的可能，因而减少了两个自由度。所以**一个单铰相当于两个约束。**

3. 复铰

复铰是指联结三个或三个以上刚片的铰。复铰的作用可以通过单铰来分析。图 4-3（c）所示的复铰联结三个刚片，它的联结过程为：先有刚片 Ⅰ，然后用单铰将刚片 Ⅱ 联结于刚片 Ⅰ，再以单铰将刚片 Ⅲ 联结于刚片 Ⅰ。这样，联结三个刚片的复铰相当于两个单铰。同理，**联结 n 个刚片的复铰相当于 $n-1$ 个单铰，相当于 $2(n-1)$ 个约束。**

4. 刚性联结

如图 4-3（d）所示，刚片 Ⅰ，Ⅱ 在 A 处刚性联结成一个整体，原来两个刚片在平面内具有 6 个自由度，现刚性联结成整体后减少了 3 个自由度。所以，**一个刚性联结相当于三个约束。**

4.2.3 虚铰

两刚片用两根不共线的链杆联结，两链杆的延长线相交于 O 点，如图 4-4（a）所示。现对其运动特点进行分析。把刚片 Ⅱ 固定不动，则刚片 Ⅰ 上的 A，B 两点只能沿链杆的垂直方向运动，

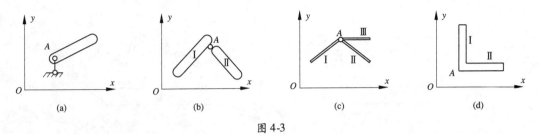

图 4-3

即绕两根链杆轴线的交点 O 转动，O 点称为瞬时转动中心。这时刚片Ⅰ的运动情况与刚片Ⅰ在 O 点用铰与刚片Ⅱ相连时的运动情况完全相同。

由此可见，两根链杆的约束作用相当于一个单铰，不过，这个铰的位置在链杆轴线的延长线上，其位置也随链杆的转动而变化，称为**虚铰**。当联结两刚片的两链杆平行时，则认为虚铰在无穷远处，如图 4-4（b）所示。

4.2.4　多余约束

如果在体系中增加一个约束，而体系的自由度并不因此而减少，则该约束为**多余约束**（superfluous constraint）。

例如图 4-5（a）所示平面内一个自由点 A 原来有两个自由度，用两根不共线的链杆 1 和 2 把 A 点与基础相连，减少了两个自由度，则 A 点即被固定。如果加上链杆 3，如图 4-5（b）所示，系统则有一个多余约束。此时，可把任一链杆视为多余约束。

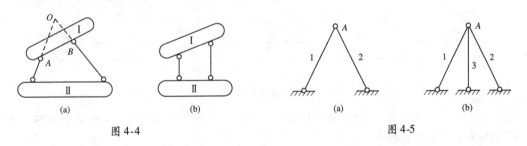

图 4-4　　　　　　　　　　　　　　　图 4-5

4.3　几何不变体系的简单组成规则

为了确定平面体系是否几何不变，需研究几何不变体系的组成规则。

4.3.1　三刚片规则

三个刚片用不在同一直线上的三个铰两两相连，则组成几何不变体系，且无多余约束。

如图 4-6(a) 所示，平面中三个独立的刚片Ⅰ，Ⅱ，Ⅲ，共有 9 个自由度，用不在同一直线上的 A，B，C 三个单铰两两相连，相当于加入 6 个约束，从而使得原体系成为只有 3 个自由度的一个整体。各刚片之间不再发生相对运动，这样就组成几何不变体系，而且是无多余约束的，简称"无多不变"体系。这也是"三角形的稳定性"的体现。

当然，"两两相连"的铰也可以是由两根链杆构成的虚铰，如图 4-6（b）中的虚铰 B。

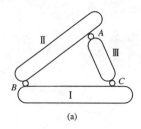
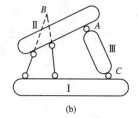

图 4-6

4.3.2 两刚片规则

两个刚片用一个铰和一根不通过该铰的链杆相连，则组成几何不变体系，且无多余约束。

图 4-6（a）与图 4-7（a）相比较，二者都是按三刚片规则构成的，只是把刚片Ⅲ视为一根链杆时，就成为两刚片规则。

前已指出，两根链杆的约束作用相当于一个铰。因此，若将图 4-7（a）中的铰 B 用两根链杆来代替，也组成"无多不变"体系，如图 4-7（b）所示。甚至将铰 B 变为虚铰，也不改变结果，如图 4-7（c）所示。

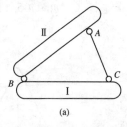
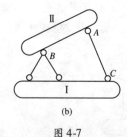
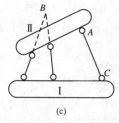

图 4-7

因此，两刚片规则又可叙述为：**两个刚片用三根不全平行也不全交于一点的链杆相连，组成几何不变体系，且无多余约束。**

这里为什么要强调三根链杆不能全平行也不能全交于一点呢？我们看图 4-8（a）所示的体系，两个刚片用全交于一点 O 的三根链杆相连，此时，两个刚片可以绕点 O 作相对转动。但在发生一微小转动后，三根链杆就不再全交于一点，体系成为几何不变的，这种体系称为**几何瞬变体系**。再如图 4-8（b）所示的两个刚片，用三根互相平行但不等长的链杆相连，此时，两个刚片可以沿与链杆垂直的方向发生相对平行移动。在发生一微小移动后，三根链杆就不再互相平行，故这种情况也是瞬变体系。若三链杆互相平行且等长，如图 4-8（c）所示，两个刚片发生相对平移时，三链杆始终互相平行，这种情况就是几何可变体系了。

瞬变体系由于约束布置不合理，能发生瞬时运动，不能作为结构使用。不仅如此，对于接近瞬变的几何不变体系在设计时也应避免。如图 4-9 所示三铰虽不共线，但当 φ 很小时，杆件的内力 $\left(F_N = \dfrac{F_P}{2\sin\varphi}\right)$ 将很大，从而导致体系的强度大大降低。

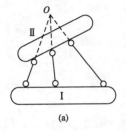 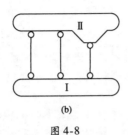 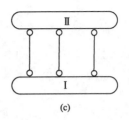

图 4-8

4.3.3 二元体规则

在体系中增加一个或拆除一个二元体，不改变体系的几何不变性或可变性。

所谓二元体是指由两根不在同一直线上的链杆联结一个新结点的装置，如图 4-10 所示 *BAC* 部分。由于在平面内新增加一个点就会增加两个自由度，而新增加的两根不共线的链杆，恰能减去新结点 *A* 的两个自由度，故对原体系而言，自由度的数目没有变化。

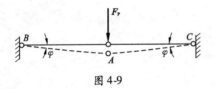 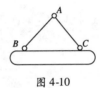

图 4-9   图 4-10

4.4 几何组成分析举例

几何不变体系的组成规则，是进行几何组成分析的依据。灵活使用这些规则，就可以判定体系是否是几何不变以及有无多余约束等问题。分析时，步骤大致如下：

（1）选择刚片。在体系中任一杆件或某个几何不变的部分，例如基础、铰结三角形等，都可视为刚片。在选择刚片时，要考虑联结这些刚片的约束是哪些。

（2）先从能直接观察的几何不变的部分开始，应用组成规则，逐步扩大几何不变部分直至整体。

（3）对于复杂体系可以采用以下方法简化体系：①当体系上有二元体时，可依次拆除；②当体系用 3 根不全交于一点也不全平行的链杆与基础相连，可拆除支座链杆与基础；③利用约束的等效替换，如只有两个铰与其他部分相连的刚片（如曲杆）用直链杆代替；联结两个刚片的两根链杆可用其交点处的虚铰代替等。

【例题 4-1】 试对图 4-11（a）所示体系进行几何组成分析。

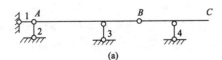 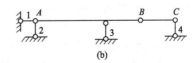

图 4-11

【解】 在此体系中，将基础视为刚片，*AB* 杆视为刚片，两个刚片用三根不全交于一点也不全平行链杆 1，2，3 相连。根据两刚片规则，此部分组成几何不变体系，且没有多余约束。然后将其视为一个大刚片，它与 BC 杆再用铰 B 和不通过该铰的链杆 4 相连，又组成几何不变体系，且没有多余约束。所以，整个体系为几何不变体系，且没有多余约束。

杆 BC 与链杆 4 也可视为二元体，等同于图 4-11（b），在分析时可拆除。

【例题 4-2】 试对图 4-12（a）所示体系进行几何组成分析。

【解】 在此体系中，上部结构用三根不全交于一点也不全平行的支座链杆与基础相连。此时，可以拆除支座链杆与基础，直接分析上部结构，如图 4-12（b）所示。

我们从铰结三角形 123 开始，依次增加二元体（4 5），（6 7），（8 9），（10 11），（12 13），通过反复使用二元体规则，便组成原结构。所以，整个体系为几何不变体系，且没有多余约束。

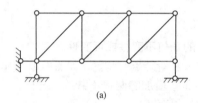

(a)

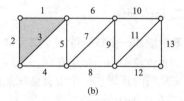

(b)

图 4-12

【例题 4-3】 试对图 4-13（a）所示体系进行几何组成分析。

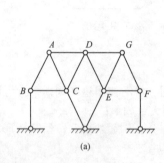

(a)

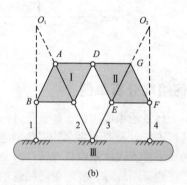

(b)

图 4-13

【解】 在此体系中，ABCD 部分是由一个铰结三角形增加一个二元体组成的几何不变部分，可视作刚片，DEFG 部分亦然，分别用 Ⅰ，Ⅱ 表示。再将基础看作刚片，并以 Ⅲ 表示，如图 4-13（b）所示。此时，刚片 Ⅰ 和 Ⅱ 用铰 D 联结；刚片 Ⅰ 和 Ⅲ 用链杆 1，2 构成的虚铰 O_1 联结；刚片 Ⅱ 和 Ⅲ 则用链杆 3，4 构成的虚铰 O_2 联结。铰 D 与虚铰 O_1，O_2 不在同一直线上。所以，此体系为几何不变体系，且没有多余约束。

【例题 4-4】 试对图 4-14（a）所示体系进行几何组成分析。

【解】 首先依次拆除二元体 IJK，HIL，HKL，DHE 和 FLG，得到图 4-14（b）所示体系。剩下的部分 ADEC 和 BGFC 可分别看作刚片 Ⅰ，Ⅱ，基础为刚片 Ⅲ。三刚片用不在同一直线上的三个铰 A，B，C 两两相连。所以，整个体系为几何不变体系，且没有多余约束。

【例题 4-5】 试对图 4-15（a）所示体系进行几何组成分析。

【解】 在此体系中，曲杆 AC 和 BD 可用直杆代替，并视为两根链杆，如图 4-14（b）所示。于是，刚片 CDE 与基础之间用三根链杆 1，2，3 联结，且交于一点 O。所以，此体系为瞬变体系。

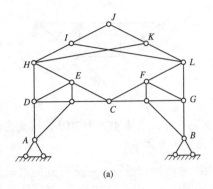

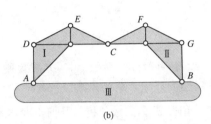

图 4-14

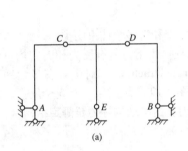

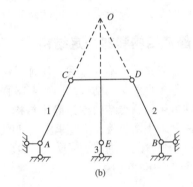

图 4-15

假如链杆 3 变为水平方向，则体系为无多不变。

以上各例中，基础总是要视为刚片的，要占一个"指标"。

【例题 4-6】　试对图 4-16（a）所示体系进行几何组成分析。

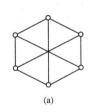

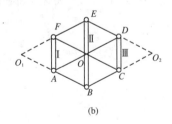

图 4-16

【解】　把三根互相平行的链杆看作刚片 Ⅰ、Ⅱ、Ⅲ，如图 4-16（b）所示。Ⅰ 和 Ⅱ 之间由链杆 AB 和 FE 联结，它们构成虚铰 O_1；同理，Ⅱ 和 Ⅲ 之间由链杆 ED 和 BC 构成的虚铰 O_2 相连；Ⅰ 和 Ⅲ 之间由链杆 FC 和 AD 构成的虚铰 O 相连。由于三个虚铰共线，故体系为瞬变体系。

【例题 4-7】　试对图 4-17（a）所示体系进行几何组成分析。

【解】　该体系只用三根不全交于一点也不全平行的支座链杆与基础相连，可直接取内部体

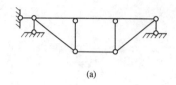 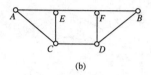

图 4-17

系分析,如图4-17(b)所示。将 *AB* 视为刚片,再在其上增加二元体 *ACE* 和 *BDF*,组成几何不变体系,链杆 *CD* 多余。故此体系为具有一个多余约束的几何不变体系。

最后指出,几何组成分析是几何不变体系组成规则综合应用的过程。在进行几何组成分析时要注意:①体系中的每一根杆件既可视作链杆,又可视作刚片;②体系中的每一根杆件和约束都不可遗漏,也不可重复使用;③敏感地发现铰结三角形和二元体。分析时要开阔思路、举一反三。对于某一体系,可能有多种分析途径,但正确的结论是唯一的。

4.5 静定结构和超静定结构

结构必须是几何不变体系,几何不变体系包括无多余约束和有多余约束两类。

对于无多余约束的结构,如图 4-18 所示简支梁,在荷载作用下,所有反力和内力均可由静力平衡条件求得。这类结构称为**静定结构**(statically determinate structure)。对于具有多余约束的结构,仅由静力平衡条件,不能求出全部的反力和内力。如图 4-19 所示的梁,有 5 个反力,而静力方程只有 3 个,无法确定全部反力,也就不能进而求出内力。这类结构称为**超静定结构**(statically indeterminate structure)。

图 4-18   图 4-19

静定结构和超静定结构的相关计算将在后面各单元介绍。

思考题

4-1 什么是几何不变体系、几何可变体系和瞬变体系?工程中的结构不能使用哪些体系?

4-2 对体系进行几何组成分析的目的是什么?

4-3 什么是多余约束?体系有多余约束是否一定是几何不变体系?

4-4 固定一个点需要几个约束?约束应满足什么条件?

4-5 几何不变体系的三个组成规则有何联系?你能否将其归结为一个最基本的规则?

4-6 在进行几何组成分析时,应注意体系的哪些特点,才能使分析得到简化?

4-7 在几何组成分析中,如何判别瞬变体系?

习题

试对图 4-20—图 4-39 所示体系进行几何组成分析。

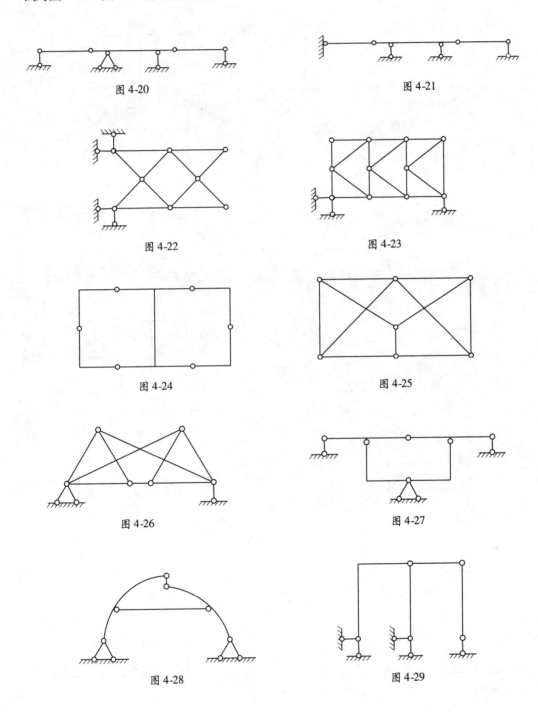

图 4-20

图 4-21

图 4-22

图 4-23

图 4-24

图 4-25

图 4-26

图 4-27

图 4-28

图 4-29

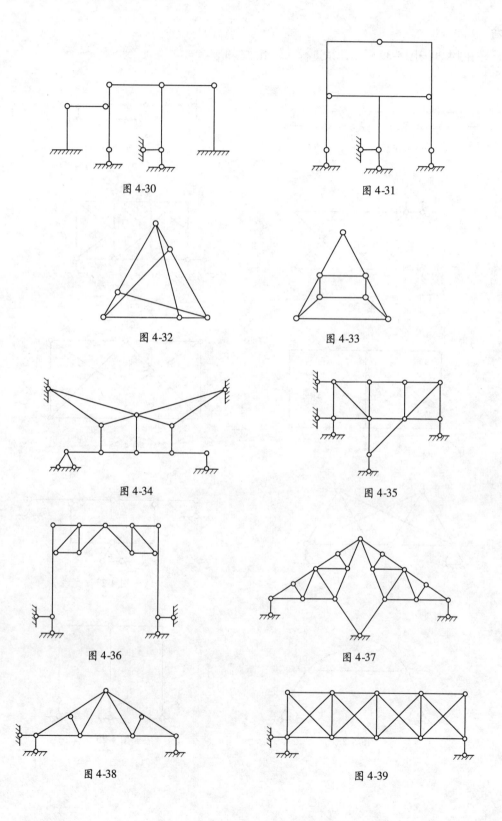

图 4-30

图 4-31

图 4-32

图 4-33

图 4-34

图 4-35

图 4-36

图 4-37

图 4-38

图 4-39

◎单元 **5**

杆件的基本变形(一)

单元概述：本单元讨论了杆件的轴向拉压、剪切和扭转基本变形。研究了这三种基本变形的内力、应力、强度和变形计算。总结了低碳钢和铸铁这两种具有典型意义的材料在轴向拉压试验时所表现出的力学性质及在工程中的应用。

学习目标：

1. 掌握截面法计算内力及画内力图。

2. 掌握拉（压）杆和扭转杆的变形计算。

3. 掌握各种杆件的强度计算。

4. 掌握剪切与挤压的实用计算及校核连接件的强度。

5. 了解材料的力学性能。

教学建议：本单元主要讨论了轴向拉压、剪切、扭转的内力和应力计算、变形和强度计算。介绍了材料在拉压时的力学性能。在教学中可针对三种基本变形采用图表列举，对比教学。材料的拉压性能可现场实验教学，使同学们熟悉实验过程，观察实验结果，以达到直观教学的效果。

关键词：内力（internal forces）；截面法（section method）；轴力（axial force）；应力（stress）；扭矩（torque）；强度计算（strength design）

在前几单元中，我们将所研究的构件看作刚体，忽略了力对构件的变形效应，这在研究构件的平衡和运动以及内部受力等问题时是可行的。当考虑构件受外力作用时是否会破坏或产生过度变形而影响正常工作等问题时，就不能忽略力的变形效应，而要将构件视为**可变形固体**。变形固体有多种多样，其组成和性质是非常复杂的。为了使问题得到简化，常略去一些次要的性质，而保留其主要性质，因此对变形固体材料作出以下几个基本假设。

（1）均匀连续性假设。假设变形固体在整个体积内用同种介质毫无空隙地充满了物质。

（2）各向同性假设。假设变形固体沿各个方向的力学性能均相同。

（3）小变形假设。在实际工程中，材料在荷载作用下，其变形与构件的原尺寸相比通常很小，可以忽略不计，则称这一类变形为小变形。

从本单元开始将研究构件（主要是杆件）在外力作用下的变形效应，以使所设计的构件既有合理的形状和尺寸，又满足强度、刚度和稳定性的要求。

杆件在工作时受力情况不同，受力后的变形形式也不相同。本书研究杆件受力后的四种基本变形形式：轴向拉伸或压缩、剪切、扭转和弯曲。工程实际中杆件的变形形式是这四种基本变形形式之一，或是几种基本变形形式的组合。

5.1　轴向拉伸与压缩

5.1.1　轴向拉伸和压缩的概念

在工程结构中，发生轴向拉伸或压缩变形的构件是很常见的，如图 5-1（a）所示三角形托架中的斜撑杆 BC，图 5-1（b）所示组合屋架结构中的水平拉杆 AB，图 5-1（c）桁架中的所有杆件，图 5-1（d）中的柱子等。通过分析可知它们的共同特点：**作用于杆件上外力（或外力合力）的作用线与杆轴线重合**，在这种受力情况下，其主要变形是**杆沿轴线方向伸长或缩短**。这种变形形式称为**轴向拉伸或压缩**。这类杆件简称为**拉（压）杆**，如图 5-2 所示。

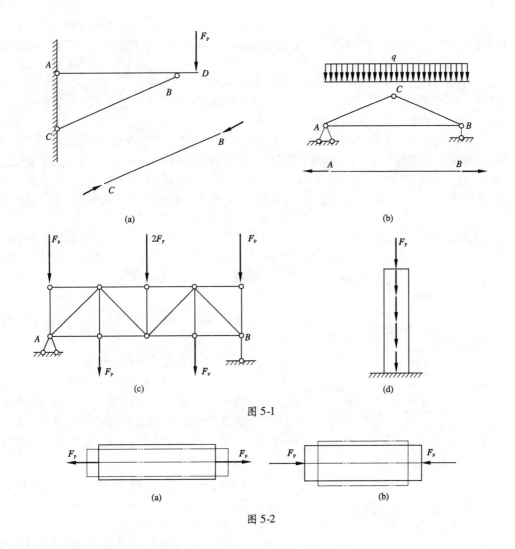

图 5-1

图 5-2

5.1.2　轴向拉（压）杆的内力

1. 内力的概念

当杆件受到外力作用后，杆件内部相邻各质点间的相对位置就要发生变化，这种相对位置的变化使整个杆件产生变形，并使杆件内各质点之间原来的（受外力作用之前的）相互作用力发生了改变。我们把这种由于外力的作用，而使杆件相连两部分之间相互作用力产生的改变量称为附加内力，简称**内力**（internal forces）。

内力是由于外力的作用而引起的，杆件所受的外力越大，内力也就越大，同时变形也越大。但是内力的增大不是无限度的，内力达到某一限度时，杆件就会破坏。由此可知，内力与杆件的强度、刚度等有着密切的关系。讨论杆件强度、刚度和稳定性问题，必须先求出杆件的内力。

2. 求内力的基本方法——截面法

为了计算杆件的内力，可以先用一个假想的平面将杆件"截开"，使杆件在被切开位置处的内力显示出来，然后取杆件的任一部分作为研究对象，利用这一部分的平衡条件即可求出杆件在被切开处的内力，这种求内力的方法称为**截面法**（section method）。截面法是计算杆件内力的基本方法。

下面以轴向拉伸杆件为例，介绍截面法求内力的基本方法和步骤。

图 5-3（a）为杆件受到一对轴向拉力作用产生轴向拉伸的情况。现在我们来计算杆件上距左端为 $l/3$ 处横截面上的内力，计算内力的步骤如下：

（1）截开：用假想的截面，在要求内力的位置处将杆件截开，把杆件分为两部分。

（2）代替：取截开后的任一部分为研究对象，画受力图。画受力图时，在截开的截面处用该截面上的内力代替另一部分对研究部分的作用，如图 5-3（b）所示，截面上的内力是连续分布的，我们称这种内力为分布内力。在被截开的截面处，只画分布内力的合力即可，如图 5-3（c）所示。

（3）平衡：由于杆件整体与截开后的任一部分都处于平衡状态，可以根据研究部分（图 5-3（c））的平衡方程，求出截面上的内力。在图 5-3（c）中，由平衡方程 $\sum F_x = 0$，得 $F_N = F_P$。

若取截面的右段同样可求得 $F_N = F_P$，如图 5-3（d）所示。

3. 轴向拉（压）杆的内力——轴力

以上分析可知：轴向拉（压）杆的内力是一个作用线与杆件轴线重合的力，习惯上把与杆件轴线相重合的内力称为**轴力**（axial force），并用符号 F_N 表示。轴力的单位是牛［顿］或千牛［顿］，记为 N 或 kN。通常规定拉力为正、压力为负。

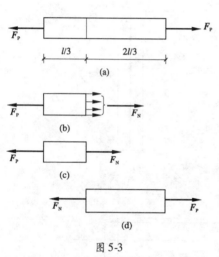

图 5-3

【例题 5-1】　一等截面直杆受力如图 5-4（a）所示，试求 1—1，2—2 截面上的内力。

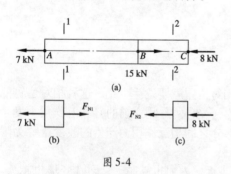

图 5-4

【解】　（1）求 1—1 截面上的轴力

用假想的截面将杆从 1—1 位置处截开，取截面的左侧为研究对象，画出受力图（图 5-4（b）），在画受力图时，假设 1—1 截面上的轴力为拉力，并用 F_{N1} 表示。以杆轴线方向为 x 轴，列平衡方程。

由　　　　　$\sum F_x = 0, \quad F_{N1} - 7 = 0$

得　　　　　　　$F_{N1} = 7 \text{ kN}$

计算结果为正，说明 1—1 截面上的轴力与图 5-4（b）中假设的方向一致，即 1—1 截面上的轴力为拉力。

（2）求 2—2 截面上的轴力

用假想的截面从 2—2 位置处将杆件截开，并取右侧研究，画出受力图（图 5-4（c））。

由
$$\sum F_x = 0, \quad -F_{N2} - 8 = 0$$
得
$$F_{N2} = -8 \text{ kN}$$

计算结果为负，说明 F_{N2} 的实际方向与假设相反，为压力。

说明：

（1）用截面法计算轴力时通常先假设轴力为拉力，这样，计算结果为正说明轴力为拉力，计算结果为负则为压力。

（2）列平衡方程时，轴力及外力在方程中的正、负号由其投影的正、负决定，与轴力本身的正、负无关。

（3）计算轴力时可以取截面的任一侧研究。为了简化计算，通常取杆段上外力较少的一侧分析计算结果相同。

（4）在计算杆件内力时，将杆截开之前，不能用合力来代替力系的作用，也不能使用力的可传性原理以及力偶的可移性原理。因为使用这些方法会改变杆件各部分的内力及变形。

4. 轴力图

当杆件轴向受力情况比较复杂时，为了清楚地表示横截面上的轴力随横截面位置变化的情况，常画出**轴力图**。轴力图通常以平行于杆轴线的坐标（即 x 坐标）表示横截面的位置，以垂直于杆轴线的坐标（即 F_N 坐标）表示横截面上的轴力，按适当比例将轴力随横截面位置变化的情况画成图形。习惯上将正轴力画在 x 轴上方，负值画在 x 轴下方。

【例题 5-2】　如图 5-5（a）所示，画出该杆件的轴力图。

【解】　（1）用截面法计算杆件各段的轴力

按作用在杆件上的外力情况，将杆件分为 AB，BC，CD 三段，由于该杆为悬臂杆，为避免求解支座反力，所以全部截取右侧。

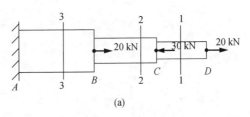
(a)

CD 段：用 1—1 截面截取右侧，如图 5-5（b）所示。

由　$\sum F_x = 0, \ -F_{NCD} + 20 = 0$

得　$F_{NCD} = 20 \text{ kN}$（拉力）

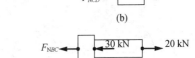
(b)

BC 段：用 2—2 截面截取右侧，如图 5-5（c）所示。

由　$\sum F_x = 0, \ -F_{NBC} - 30 + 20 = 0$

得　$F_{NBC} = -10 \text{ kN}$（压力）

(c)

AB 段：用 3—3 截面截取右侧，如图 5-5（d）所示。

由　$\sum F_x = 0, \ -F_{NAB} + 20 - 30 + 20 = 0$

得　$F_{NAB} = 10 \text{ kN}$（拉力）

（2）画轴力图

为了方便起见，通常在画轴力图时，可以不画坐标，将轴力图画成如图 5-5（e）所示的形式，不过此时一定要写出图名（F_N 图），标清楚轴力的大

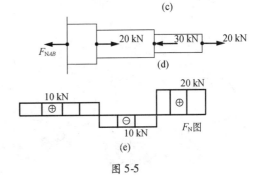
(e)

图 5-5

小，单位和正负。

由图 5-5（e）可以看出：该杆的最大轴力发生在 CD 段，数值为 20 kN，且为拉力。

5.1.3 轴向拉（压）杆的应力

1. 应力的概念

为了解决杆件的强度问题，只知道杆件的内力是不够的。因为根据经验我们知道：用同种材料制作两根粗细不同的杆件并使这两根杆件承受相同的轴向拉力，当拉力达到某一值时，细杆将首先被拉断（发生了破坏）。这一事实说明：杆件的强度不仅和杆件横截面上的内力有关，而且还与横截面的形状和尺寸有关。细杆将先被拉断是因为内力在小截面上分布的密集程度（简称集度）大而造成的。因此，在求出内力的基础上，还应进一步研究内力在横截面上的分布集度。

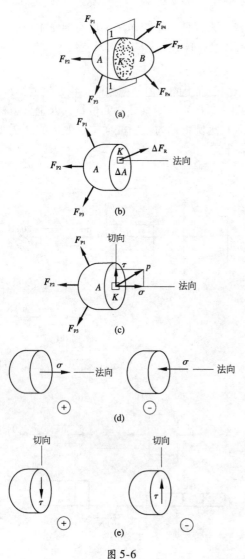

图 5-6

受力杆件截面上某一点处的内力集度称为该点的**应力**（stress）。为表示图 5-6（a）所示受力构件 1—1 截面上 K 点处的应力，先假想将杆件在 1—1 截面处截开，在 K 点取一微小面积 ΔA，设 ΔA 面积上分布内力的合力为 ΔF_{R}，如图 5-6（b）所示，于是在微小面积 ΔA 上内力 ΔF_{R} 的平均集度为

$$p_{\mathrm{m}} = \frac{\Delta F_{\mathrm{R}}}{\Delta A}$$

式中，p_{m} 为面积 ΔA 上的平均应力，则其极限值

$$p = \lim_{\Delta A \to 0} \frac{\Delta F_{\mathrm{R}}}{\Delta A} = \frac{\mathrm{d}F_{\mathrm{R}}}{\mathrm{d}A}$$

即为 K 点的内力集度，称为 1—1 截面 K 点的总应力。

总应力 p 是一个矢量，其方向一般既不与截面垂直，也不与截面相切。习惯上常将它分解为与截面垂直的法向分量 σ 和与截面相切的切向分量 τ。法向分量 σ 称为**正应力**，切向分量 τ 称为**切应力**，如图 5-6（c）所示。

工程中应力的单位常用 Pa 或 MPa。

1 Pa = 1 N/m^2，1 MPa = 1 N/mm^2

另外，应力的单位有时也用 kPa 和 GPa，各单位的换算如下：

1 kPa = 10^3 Pa，1 GPa = 10^9 Pa = 10^3 MPa，

1 MPa = 10^6 Pa

说明：

（1）应力是针对受力杆件的某一截面上某一点而言的，所以，提及应力时必须明确指出杆件、截面、点的位置。

（2）应力是矢量，不仅有大小还有方向。对于正应力 σ 通常规定**拉应力为正，压应力为负**（图5-6（d））；对于切应力 τ 通常规定顺时针（切应力对研究部分内任一点取矩时，力矩的转向为顺时针）为正，逆时针为负（图5-6（e））。

（3）整个截面上各点处的应力与微面积 dA 乘积的总和即为该截面上的内力。

2. 轴向拉（压）杆横截面上的应力

我们已经知道，轴向拉（压）杆横截面上的内力只有一种，即轴力，它的方向与横截面垂直。由此很容易推断：在轴向拉（压）杆横截面上与轴力相应的应力只能是垂直于截面的正应力。但正应力在横截面上的分布情况不能主观推断。为此，下面通过观察杆的实际变形情况，进行由表及里的分析来寻找正应力在横截面上的分布规律，进而导出轴向拉（压）杆横截面上正应力的计算公式。

1）实验过程

取一等截面直杆，在杆的表面均匀地画一些与轴线相平行的纵线和与轴线相垂直的横线，如图5-7（a）所示，然后在杆的两端加一对与轴线相重合的外力，使杆产生轴向拉伸变形，如图5-7（b）所示。可看到如下现象：

（1）所有的纵线都伸长了，而且伸长量都相等，并且仍然都与轴线平行。

（2）所有的横线仍然保持与纵向线垂直，而且仍为直线，只是它们之间的相对距离增大了。

从以上轴拉杆的变形可得出下列假设和推论：

（1）由于各横线仍为直线，表明拉（压）杆横截面变形前为平面，变形后仍为平面，这一假设为**平面假设**。

（2）横截面只沿杆轴线平行移动，表明任意两个横截面之间所有纵向纤维的伸长量（或缩短量）均相等，横截面上只有正应力 σ，而且横截面上各点处的正应力 σ 都相同，如图5-7（c）所示。

2）轴心拉（压）杆横截面上的正应力

通过上述分析，可以推断：轴向拉（压）杆横截面上只有正应力，并且正应力在横截面上是均匀分布的。则拉（压）杆横截面上正应力的计算公式为

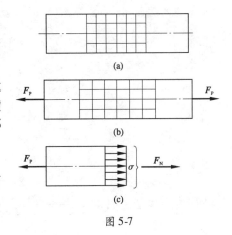

图 5-7

$$\sigma = \frac{F_N}{A} \tag{5-1a}$$

式中　A——杆横截面面积；

　　　F_N——轴力。

当轴力为拉力时，正应力为拉应力，当轴力为压力时，正应力为压应力。

对于等截面直杆，最大正应力一定发生在轴力最大的截面上。即

$$\sigma_{max} = \frac{F_{N max}}{A} \tag{5-1b}$$

习惯上把杆件在荷载作用下产生的应力，称为**工作应力**。并且通常把产生最大工作应力的截面称为**危险截面**，产生最大工作应力的点称为**危险点**。可见，对于产生轴向拉（压）变形的等直杆，轴力最大的截面就是危险截面，该截面上任一点都是危险点。

【例题5-3】 三角形支架如图5-8（a）所示，AB 为圆截面钢杆，直径 $d=32\ mm$，AC 为正方形木杆，边长 $a=100\ mm$，已知荷载 $F_P=50\ kN$，求各杆的工作应力。

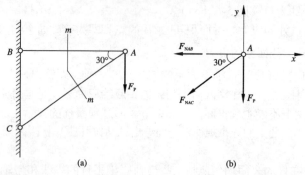

图 5-8

【解】 在不考虑杆件自重的情况下，图5-8（a）中的 AC，AB 杆均为二力杆，即均为轴向拉（压）杆。

（1）求轴力

用假想的截面 m—m，将 AB，AC 杆截开，并取右侧研究，画出受力图，如图5-8（b）所示。

由
$$\sum F_y=0,\qquad -F_{NAC}\sin30°-F_P=0$$

得
$$F_{NAC}=-\frac{F_P}{\sin30°}=-\frac{50}{0.5}=-100\ kN\ （压力）$$

由
$$\sum F_x=0,\qquad -F_{NAB}-F_{NAC}\cos30°=0$$

得
$$F_{NAB}=86.6\ kN（拉力）$$

（2）计算工作应力

AB 杆：横截面面积 $A_1=\dfrac{\pi d^2}{4}=\dfrac{3.14\times32^2}{4}=803.8\ mm^2$

$$\sigma_{AB}=\frac{F_{NAB}}{A_1}=\frac{86.6\times10^3}{803.8}=107.7\ MPa\quad（拉应力）$$

AC 杆：横截面面积 $A_2=a^2=100\times100=10^4\ mm^2$

$$\sigma_{AC}=\frac{F_{NAC}}{A_2}=\frac{-100\times10^3}{10^4}=-10\ MPa\quad（压应力）$$

5.1.4 轴向拉（压）杆的变形及胡克定律

1. 纵向、横向变形

如图5-9所示正方形截面杆，受轴向力作用，产生轴向拉伸或压缩变形，设杆件变形前的长度为 l，其横截面边长为 a，变形后的长度变为 l_1，横截面边长变为 a_1。

杆的纵向变形为

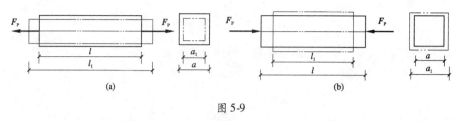

图 5-9

$$\Delta l = l_1 - l$$

杆在轴向拉伸时纵向变形为正值，压缩时为负值。其单位为 m 或 mm。

杆的横向变形为

$$\Delta a = a_1 - a$$

杆在轴向拉伸时的横向变形为负值，压缩时为正值。

杆件的纵向变形量 Δl 或横向变形量 Δa，只能表示杆件在纵向或横向的总变形量，不能说明杆件的变形程度。为了消除原始尺寸对杆件变形量的影响，准确说明杆件的变形程度，将杆件的纵向变形量 Δl 除以杆的原长 l，得到杆件单位长度的纵向变形：

$$\varepsilon = \frac{\Delta l}{l}$$

ε 称为**纵向线应变**，简称线应变。ε 的正负号与 Δl 相同，拉伸时为正值，压缩时为负值；ε 是一个无量纲的量。

同理，将杆件的横向变形量 Δa 除以杆的原截面边长 a，得到杆件单位长度的横向变形：

$$\varepsilon' = \frac{\Delta a}{a}$$

ε' 称为**横向线应变**。ε' 的正负号与 Δa 相同，压缩时为正值，拉伸时为负值；ε' 也是一个无量纲的量。

2. 泊松比

通过实验表明：当轴向拉（压）杆的应力不超过材料的比例极限时，横向线应变 ε' 与纵向线应变 ε 的比值的绝对值为一常数，通常将这一常数称为**泊松比**或**横向变形系数**，用 μ 表示。

$$\mu = \left| \frac{\varepsilon'}{\varepsilon} \right| \tag{5-2}$$

泊松比 μ 是一个无量纲的量。它的值仅与材料有关，可由实验测出。常用材料的泊松比如表 5-1 所示。

由于杆的横向线应变 ε' 与纵向线应变 ε 总是正、负号相反，所以

$$\varepsilon' = -\mu\varepsilon \tag{5-3}$$

3. 胡克（Hook）定律

实验表明：在弹性范围内，杆的纵向变形量 Δl 与杆所受的轴力 F_N、杆的原长 l 成正比，而与杆的横截面积 A 成反比，用公式表示为

$$\Delta l \propto \frac{F_N l}{A}$$

引进比例系数 E （E 称为材料的**弹性模量**，可由实验测出）得：

$$\Delta l = \frac{F_N l}{EA} \tag{5-4}$$

这一关系式是英国科学家胡克首先提出的，所以称式（5-4）为**胡克定律**。

从式（5-4）可知，对于长度相同，轴力相同的杆件，EA 越大，杆的纵向变形 Δl 就越小。EA 反映了杆件抵抗拉（压）变形的能力，称为杆件的**抗拉（压）刚度**。

若将式（5-4）的两边同时除以杆件的原长 l，并将 $\varepsilon = \dfrac{\Delta l}{l}$ 及 $\sigma = \dfrac{F_N}{A}$ 代入，得

$$\varepsilon = \frac{\sigma}{E} \quad \text{或} \quad \sigma = E\varepsilon \tag{5-5}$$

式（5-5）是胡克定律的另一表达形式。它表明：**在弹性范围内，正应力与线应变成正比**。比例系数即为材料的弹性模量 E。

工程中常用材料的弹性模量 E 见表 5-1。

表 5-1 常用材料的 μ，E 值

材料名称	E 值/GPa	μ 值
低碳钢（Q235）	200～210	0.24～0.28
16 锰钢	200～220	0.25～0.33
铸铁	115～160	0.23～0.27
铝合金	70～72	0.26～0.33
混凝土	15～36	0.16～0.18
木材（顺纹）	9～12	
砖石料	2.7～3.5	0.12～0.20
花岗岩	49	0.16～0.34

【例题 5-4】 如图 5-10（a）所示杆件，受到轴向外力作用，$F_P = 20$ kN，$a = 0.4$ m，材料为木材，弹性模量 $E = 10$ GPa，杆件的横截面面积 $A = 4 \times 10^4$ mm^2。求杆的总纵向变形。

【解】 杆的总纵向变形就是沿着杆的长度方向各段纵向变形之和。

（1）求轴力，画轴力图

该杆可分为 F_{NAB}，F_{NAC}，F_{NCD} 三段计算轴力：

$$F_{NAB} = 2F_P = 2 \times 20 = 40 \text{ kN}$$

$$F_{NBC} = 2F_P - 2F_P = 0$$
$$F_{NCD} = 2F_P - 2F_P + F_P = 20 \text{ kN}$$

轴力图如图 5-10 （b） 所示。

（2）求变形

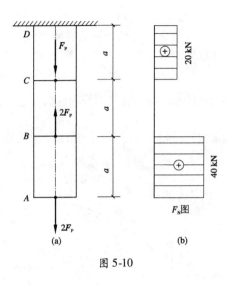

AB 段：　$\Delta l_{AB} = \dfrac{F_{NAB}l_{AB}}{EA} = \dfrac{40 \times 10^3 \times 0.4 \times 10^3}{10 \times 10^3 \times 4 \times 10^4} = 0.04 \text{ mm}$

BC 段：　$\Delta l_{BC} = \dfrac{F_{NBC}l_{BC}}{EA} = 0$

CD 段：　$\Delta l_{CD} = \dfrac{F_{NCD}l_{CD}}{EA} = \dfrac{20 \times 10^3 \times 0.4 \times 10^3}{10 \times 10^3 \times 4 \times 10^4}$

　　　　　　$= 0.02 \text{ mm}$

　　　$\Delta l = \Delta l_{AB} + \Delta l_{BC} + \Delta l_{CD} = 0.04 + 0 + 0.02$

　　　　　$= 0.06 \text{ mm}$

图 5-10

5.1.5　材料在拉伸和压缩时的力学性质

前面讨论了轴向拉（压）杆横截面上的工作应力，而要判断杆件是否会破坏（即杆的强度是否满足要求），还需要知道制作杆件的材料能够承担的应力，这种与材料有关的应力是材料的力学性质之一。所谓**材料的力学性质**是指材料在外力作用下所表现出的强度和变形方面的性能。材料的力学性质都要通过实验来确定。本节只讨论材料在常温、静荷载情况下，受到轴向拉力或压力作用时的力学性质。

1. 低碳钢的力学性质

低碳钢是建筑工程中应用很广泛的一种材料，而且它在拉伸时表现出的力学现象比较全面，它的力学性质比较典型。因此，重点研究低碳钢的拉伸试验。

1）低碳钢拉伸时的力学性质

试验时采用国家规定的标准试件。常用的试件有圆截面和矩形截面两种，如图 5-11 所示。试件的中间部分是工作长度，称为**标距**（图 5-11 中的 l）。通常规定圆截面标准试件的标距 l 与其直径 d 的关系为

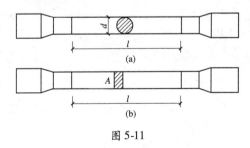

图 5-11

　　　　$l = 10d$　　或　　$l = 5d$

矩形截面标准试件，标距 l 与其横截面面积的关系为

$$l = 11.3 \sqrt{A} \quad \text{或} \quad l = 5.65 \sqrt{A}$$

（1）拉伸图和应力-应变图

做拉伸试验时，将低碳钢的试件两端夹在万能试验机上，然后开动试验机，对试件缓慢施加拉力。万能试验机上备有自动绘图设备，在试件拉伸过程中，能自动绘出试件所受拉力 F_P 与标距

l 段相应的伸长量 Δl 的关系曲线，该曲线以伸长量 Δl 为横坐标，拉力 F_P 为纵坐标，通常称它为**拉伸图**。图 5-12 为低碳钢的拉伸图。

拉伸图中拉力 F_P 与伸长量 Δl 的对应关系与试件的尺寸有关。如果用同种材料做成粗细、长短不同的试件，由拉伸试验所得到的拉伸图将存在量上的差别。为了消除试件尺寸对试验结果的影响，使图形反映材料本身的性质，通常把横坐标 Δl 除以标距 l 得 $\dfrac{\Delta l}{l}=\varepsilon$，把纵坐标 F_P 除以杆件横截面的面积 A 得 $\dfrac{F_P}{A}=\sigma$，画出以 ε 为横坐标，σ 为纵坐标的曲线，该曲线称为**应力-应变曲线图**，也称 $\sigma-\varepsilon$ 曲线。低碳钢的 $\sigma-\varepsilon$ 曲线如图 5-13 所示。

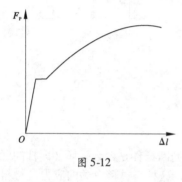

图 5-12

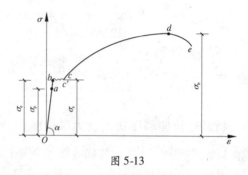

图 5-13

（2）变形发展的四个阶段

从低碳钢的 $\sigma-\varepsilon$ 曲线图中看出，低碳钢在整个拉伸过程中，其伸长量与荷载间的关系大致可分为以下四个阶段。

① 弹性阶段（图 5-13 中曲线的 Ob 阶段）

在这一阶段如果卸去荷载，变形即随之消失，也就是说材料的变形是弹性的。弹性阶段的最高点 b 对应的应力称为**弹性极限**，用符号 σ_e 表示。

在弹性阶段内，有一段直线 Oa，说明在 Oa 范围内应力与应变成正比，材料服从胡克定律。通常把 Oa 段的最高点 a 对应的应力称为**比例极限**，用符号 σ_p 表示。低碳钢的比例极限约为 200 MPa。弹性极限 σ_e 与比例极限 σ_p 二者的意义虽然不同，但是，它们的数值非常接近。工程上通常不加区别。

在弹性阶段还可以看出：Oa 段直线的斜率为 $\tan\alpha=\dfrac{\sigma}{\varepsilon}=E$，可见，在此阶段可以通过测定 Oa 直线的斜率来测定材料的弹性模量。低碳钢的弹性模量为 200～210 GPa。

② 屈服阶段（图 5-13 中曲线的 bc 阶段）

在应力超过弹性极限后，变形进入弹塑性阶段。应力-应变图中出现了一段接近水平的锯齿形线段 bc，在此阶段应力基本不变但应变显著增加，这表明材料此时暂时失去了抵抗变形的能力，这一现象称为"流动"或"屈服"，此阶段称为屈服阶段。屈服阶段最低点 c' 对应的应力称为**屈服极限**，用符号 σ_s 表示。低碳钢的屈服极限约为 240 MPa。

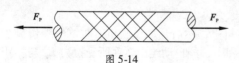

图 5-14

若试件表面光滑，则材料进入屈服阶段时，可以看到在试件表面出现了一些与杆轴线大约成 45° 的斜裂纹（图 5-14），通常称之为**滑移线**。它是由于轴向拉伸时 45°斜面上产生了最大切应力，使材料内部晶格间发生相对滑移而引起的。到达屈服阶段材料将产生很大的塑性变形，工程结构中的杆件，一般不允许产生很大的塑性变形。所以设计中常取屈服极限 σ_s 为材料的强度指标。

③ 强化阶段（图5-13中的 cd 段）

经过屈服阶段后，材料的内部结构重新得到了调整，材料又恢复了抵抗变形的能力，要使试件继续变形就得继续增加荷载，表现在图中曲线上升的 cd 段。这一阶段称为强化阶段。这一阶段的最高点 d 对应的应力称为**强度极限**，用符号 σ_b 表示。低碳钢的强度极限约为400 MPa。

在试验过程中，若将试件拉伸到强化阶段的某一点 k 时停止加载并逐渐卸载（图5-15），可以看到：在卸载过程中应力与应变按直线规律变化，沿直线 kO_1 回到 O_1 点，直线 O_1k 近似平行于直线 Oa，这说明在卸载过程中，卸去的应力与卸去的应变成正比，图中卸载后消失的应变 O_1k_1 为弹性应变，保留下的应变 OO_1 为塑性应变。

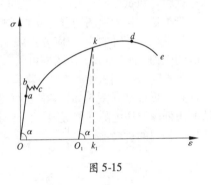

图 5-15

若卸载后立刻再重新加载，则 σ 与 ε 大致沿刚才卸载时的直线 O_1k 上升到 k 点，到 k 点后仍沿原来的曲线 kde 变化。这表明：在重新加载时，直到 k 点之前材料的变形都是弹性变形，k 点对应的应力为重新加载时材料的弹性极限，可见将材料拉伸到强化阶段卸载后再加载，材料的弹性极限提高了；另外，重新加载时直到 k 点后才开始出现塑性变形，可见材料的屈服极限也提高了，试件破坏后总的塑性变形量比原来降低了。我们通常把这种将材料预拉到强化阶段，然后卸载，卸载后再重新加载，使材料的弹性极限、屈服极限都得到提高，而塑性变形有所降低的现象称为**冷作硬化**。建筑工程中对受拉钢筋进行冷拉就是为了提高它的弹性极限和屈服极限，提高承载力。

当然利用冷作硬化对钢筋进行冷加工，在提高承载能力（比例极限 σ_P）的同时也会降低钢材的塑性，使之变脆、变硬，容易断裂，再加工困难等，这些现象在工程实践中应予以高度重视，以避免出现工程事故。

④ 颈缩阶段（图5-13中的 de 段）

在应力到达强度极限 σ_b 后，应力-应变图形开始出现下降现象，观察发现：在试件某一段内的横截面面积将开始显著收缩，出现颈缩现象（图5-16），这一阶段称为颈缩阶段。此阶段没有特征应力极限值，只有一种特殊现象即颈缩现象。曲线出现了 de 段形状，至 e 点试件被拉断。

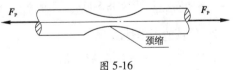

图 5-16

（3）延伸率和截面收缩率

试件拉断后，弹性变形全部消失，而塑性变形保留了下来，工程中常用试件拉断后保留下来的塑性变形大小来表示材料的塑性性质。塑性性质有延伸率和截面收缩率两个指标。

① 延伸率。将拉断的试件拼在一起，量出断裂后的标距长度 l_1，习惯上把断裂后的标距长度 l_1 与原标距长度 l 的差值除以原标距长度 l 的百分率称为材料的**延伸率**，用符号 δ 表示。

$$\delta = \frac{l_1 - l}{l} \times 100\%$$

低碳钢的延伸率通常为20%～30%。

延伸率表示试件直到拉断时塑性变形所能达到的最大程度。δ 的值越大，说明材料的塑性越好。工程中常按延伸率的大小将材料分为两类：$\delta \geqslant 5\%$ 的材料为**塑性材料**，如低碳钢、低合金钢、铝合金等；$\delta < 5\%$ 的材料为**脆性材料**，如混凝土、铸铁、砖、石材等。

② 截面收缩率。测出断裂试件颈缩处的最小横截面面积 A_1，原试件的横截面面积 A 与 A_1 的差值除以原试件的横截面面积的百分率称为**截面收缩率**，用符号 ψ 表示。

$$\psi = \frac{A - A_1}{A} \times 100\%$$

低碳钢的截面收缩率通常为 $60\% \sim 70\%$。

2）低碳钢压缩时的力学性质

金属材料压缩试件，一般做成短圆柱体。试件高度一般为直径的 $1.5 \sim 3$ 倍，如图 5-17 所示。

试验时将试件放在万能试验机的两压座间，然后施加轴向压力使其产生轴向压缩变形。与拉伸试验类似，自动绘图装置可以画出低碳钢在压缩时的应力-应变曲线图。

低碳钢压缩时的应力-应变曲线如图 5-18 所示。为了便于比较，图中用虚线表示低碳钢在拉伸时的应力-应变曲线。从图中可以看出：在屈服阶段以前，拉伸和压缩的应力—应变图线大致重合，这表明低碳钢压缩时的比例极限、屈服极限、弹性模量都与拉伸时相同。过了屈服阶段后，试件越压越扁平（图 5-18），横截面面积增大，抗压能力提高，最后压成饼状但不破坏，因此无法测出低碳钢压缩的强度极限。由于屈服阶段以前的力学性质基本相同，所以，把低碳钢看作拉压性能相同的材料。

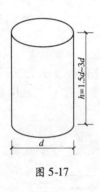

图 5-17

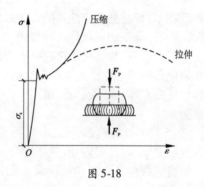

图 5-18

2. 铸铁的力学性质

铸铁是一种典型的脆性材料。

1）拉伸性质

铸铁拉伸时的应力-应变曲线图如图 5-19 中①所示，从图中可以看出：图线没有明显的直线部分，没有屈服阶段。试验表明在较小的应力下铸铁就被突然拉断了，并且在拉断之前没有颈缩现象，拉断前的变形很小。拉断时的应力就是衡量它强度的唯一指标，称为强度极限，用符号 σ_b 表示。可见，铸铁的抗拉强度很小，不宜用于受拉杆件。工程中通常用规定某一应变时应力-应变曲线的割线来代替此曲线在开始部分的直线，从而确定其弹性模量，并称之为割线弹性模量（可参考相关书籍）。

2）压缩性质

铸铁压缩时的应力-应变曲线图如图 5-19 中②所示。将①，②作一比较不难看出，铸铁压缩时的应力-应变曲线图也没有明显的直线部分及屈服阶段。压坏时的应力就是衡量其强度的唯一指标，也称为强度极限，用符号 σ_b 表示。但压缩时的强度极限比拉伸时大，为拉伸时的 4~5 倍，压缩时的延伸率也比拉伸时大。可见，铸铁是一种抗压性能好而抗拉性能差的材料，工程中常将它用于受压杆件。

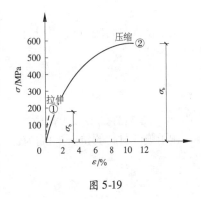

图 5-19

3. 其他材料的力学性质

工程中的材料很多，按延伸率可将它们分为塑性材料和脆性材料两类。其他塑性材料，如锰钢、铝合金等的性质与低碳钢相似，在强度方面表现为拉伸和压缩时的弹性极限、屈服极限基本相同，应力超过弹性极限后有屈服现象；在变形方面表现为破坏前有明显预兆，延伸率和截面收缩率都较大等。

其他脆性材料，如混凝土、石材等的性能与铸铁相似，在强度方面表现为压缩强度大于拉伸强度；在变形方面表现为破坏是突然的，延伸率较小等。

需特别指出的是：影响材料力学性质的因素是多方面的，上述关于材料的一些性质是在常温、静荷载条件下得到的。若环境因素发生变化（如温度不是常温，或受力状态改变），则材料的性质也可能随之而发生改变。

5.1.6　许用应力、安全系数和强度计算

1. 许用应力与安全系数

任何一种材料都存在一个能承受应力的上限，这个上限称为**极限应力**，常用符号 σ° 表示。对于塑性材料取屈服极限为极限应力，即 $\sigma^\circ = \sigma_s$；对于脆性材料取强度极限为极限应力，即 $\sigma^\circ = \sigma_b$。

为了保证构件能安全正常地工作，必须保证其工作应力低于材料的极限应力。但是在实际工程中还有许多无法预计的因素对构件产生影响，所以，须给极限应力以一定的安全储备，即将材料的极限应力 σ° 除以一个大于 1 的安全系数后作为构件工作应力的最高限度，这个应力称为**许用应力**，用 $[\sigma]$ 来表示。

塑性材料：
$$[\sigma] = \frac{\sigma_s}{n_s}$$

脆性材料：
$$[\sigma] = \frac{\sigma_b}{n_b}$$

式中，n_s 与 n_b 分别为塑性材料和脆性材料的安全系数，工程中常用材料的安全系数和许用应力可从有关规范中查到。

2. 轴向拉（压）杆的强度计算（strength design）

1）强度条件

为了保证轴向拉（压）杆在外力作用时不发生破坏，必须使杆内的最大工作应力不超过材料的许用应力，即

$$\sigma_{max} \leqslant [\sigma] \tag{5-6}$$

由于塑性材料的抗拉、抗压能力相同，许用拉、压应力相等。所以对于塑性材料的等截面杆，其强度条件式为

$$\sigma_{max} = \frac{F_{Nmax}}{A} \leqslant [\sigma] \tag{5-7a}$$

式中，σ_{max} 是杆件的最大工作应力，可能是拉应力，也可能是压应力。

由于脆性材料的抗压、抗拉能力不同，所以，对于脆性材料的等截面杆，其强度条件式为

$$\left.\begin{array}{l} \sigma_{tmax} \leqslant [\sigma_t] \\ \sigma_{cmax} \leqslant [\sigma_c] \end{array}\right\} \tag{5-7b}$$

式中，σ_{tmax} 及 $[\sigma_t]$ 分别为最大工作拉应力和许用拉应力；σ_{cmax} 及 $[\sigma_c]$ 分别为最大工作压应力和许用压应力。

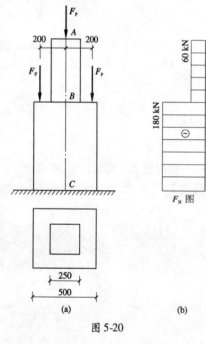

图 5-20

2) 强度计算

根据强度条件，可以解决实际工程中的三类问题。

（1）强度校核。已知杆件所用材料、杆件的截面形状及尺寸、杆件所受的外力，校核杆件的强度是否满足要求，即验算 $\sigma_{max} \leqslant [\sigma]$ 是否成立。

（2）设计截面。已知杆件所用材料、杆所受的外力，确定杆件不发生破坏时，杆件应该选用的最小截面尺寸，即 $A \geqslant \dfrac{F_N}{[\sigma]}$，求出面积后可进一步根据截面形状求出有关尺寸。

（3）计算许用荷载。已知杆件所用材料、杆的横截面形状和尺寸，求杆件满足强度要求时，能够承担的最大荷载值，即许可荷载，即 $F_N \leqslant A[\sigma]$，再根据荷载与轴力的平衡关系，进一步求出许用荷载。

【例题 5-5】 如图 5-20（a）所示为正方形截面阶梯形柱，已知材料的许用压应力 $[\sigma_c] = 1.05$ MPa，弹性模量 $E = 3$ GPa，荷载 $F_P = 60$ kN，柱自重不计。试校核该柱的强度。

【解】 图 5-20（a）所示柱产生轴向压缩变形。

（1）求轴力，画轴力图

砖柱的轴力图如图 5-20（b）所示。

（2）计算最大工作应力

该柱为阶梯形变截面柱，需分段计算各段的应力，然后选最大值。

AB 段：

$$\sigma_{AB} = \frac{F_{NAB}}{A_{AB}} = -\frac{60 \times 10^3}{250 \times 250} = -0.96 \text{ MPa}$$

BC 段：

$$\sigma_{BC} = \frac{F_{NBC}}{A_{BC}} = -\frac{180 \times 10^3}{500 \times 500} = -0.72 \text{ MPa}$$

比较可见 AB 段为危险截面，即 $|\sigma_{max}| = 0.96$ MPa。

（3）校核强度

$$\sigma_{\max} = 0.96\,\text{MPa} < \left[\sigma_{\text{c}}\right]$$

所以该柱满足强度要求。

【例题 5-6】　如图 5-21（a）所示为一钢筋混凝土组合屋架，已知屋架受到竖直向下的均布荷载 $q = 10\,\text{kN/m}$，水平拉杆为钢拉杆，材料的许用应力 $\left[\sigma\right] = 160\,\text{MPa}$，其他尺寸如图所示。试按强度要求设计拉杆 AB 的截面（当拉杆选用实心圆截面时，确定拉杆的直径；当拉杆选用二根等边角钢时，选择角钢的型号）。

【解】　（1）设计拉杆的截面

先求支座反力，计算得到：

$$F_{Ay} = F_{By} = 0.5ql = 0.5 \times 10 \times 8.4 = 42\,\text{kN}$$

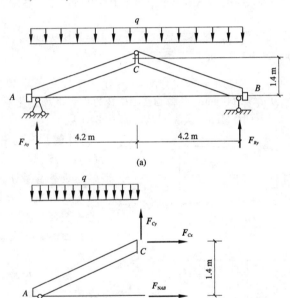

图 5-21

再求拉杆的轴力。

用截面法取左半个屋架为研究对象，如图 5-21（b）所示。

由　　　　　　　$$\sum M_C = 0, \quad F_{NAB} \times 1.4 - F_{Ay} \times 4.2 + q \times 4.2 \times 2.1 = 0$$

得　　　　　　　　　　　　$$F_{NAB} = 63\,\text{kN}$$

然后设计拉杆的截面。

由强度条件：　　　　　　　$$\sigma_{\max} = \frac{F_{NAB}}{A} \leqslant \left[\sigma\right]$$

得
$$A \geqslant \frac{F_{NAB}}{[\sigma]} = \frac{63 \times 10^3}{160} = 393.8 \text{ mm}^2$$

当拉杆为实心圆截面时：
$$A = \frac{\pi d^2}{4} \geqslant 393.8 \text{ mm}^2$$

得
$$d \geqslant \sqrt{\frac{4 \times 393.8}{3.14}} = 22.39 \text{ mm}$$

取 $d = 23$ mm。

（2）当拉杆用角钢时，查型钢表。每根角型的最小面积应为
$$A_1 = \frac{A}{2} = \frac{393.8}{2} = 196.9 \text{ mm}^2$$

选用两根 36×3 的等边角钢。该角钢的横截面面积 $A_1 = 210.9 \text{ mm}^2$，故此时拉杆的面积为 $A = 2 \times 210.9 \text{ mm}^2 = 421.8 \text{ mm}^2 > 393.8 \text{ mm}^2$，满足强度要求。

【例题5-7】 如图5-22（a）所示实心圆截面木杆，杆的直径沿轴线变化，A 截面直径为 $d_A = 140$ mm，C 截面直径为 $d_c = 160$ mm，B 截面为 AC 杆的中点截面，木材的许用拉应力 $[\sigma_t] = 6.5$ MPa，许用压应力 $[\sigma_c] = 10$ MPa。求该杆的许用荷载 $[F_P]$。

【解】 画出杆的轴力图，如图5-22（b）所示。

设外荷载 F_P 的单位为 kN，从轴力图可以看出：AB 段受拉，A 偏右截面为危险截面；BC 段受压，B 偏右截面为危险截面。各危险截面上的任一点均为危险点。

求杆件能满足强度要求时，各段轴力的许用值。

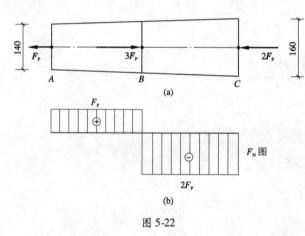

图 5-22

AB 段：
$$\sigma_{t\ max} = \frac{F_{NAB}}{A_{AB\ min}} \leqslant [\sigma_t]$$

所以
$$F_{NAB} \leqslant [\sigma_t] \cdot A_{AB\ min} = 6.5 \times \frac{3.14 \times 140^2}{4} = 100\ 009 \approx 100 \text{ kN}$$

$$[F_{NAB}] = 100 \text{ kN}$$

BC 段：
$$\sigma_{c\ max} = \frac{|F_{NBC}|}{A_{BC\ min}} \leqslant [\sigma_c]$$

所以
$$|F_{NBC}| \leqslant [\sigma_c] \cdot A_{BC\ min} = 10 \times \frac{3.14 \times 150^2}{4} = 176\ 620 \approx 176.6 \text{ kN}$$

$$[F_{NBC}] = 176.6 \text{ kN}$$

从轴力图可得各段轴力与外荷载的关系为

$$F_{NAB} = F_P, |F_{NBC}| = 2F_P$$

要使杆满足强度要求，杆在实际荷载作用下的轴力不应超过杆的许用轴力。

由 AB 段可得：

$$F_P \leqslant 100 \text{ kN}$$

由 BC 段可得：

$$2F_P \leqslant 176.6 \text{ kN}$$

$$F_P \leqslant 88.3 \text{ kN}$$

即 $[F_P] = 88.3 \text{ kN}$。

5.1.7 应力集中

1. 应力集中的概念

从前面的讨论知道：等截面直杆受到轴向拉力或压力作用时，横截面上的应力是均匀分布的。但是，在实际工程中，由于结构、工艺、使用等方面的要求，有时要在杆件上开槽、钻孔等，这使杆的截面尺寸发生突然变化。实验结果表明：在杆件截面尺寸突然变化处，截面上的应力不再像原来一样均匀分布了，而是出现了在孔、槽附近的局部范围内应力显著增大的现象，而在离这一范围较远的位置处，应力又渐趋均匀。如图 5-23（a）所示为一钻有圆孔的轴向受拉杆件，图 5-23（b）为截面 m—m 上的应力分布情况，图 5-23（c）为截面 n—n 上的应力分布情况。从图 5-23（b），（c）可以看出：在 m—m 截面上靠近圆孔处应力很大，在离圆孔较远处应力就逐渐变小，且趋于均匀状态；在离圆孔稍远的截面 n—n 上，应力仍然是均匀分布的。这种因杆件截面尺寸的突然变化而引起局部应力急剧增大的现象，称为**应力集中**。

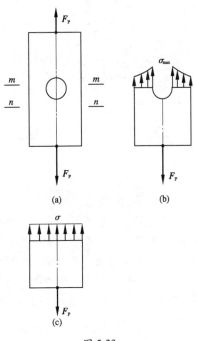

图 5-23

2. 应力集中对杆件强度的影响

应力集中对杆件强度的影响与材料有关。对于塑性材料，当应力集中处的最大应力 σ_{max} 达到材料的屈服极限时，就不再继续增大了，随着外力的加大，其他点的应力逐渐增大，最后当整个截面上的应力都达到了屈服极限 σ_s 时杆件才失去承载能力。因此，塑性材料在静荷载作用下，应力集中对强度基本没影响。对于脆性材料，当应力集中处的最大应力 σ_{max} 达到材料的强度极限时，杆件很快失去承载能力。因此，应力集中大大降低了脆性材料的强度。但在随时间作周期性变化的外力或冲击外力作用时，不论是塑性材料还是脆性材料，应力集中都会降低杆件强度。

5.2 剪切与挤压

5.2.1 剪切与挤压的概念

剪切变形是杆件的基本变形之一。剪切变形的受力特点是：**杆件受到一对大小相等、方向相**

反、作用线相互平行且相距很近的横向外力，其变形特点是**作用力之间的截面沿力的方向产生相对错动**。如图 5-24（a）所示为用一个铆钉连接两块受拉钢板的情况，铆钉的受力如图 5-24（b）所示，其变形即剪切变形。从图 5-24（b）可以看出：当外力 F 足够大时，有可能使铆钉沿两块钢块的接触面切线方向剪断，如图 5-24（c）所示，通常把相对错动的截面称为**剪切面**。剪切面上的内力 F_Q 与截面相切，称为**剪力**，仍可用截面法求得，如图 5-24（d）所示。与剪力相对应的应力为**切应力**。图 5-25（a）为某起重装置，用销钉连接了吊钩与上部拉杆，当起吊重物 F_W 时，销钉的受力如图 5-25（b）所示，销钉产生的变形也是剪切变形。

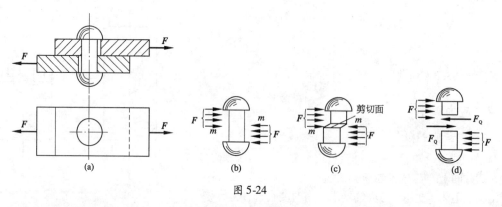

图 5-24

　　工程中产生剪切变形的构件通常是拉压构件的连接部位。构件在剪切时，常伴随着挤压现象。相互接触的两个物体相互传递压力时，因接触面的面积较小，而传递的压力比较大，致使接触表面产生局部的塑性变形，甚至产生被压陷的现象，称为**挤压**。图 5-26 为用普通螺栓连接两块钢板时，螺栓与钢板之间的挤压情况。两构件相互接触的局部受压面称为**挤压面**，挤压面上的压力称为**挤压力**，由于挤压引起的应力称为**挤压应力**。

5.2.2　剪切与挤压的实用计算

　　通常情况下，连接件的受力和变形都比较复杂，在实际工程中常采用以实验及经验为基础的实用计算法。

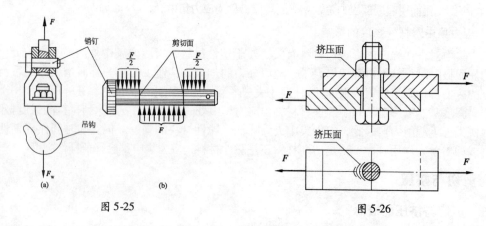

图 5-25　　　　　　　　　　　　　　图 5-26

　　在剪切的实用计算中，假定剪力在剪切面上均匀分布。若用 F_Q 表示剪力，A_s 表示剪切面的

面积，则切应力的实用计算公式为

$$\tau = \frac{F_Q}{A_s} \qquad\qquad (5\text{-}8)$$

为了保证构件不发生剪切破坏，要求剪切面上的切应力不超过材料的许用切应力。所以剪切强度条件为

$$\tau = \frac{F_Q}{A_s} \leqslant [\tau] \qquad\qquad (5\text{-}9)$$

式中，$[\tau]$ 为许用切应力。

许用切应力由试验测定。各种材料的许用切应力可以从有关设计手册中查得。

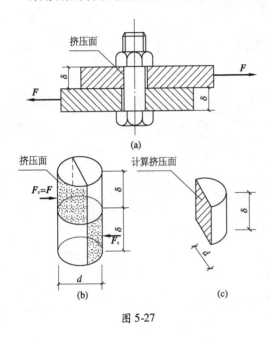

图 5-27

受剪构件的破坏形式除了剪切破坏外，还可能在构件表面引起挤压破坏。挤压与剪切是同时产生的。所以，还须进行挤压强度计算。由于挤压的过程也很复杂，工程上也采用实用计算法。

在挤压的实用计算中，假定挤压力在挤压面上均匀分布。若用 F_c 表示挤压面上的挤压力，A_c 表示挤压面的计算面积，则挤压应力的实用计算公式为

$$\sigma_c = \frac{F_c}{A_c} \qquad\qquad (5\text{-}10)$$

当挤压面为平面时，挤压计算面积 A_c 即挤压面积；当挤压面为半圆柱面时，挤压计算面积 A_c 为半圆柱面的直径平面上的投影面积。例如图 5-27（a）所示连接中，螺栓的挤压面（图 5-27（b））为半圆柱面，而挤压计算面积为图 5-27（c）中的平面。

为了保证构件不发生挤压破坏，要求挤压应力不超过材料的许用挤压应力，则挤压强度条件为

$$\sigma_c = \frac{F_c}{A_c} \leqslant [\sigma_c] \qquad\qquad (5\text{-}11)$$

式中，$[\sigma_c]$ 为材料的许用挤压应力，可查有关设计手册。

【例题 5-8】　现有两块钢板，拟用材料和直径都相同的四个铆钉连接，如图 5-28（a）所示。已知作用在钢板上的拉力 $F = 160$ kN，两块钢板的厚度 t 均为 10 mm，铆钉所用材料的许用应力为 $[\sigma_c] = 320$ MPa，$[\tau] = 140$ MPa。试按铆钉的强度条件选择铆钉的直径 d。

【解】　铆钉在此连接中同时产生了剪切和挤压变形，需从剪切和挤压两方面选择其直径 d。工程上为了计算方便，当在一个连接中有 n 个连接件（如铆钉、螺栓等）时，假定各连接件的受力相同。每个铆钉所受的力为

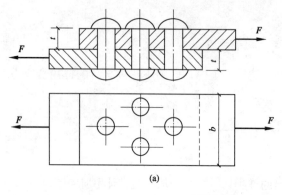
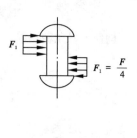

图 5-28

$$F_1 = \frac{F}{4} = 40 \text{ kN}$$

任取一个铆钉，受力图如图 5-28（b）所示。

（1）按剪切强度计算铆钉的直径

剪切面上的剪力为 $\quad\quad\quad\quad\quad\quad F_Q = F_1 = 40 \text{ kN}$

由剪切强度条件，得 $\quad\quad\quad\quad\quad \tau = \frac{F_Q}{A_S} \leqslant [\tau]$

得 $\quad\quad\quad\quad\quad\quad\quad\quad\quad A_S \geqslant \frac{F_Q}{[\tau]}$

铆钉的横截面积计算公式为

$$A = \frac{\pi d^2}{4}$$

所以 $\quad\quad\quad d \geqslant \sqrt{\frac{4F_Q}{\pi [\tau]}} = \sqrt{\frac{4 \times 40 \times 10^3}{3.14 \times 140}} = 19.1 \text{ mm}$

取 $d = 20$ mm 即可满足剪切强度要求。

（2）按挤压强度设计铆钉的直径 d

挤压力 $F_c = F_1 = 40$ kN。

由挤压强度条件，得 $\quad\quad\quad\quad \sigma_c = \frac{F_c}{A_c} \leqslant [\sigma_c]$

得 $\quad\quad\quad\quad\quad\quad\quad\quad\quad A_c \geqslant \frac{F_c}{[\sigma_c]}$

铆钉的挤压计算面积为 $A_c = td$。

所以 $\quad\quad\quad\quad d \geqslant \frac{F_c}{[\sigma_c]t} = \frac{40 \times 10^3}{320 \times 10} = 12.5 \text{ mm}$

取 $d = 14$ mm 即可满足挤压强度要求。

综合考虑铆钉的剪切和挤压强度，选择直径
$d = 20$ mm。

5.3　扭转

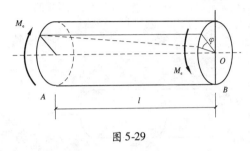

图 5-29

5.3.1　扭转的概念

扭转变形是杆件基本变形之一。杆件在垂直于轴线的平面内作用外力偶，其变形特点是杆件的各横截面绕杆轴线发生相对转动。其中杆件任意两截面间相对转动的角度称为**扭转角**，用 φ 表示。如图 5-29 所示，φ 即为 B 截面相对于 A 截面的扭转角。

大多数受扭的杆件其横截面为圆形，受扭的圆截面杆称为**圆轴**。

在工程中，以扭转变形为主的杆件是很多的。例如，汽车方向盘的操纵杆（图 5-30）、搅拌器的主轴（图 5-31）和机械的传动轴等。

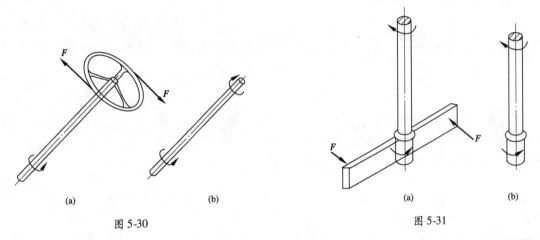

图 5-30

图 5-31

本节着重讨论圆轴扭转时的应力和变形分析，而对非圆截面杆件的扭转问题（如矩形截面杆）只作简单介绍。

5.3.2　圆轴扭转时横截面上的内力

1. 外力偶矩的计算

工程中常用的传动轴，往往仅已知其所传递的功率和转速，为此，需根据所传递的功率和转速，按式（5-12）和式（5-13）求出使轴发生扭转的外力偶矩：

$$M_e = 9\,549\,\frac{P}{n} \tag{5-12}$$

式中　P——轴传递的功率（kW）；

　　　n——轴的转速（r/min）；

　　　M_e——轴上的外力偶矩（N·m）。

若功率的单位为马力，则外力矩的计算公式为

$$M_e = 7\ 024 \frac{P}{n} \tag{5-13}$$

2. 扭矩和扭矩图

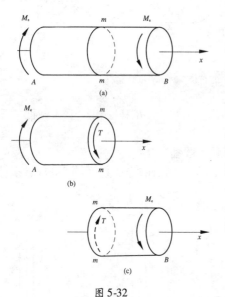

图 5-32

圆轴扭转时横截面上的内力仍通过截面法来分析。下面以图 5-32（a）来说明求任意横截面 *m—m* 上内力的方法。用假想截面沿截面 *m—m* 处将轴截开，任取一段（如左段）分析，如图 5-32（b）所示。由于圆轴 *AB* 是平衡的，因此截取部分也处于平衡状态，根据力偶的性质，横截面 *m—m* 上必有一个内力偶矩与外力偶矩 M_e 平衡，我们把这个内力偶矩称为**扭矩**，用 T 表示，单位为 N·m 或 kN·m。

由 $\qquad \sum M_x = 0, \quad T - M_e = 0$

得 $\qquad\qquad\qquad T = M_e$

若取右段为研究对象，如图 5-32（c）所示，

由 $\qquad \sum M_x = 0, \quad M_e - T = 0$

得 $\qquad\qquad\qquad T = M_e$

为使无论取横截面左边还是右边为研究对象时，所得的扭矩正负号相同，我们按照右手螺旋法则规定扭矩的正负：使卷曲右手的四指转向与扭矩的转向相同，若大拇指的指向离开横截面，则扭矩为正（图 5-33（a））；反之，扭矩为负（图 5-33（b））。

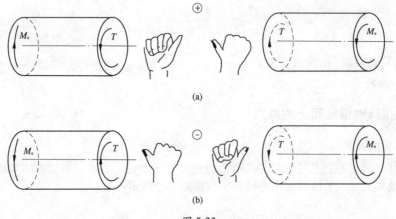

图 5-33

表示扭矩随横截面位置变化的图线称为扭矩图。扭矩图的绘制方法与轴力图相似。需先以轴线为横轴 x、以扭矩 T 为纵轴，建立 $T-x$ 坐标系，然后将各截面上的扭矩标在 $T-x$ 坐标系中，正扭矩在 x 轴上方，负扭矩在 x 轴下方，即可绘出扭矩图。

下面通过例题说明扭矩图绘制的方法和步骤。

【**例题 5-9**】   传动轴如图 5-34（a）所示，主动轮 A 输入功率 $P_A = 120\ \text{kW}$，从动轮 B，C，D 输出功率分别为 $P_B = 30\ \text{kW}$，$P_C = 40\ \text{kW}$，$P_D = 50\ \text{kW}$，轴的转速 $n = 300\ \text{r/min}$。试作出该轴的扭矩图。

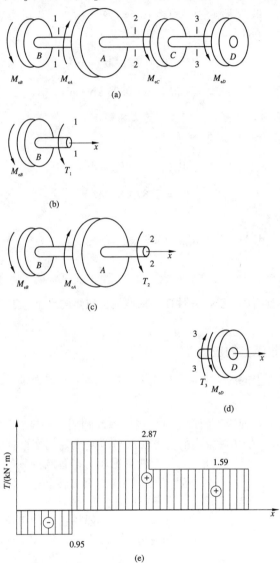

图 5-34

【**解**】   （1）计算外力偶矩

由式（5-12），得：

$$M_{eA} = 9\ 549\ \frac{P_A}{n} = 9\ 549 \times \frac{120}{300} = 3\ 819.\ 6\ \text{N} \cdot \text{m} = 3.\ 82\ \text{kN} \cdot \text{m}$$

$$M_{eB} = 954.\ 9\ \text{N} \cdot \text{m} = 0.\ 95\ \text{kN} \cdot \text{m}$$

$$M_{eC} = 1\,273.2\ \text{N} \cdot \text{m} = 1.27\ \text{kN} \cdot \text{m}$$
$$M_{eD} = 1\,591.5\ \text{N} \cdot \text{m} = 1.59\ \text{kN} \cdot \text{m}$$

（2）计算扭矩

根据作用在轴上的外力偶，将轴分成 BA，AC 和 CD 三段，用截面法分别计算各段轴的扭矩，

BA 段：以 1—1 截面左分析（图 5-34（b），T_1 假设为正）

由
$$\sum M_x = 0, \quad T_1 + M_{eB} = 0$$

得
$$T_1 = -M_{eB} = -0.95\ \text{kN} \cdot \text{m}$$

结果为负，说明 T_1 假设方向与实际方向相反，为负扭矩。

AC 段：以 2—2 截面左分析（图 5-34（c））

由
$$\sum M_x = 0, \quad T_2 - M_{eA} + M_{eB} = 0$$

得
$$T_2 = 2.87\ \text{kN} \cdot \text{m}$$

结果为正，说明 T_2 为正扭矩。

同理 CD 段（图 5-34（d））得 $T_3 = M_{eD} = 1.59\ \text{kN} \cdot \text{m}$。

（3）作扭矩图

建立 $T - x$ 坐标系，x 轴沿轴线方向，T 向上为正，作扭矩图，如图 5-34（e）所示。

由上面的计算结果不难看出：**受扭杆件任一横截面上扭矩的大小，等于此截面一侧（左或右）所有外力偶矩的代数和。**

5.3.3 圆轴扭转时横截面上的应力

等直圆轴扭转时横截面上的应力须从几何关系、物理关系和静力学关系这三个方面来分析。

1. 几何变形方面

取一等直圆轴，试验前在圆轴表面作出几条等距离的圆周线和纵向线，形成许多微小的矩形网格，如图 5-35（a）所示。受扭后发生的变形现象与薄壁圆筒的变形现象相似，如图 5-35（b）

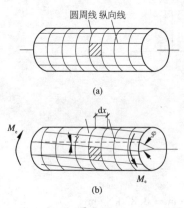

图 5-35

所示。即当变形很小时，各圆周线的形状、大小和间距都保持不变，仅绕轴线作相对转动；各纵向线都倾斜了相同的角度 γ，原来矩形格变成平行四边形。

上述现象表明，**圆轴扭转时仍符合平面假设，且横截面上只有切应力，切应力的方向垂直于半径。**

从受扭圆轴中，用相邻两截面截取一微段 $\mathrm{d}x$，放大后如图 5-36 所示。根据平面假设，受扭时横截面 2—2 相对横截面 1—1 转过了一个微小角度 $\mathrm{d}\varphi$，半径 O_2B 转到 O_2C 处，轴表面的矩形格变成了平行四边形格，直角的改变量 γ 即是圆轴表面上任一点 A 的切应变，其大小为

$$\gamma = \tan\gamma = \frac{\overset{\frown}{BC}}{AB} = R\frac{\mathrm{d}\varphi}{\mathrm{d}x}$$

同理，可推得在距轴线为 ρ 的 A' 点处的切应变 γ_ρ 为

$$\gamma_\rho = \tan\gamma_\rho = \frac{\overset{\frown}{B'C'}}{A'B'} = \rho\frac{\mathrm{d}\varphi}{\mathrm{d}x} \qquad (5\text{-}14)$$

式中，$\dfrac{\mathrm{d}\varphi}{\mathrm{d}x}$ 称为**单位长度扭转角**，对于给定的横截面，$\dfrac{\mathrm{d}\varphi}{\mathrm{d}x}$ 为一常量。

γ_ρ 的计算式表明：横截面上任意一点的切应变 γ_ρ 与该点到截面中心的距离 ρ 成正比，同一圆周线上，各点的切应变 γ_ρ 相同。

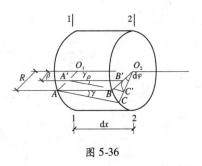

图 5-36

2. 物理方面

知道了切应变的变化规律后，应用物理关系即可确定切应力的分布规律。根据剪切胡克定律，在弹性范围内，

$$\tau = G\gamma_\rho = G\rho\frac{\mathrm{d}\varphi}{\mathrm{d}x} \qquad (5\text{-}15)$$

式中　τ——剪切应力；

G——材料的切变模量，它反映材料抵抗剪切变形的能力，其单位与弹性模量 E 相同，数值可由试验测得。常见材料的切变模量如表 5-2 所示。

表 5-2　　　　　　　　　　　几种常用材料的切变模量

材料名称	切变模量 G/GPa
钢	79 ~ 81
混凝土 C20 C30	10.2 12
铝合金	27.5
铜	41.4
木材	0.55
烧结普通砖砌体	0.72 ~ 2.52

表明横截面上任一点的切应力与该点到圆心的距离 ρ 成正比，即切应力大小沿半径方向呈线性分布，在截面中心处切应力为零，在截面边缘各点切应力最大。图 5-37（a），（b）分别为实心圆轴和空心圆轴横截面上切应力的分布情况。

3. 静力学方面

如图 5-38 所示，在受扭圆轴的横截面上，取一微面积 $\mathrm{d}A$，该微面积距圆心的距离为 ρ，微面积上的微剪力为 $\tau_\rho\mathrm{d}A$，对圆心的微力矩为 $\tau_\rho\mathrm{d}A\cdot\rho$。由静力学合力矩定理可得

$$T = \int_A \tau_\rho\mathrm{d}A\cdot\rho$$

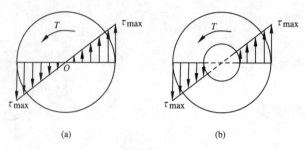

图 5-37

将式 (5-15) 代入，得

$$T = \int_A G \frac{\mathrm{d}\varphi}{\mathrm{d}x}\rho^2 \cdot \mathrm{d}A = G \frac{\mathrm{d}\varphi}{\mathrm{d}x}\int_A \rho^2 \mathrm{d}A \tag{5-16}$$

而

$$I_\mathrm{P} = \int_A \rho^2 \mathrm{d}A$$

代入式 (5-16)，得

$$T = G \frac{\mathrm{d}\varphi}{\mathrm{d}x}I_\mathrm{P} \tag{5-17}$$

将式 (5-17) 改写为

$$\frac{\mathrm{d}\varphi}{\mathrm{d}x} = \frac{T}{GI_\mathrm{P}} \tag{5-18}$$

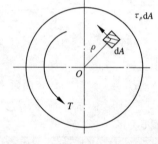

图 5-38

式 (5-18) 称为圆轴单位长度的扭转角计算公式。

将式 (5-18) 代入式 (5-15)，得

$$\tau_\rho = \frac{T\rho}{I_\mathrm{P}} \tag{5-19}$$

式 (5-19) 即为圆轴扭转时横截面上任一点切应力的计算公式。该公式只适用于线弹性范围内的等直圆轴。

根据式 (5-19)，当 $\rho = R$ 时，切应力最大。即横截面上边缘点的切应力最大，其值为

$$\tau_{\max} = \frac{TR}{I_\mathrm{P}} \tag{5-20}$$

令

$$W_\mathrm{P} = \frac{I_\mathrm{P}}{R} \tag{5-21}$$

则有

$$\tau_{\max} = \frac{T}{W_\mathrm{P}} \tag{5-22}$$

式中，W_P 只与截面的几何形状和尺寸有关，称为**抗扭截面系数**，其单位为 mm^3 或 m^3。

工程中经常用到的是实心圆截面和空心圆截面的抗扭截面系数。

对于直径为 d 的实心圆截面：

$$W_P = \frac{I_P}{R} = \frac{\frac{\pi d^4}{32}}{\frac{d}{2}} = \frac{\pi d^3}{16}$$

对于外径为 D，内径为 d，$a = \frac{d}{D}$ 的空心圆截面：

$$W_P = \frac{I_P}{R} = \frac{\frac{\pi D^4(1 - \alpha^4)}{32}}{\frac{D}{2}} = \frac{\pi D^3}{16}(1 - \alpha^4)$$

【例题 5-10】 如图 5-39（a）所示圆轴中，AB 段直径 $d_1 = 120$ mm，BC 段直径 $d_2 = 100$ mm，外力偶矩 $M_{eA} = 22$ kN·m，$M_{eB} = 36$ kN·m，$M_{eC} = 14$ kN·m。试求该轴的最大切应力。

【解】 （1）作扭矩图
用截面法求得 AB 段、BC 段的扭矩分别为

$$T_1 = M_{eA} = 22 \text{ kN·m}$$
$$T_2 = -M_{eC} = -14 \text{ kN·m}$$

作出该轴的扭矩图，如图 5-39（b）所示。

（2）计算最大切应力

由扭矩图可知，AB 段的扭矩较 BC 段的扭矩大，但因 BC 段直径较小，所以需分别计算各段轴横截面上的最大切应力。由公式（5-22）得：

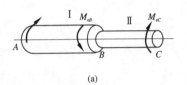

(a)

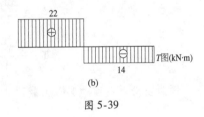

(b)

图 5-39

AB 段 $\qquad \tau_{max} = \dfrac{T_1}{W_{P1}} = \dfrac{22 \times 10^6}{\frac{\pi}{16} \times 120^3} = 64.87 \text{ MPa}$

BC 段 $\qquad \qquad \qquad \tau_{max} = \dfrac{T_2}{W_{P2}} = \dfrac{14 \times 10^6}{\frac{\pi}{16} \times 100^3} = 71.34 \text{ MPa}$

比较上述结果，该轴最大切应力位于 BC 段内任一截面的边缘各点处，即该轴最大切应力为 $\tau_{max} = 71.34$ MPa。

【例题 5-11】 图 5-40 为横截面积相等的两根圆轴，其中一根为实心圆截面，另一根为空心圆截面。两轴的材料、长度以及所受的外力偶矩均相同。已知实心轴的直径 $d_1 = 100$ mm，空心轴外径 $D_2 = 120$ mm，外力偶矩 $M_e = 20$ kN·m。求：

（1）实心轴横截面上的最大切应力。
（2）空心轴横截面上的最大切应力和最小切应力。
（3）实心轴横截面与空心轴横截面上最大切应力之比。

【解】 （1）计算扭矩
由于实心轴和空心轴所受的外力偶相等，故两根轴横截面上的扭矩相同。由截面法可知，两根轴横截面上的扭矩均为

$$T_1 = T_2 = M_e = 20 \text{ kN·m}$$

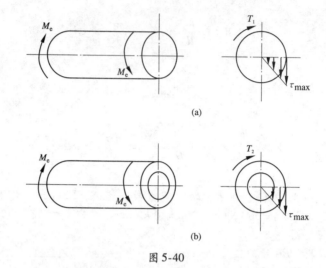

图 5-40

（2）计算两轴截面的极惯性矩和抗扭截面系数

对于实心轴

$$I_P = \frac{\pi d_1^4}{32} = \frac{\pi \times 100^4}{32} = 9.82 \times 10^6 \ mm^4$$

$$W_P = \frac{\pi d_1^3}{16} = \frac{\pi \times 100^3}{16} = 1.96 \times 10^5 \ mm^3$$

因为空心轴截面和实心轴截面的面积相等，故空心轴内径可根据 $\pi d_1^2 = \pi (D_2^2 - d_2^2)$ 计算，为

$$d_2 = \sqrt{D_2^2 - d_1^2} = \sqrt{120^2 - 100^2} = 66 \ mm$$

于是，空心轴截面内外径之比为

$$\alpha = \frac{d_2}{D_2} = \frac{66}{120} = 0.55$$

空心轴截面的极惯性矩和抗扭截面系数分别为

$$I_P = \frac{\pi D_2^4}{32}(1 - \alpha^4) = \frac{\pi \times 120^4}{32} \times (1 - 0.55^4) = 1.85 \times 10^7 \ mm^4$$

$$W_P = \frac{\pi D_2^3}{16}(1 - \alpha^4) = \frac{\pi \times 120^3}{16} \times (1 - 0.55^4) = 3.08 \times 10^5 \ mm^3$$

（3）计算切应力

实心轴横截面上的最大切应力为

$$\tau_{max} = \frac{T_1}{W_P} = \frac{20 \times 10^6}{1.96 \times 10^5} = 102 \ MPa$$

空心轴横截面上的最大切应力和最小切应力分别为

$$\tau'_{max} = \frac{T_2}{W_P} = \frac{20 \times 10^6}{3.08 \times 10^5} = 64.9\ \text{MPa}$$

$$\tau_{min} = \frac{T_2}{I_P} \cdot \frac{d_2}{2} = \frac{20 \times 10^6}{1.85 \times 10^7} \times \frac{66}{2} = 35.7\ \text{MPa}$$

两根轴横截面上的应力分布如图 5-40 所示。

实心轴和空心轴横截面上最大切应力之比为

$$\frac{\tau_{max}}{\tau'_{max}} = \frac{102}{64.9} = 1.57$$

上述结果表明，横截面积相等的实心圆轴和空心圆轴，在其他条件相同的情形下，实心轴横截面上最大切应力要比空心轴的大。

5.3.4　圆轴扭转的强度计算

为了保证圆轴在扭转变形中不会因强度不足而发生破坏，应使圆轴横截面上的最大切应力不超过材料的许用切应力 $[\tau]$，即

$$\tau_{max} = \frac{T}{W_P} \leqslant [\tau] \tag{5-23}$$

式（5-23）称为圆轴扭转的强度条件。许用切应力 $[\tau]$ 可从有关手册中查找。

应用式（5-23）可以解决圆轴扭转时的三类强度问题，即强度校核、截面尺寸设计及确定许用荷载。

【例题 5-12】　钻机的空心圆截面钻杆的简图如图 5-41（a）所示。土对钻杆的摩擦力偶为均匀分布，钻机的功率 $P = 38\ \text{kW}$，转速 $n = 150\ \text{r/min}$，钻杆材料的许用切应力 $[\tau] = 32\ \text{MPa}$。试校核钻杆的强度。

【解】　（1）作扭矩图

作用在钻杆 A 截面上的外力偶矩为

$$M_e = 9\,549\,\frac{P}{n} = 9\,549 \times \frac{38}{150} = 2\,419.08\ \text{N} \cdot \text{m}$$

由此可作出钻杆的扭矩图，如图 5-41（b）所示。

（2）强度校核

钻杆的抗扭截面系数为

$$W_P = \frac{\pi D^3}{16}(1 - \alpha^4) = \frac{\pi \times 98^3}{16}\left[1 - \left(\frac{85}{98}\right)^4\right] = 8.02 \times 10^4\ \text{mm}^3$$

最大扭矩 $T_{max} = 2\,419.08\ \text{N} \cdot \text{m}$ 发生在钻杆的 AB 段，故 AB 段最大工作切应力为

$$\tau_{max} = \frac{T_{max}}{W_P} = \frac{2\,419.08 \times 10^3}{8.02 \times 10^4} = 30.16\ \text{MPa} < [\tau]$$

故钻杆的强度满足要求。

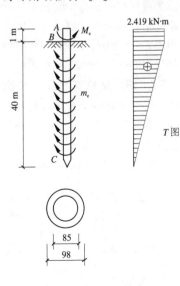

图 5-41

思考题

5-1 简述轴向拉（压）杆的受力特点和变形特点。判断图示杆件中，哪些属于轴向拉伸？哪些属于轴向压缩？各杆自重均不计。

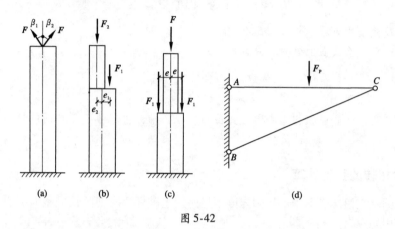

图 5-42

5-2 什么是轴力？简述用截面法求轴力的步骤。

5-3 什么是危险截面、危险点？对于等截面轴向拉（压）杆而言，轴力最大的截面一定是危险截面，这种说法对吗？

5-4 内力和应力有何区别？有何联系？

5-5 两根材料与横截面面积均相同，受力也相同的轴向拉（压）杆只是横截面形状不同，它们的轴力图是否相同？横截面上的应力是否相同？

5-6 低碳钢拉伸时的应力-应变图可分为哪四个阶段？简述每个阶段对应的特征应力极限值或出现的特殊现象，分析图示三种不同材料的应力-应变图，回答：哪种材料的强度高？哪种材料的刚度大？哪种材料的塑性好？

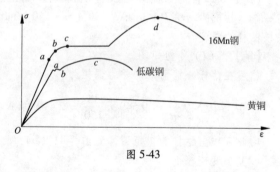

图 5-43

5-7 塑性材料与脆性材料的主要区别是什么？什么是延伸率？塑性材料、脆性材料的延伸率各自在何范围内？延伸率是不是衡量材料塑性大小的唯一指标？

5-8 试分析图 5-44 中圆形杆件是否发生扭转变形？

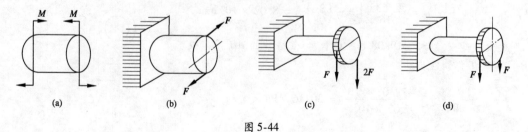

图 5-44

5-9　如图 5-45 所示，已知两圆轴上的外力偶矩及各段轴的长度相等。问：当两根轴的截面尺寸不同和当两根轴的材料不同时，其扭矩图是否相同？最大切应力是否相同？

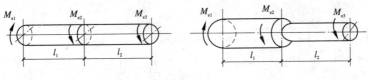

图 5-45

5-10　试指出图 5-46 所示各横截面上切应力分布图中的错误。图中 T 为横截面上的扭矩。

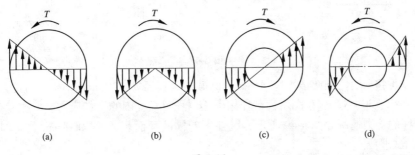

图 5-46

习题

5-1 求图 5-47 所示各杆指定截面上的轴力，并画出各杆的轴力图。

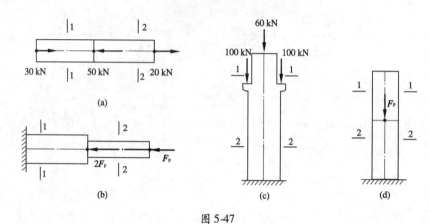

图 5-47

5-2 如图 5-48 所示三角支架中，AB 杆为圆截面，直径 $d = 25$ mm，BC 杆为正方形截面，边长 $a = 80$ mm，$F_P = 30$ kN，求在图示荷载作用下 AB 杆、BC 杆内的工作应力。

5-3 钢杆的受力情况如图 5-49 所示，已知杆的横截面面积 $A = 4\ 000$ mm^2，材料的弹性模量 $E = 200$ GPa，试求：

（1）杆件各段的应力。

（2）杆的总纵向变形。

5-4 拉伸试验时，低碳钢试件的直径 $d = 10$ mm，在标距 $l = 100$ mm 内的伸长量 $\Delta l = 0.06$ mm，材料的比例极限 $\sigma_P = 200$ MPa，弹性模量 $E = 200$ GPa。求试件内的应力，此时杆所受的拉力是多大？

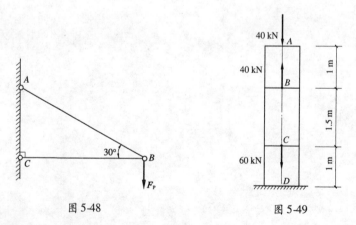

图 5-48   图 5-49

5-5 若用钢索起吊—钢筋混凝土管，起吊装置如图 5-50 所示，若钢筋混凝土管的重量 $F_W = 15$ kN，钢索直径 $d = 40$ mm，许用应力 $[\sigma] = 10$ MPa。试校核钢索的强度。

5-6 图 5-51 中木构架受集中荷载 $F_P = 15$ kN，斜杆 AB 采用正方形截面，木材的许用应力 $[\sigma] = 3$ MPa，试确定 AB 杆截面的边长。

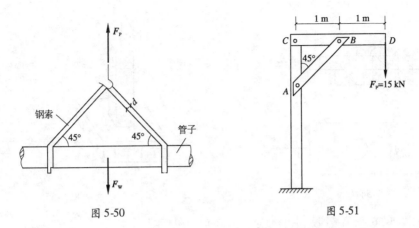

图 5-50　　　　　　　　　图 5-51

5-7　图 5-52 所示为某雨篷的计算简图，沿水平梁的均布荷载 $q = 10 \text{ kN/m}$，BC 杆为一拉杆，材料的许用应力 $[\sigma] = 160 \text{ MPa}$，若斜拉杆 BC 由两根等边角钢组成。试选择角钢的型号。

5-8　如图 5-53 所示三角形屋架，已知①杆的横截面面积 $A_1 = 1.2 \times 10^4 \text{ mm}^2$，许用应力 $[\sigma_1] = 7 \text{ MPa}$；②杆的横截面面积 $A_2 = 8 \times 10^2 \text{ mm}^2$，许用应力 $[\sigma_2] = 160 \text{ MPa}$，荷载 $F_P = 80 \text{ kN}$。试：

（1）试校核屋架的强度。

（2）求该屋架的许用荷载。

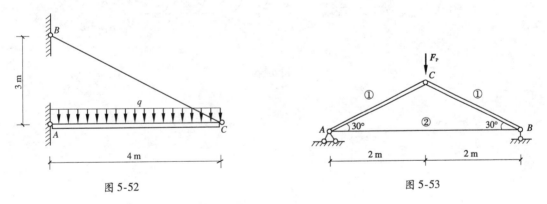

图 5-52　　　　　　　　　　　　图 5-53

5-9　现将两块厚度均为 $t = 10 \text{ mm}$ 的钢板，用三个铆钉连接，如图 5-54 所示。若拉力 $F = 60 \text{ kN}$，铆钉的直径 $d = 16 \text{ mm}$，材料的许用切应力 $[\tau] = 100 \text{ MPa}$，许用挤压应力 $[\sigma_c] = 280 \text{ MPa}$。试校核铆钉的强度。

5-10　正方形截面的混凝土柱，如图 5-55 所示，边长 $b = 200 \text{ mm}$，该柱放置在边长为 $a = 1 \text{ m}$ 的正方形混凝土基础板上，该柱在柱顶受到轴向压力 $F = 120 \text{ kN}$。假如地基对混凝土基础板的反力均匀分布，混凝土的许用切应力 $[\tau] = 1.5 \text{ MPa}$。求柱不将混凝土基础板穿透时，混凝土基础板的最小厚度 t 的值。

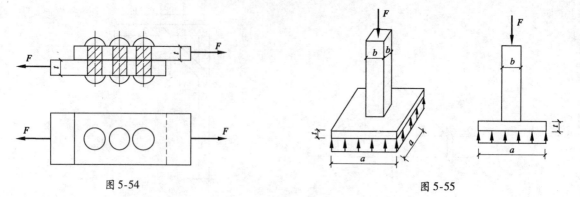

图 5-54

图 5-55

5-11 求图 5-56 所示各段轴上的扭矩，并作轴的扭矩图。

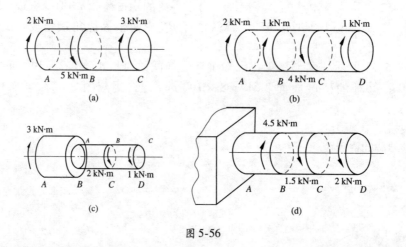

图 5-56

◎单元 **6**

杆件的基本变形(二)

单元概述：本单元介绍了平面弯曲的概念，弯曲的内力计算，内力图画法；弯曲的应力及强度计算；弯曲的变形及刚度计算。

学习目标：

1. 掌握平面弯曲、中性层、中性轴等基本概念，各种形状截面梁横截面上切应力的分布和计算，提高杆件弯曲强度的措施，梁的刚度条件及计算。

2. 熟练掌握弯曲内力计算，绘制剪力图和弯矩图，弯曲正应力和切应力强度计算。

3. 了解求梁变形的两种方法——积分法和叠加法，叠加原理的使用条件，提高弯曲刚度的措施。

教学建议：本单元教学方法以课堂讲述法为主；用教具或多媒体课件演示弯曲变形的过程；参观弯曲试验或用多媒体课件演示弯曲试验，用试验法辅助教学；参观实际工程，将例题与工程实例结合。

关键词：平面弯曲（plane bending）；剪力（shearing force）；弯矩（bending moment）；强度（strength）；刚度（stiffness）

6.1 弯曲内力

6.1.1 平面弯曲的概念及梁的类型

1. 弯曲和平面弯曲

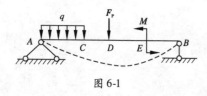

图 6-1

当杆件受到垂直于杆轴的外力作用或在纵向平面内作用外力偶时，杆的轴线由直线变成曲线（图 6-1），这种变形称为**弯曲**。凡是以弯曲为主要变形的杆件通常称为**梁**。

梁是工程中一种常用的杆件，尤其是在建筑工程中占有特别重要的地位。例如房屋建筑中常用于支承楼板的梁（图 6-2）、阳台的挑梁（图 6-3）、门窗过梁（图 6-4）、厂房中的吊车梁（图 6-5）、梁式桥的主梁（图 6-6）等。

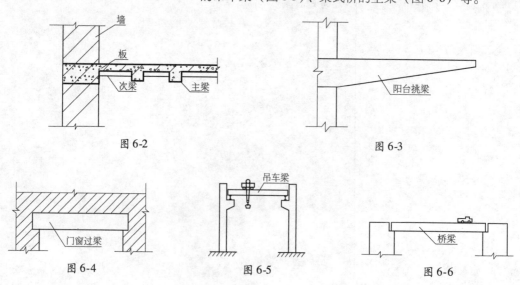

图 6-2

图 6-3

图 6-4

图 6-5

图 6-6

梁的横截面为矩形、工字形、T 形、十字形、槽形等（图 6-7）时，横截面都有对称轴，梁横截面的对称轴和梁的轴线所组成的平面通常称为**纵向对称平面**（图 6-8）。当作用于梁上的外力（包括主动力和约束反力）全部都在梁的同一纵向对称平面内时，梁变形后的轴线也在该平面内，我们把这种力的**作用平面**与梁的**变形平面**相重合的弯曲称为**平面弯曲**（plane bending）。图 6-8 中所示的梁就产生了平面弯曲。

图 6-7

2. 梁的类型

工程中通常根据梁的支座反力能否用静力平衡方程全部求出，将梁分为静定梁和超静定梁两类。凡是通过静力平衡方程就能够求出全部反力和内力的梁，统称为静定梁。而静定梁又根据其跨数分为单跨静定梁和多跨静定梁两类。本单元主要分析单跨静定梁，单跨静定梁分为以下三种形式。

（1）悬臂梁：一端为固定端支座，另一端为自由端的梁（图 6-9（a））。

（2）简支梁：一端为固定铰支座，另一端为可动铰支座的梁（图 6-9（b））。

（3）外伸梁：简支梁的一端或两端伸出支座的梁（图 6-9（c），（d））。

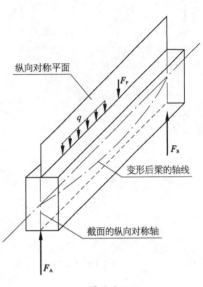

图 6-8

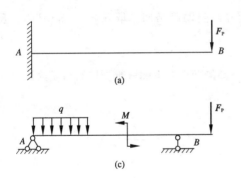
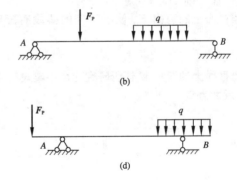

图 6-9

6.1.2　梁的内力——剪力和弯矩

梁在平面弯曲时横截面上存在什么内力？内力又如何计算？现以图 6-10（a）所示的简支梁为例来分析。现欲计算截面 1—1（距离 A 端为 x）上的内力。假想沿该截面将梁截开，由于整个梁处于平衡状态，所以从中取出的任意部分也应处于平衡状态。现取截面左段为研究对象（图 6-10（b））。由 $\sum F_y = 0$ 可知，1—1 截面必然存在与大小相等、方向相反的内力 F_Q，这个内力称为**剪力**（shearing force）；同时 F_{Ay} 和 F_Q 又构成了一个力偶，由 $\sum M = 0$ 可知，1—1 截面必然还存在一种与前述力偶等值反向的内力偶，把这个内力偶的力偶矩 M 称为**弯矩**（bending moment）。

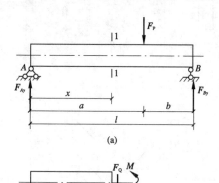

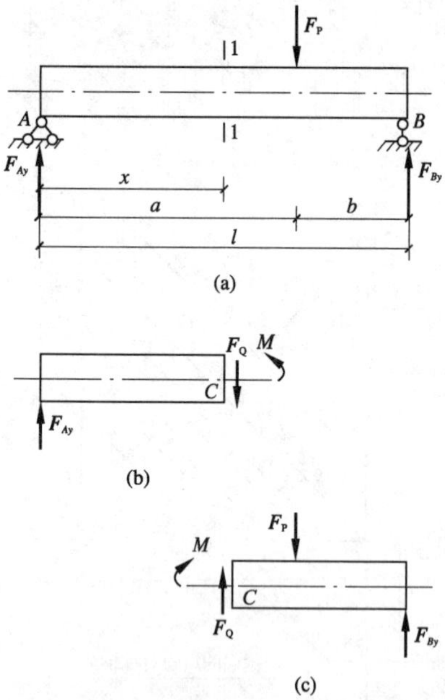

图 6-10

由此可见，梁在平面弯曲时横截面上存在两种内力：一是与截面相切的剪力 F_Q，常用单位是 N 或 kN；二是作用在纵向对称平面内的弯矩 M，常用单位是 N·m 或 kN·m。

截面 1—1 上的剪力和弯矩值可由研究对象的平衡条件求得，由

$$\sum F_y = 0, \quad -F_Q + F_{Ay} = 0$$

得

$$F_Q = F_{Ay}$$

将力矩方程的矩心选在截面 1—1 的形心 C 点处，由

$$\sum M_C = 0, \quad M - F_{Ay}x = 0$$

得

$$M = F_{Ay}x$$

1. 剪力和弯矩的正负号规定

由上述分析可知：分别取左、右梁段所求出的同一截面上的内力必然数值相等，方向（或转向）相反（作用与反作用），为了使根据两段梁的平衡条件求得的同一截面（如 1—1 截面）上的剪力和弯矩具有相同的正、负号，这里对剪力和弯矩的正负号作如下规定。

1）剪力的正负号规定

当截面上的剪力 F_Q 使所研究的梁段有顺时针方向转动趋势时，取正号（图 6-11），反之为负。

2）弯矩的正负号规定

当截面上的弯矩 M 使所研究的水平梁段产生向下凸的变形即下侧纤维受拉时弯矩为正（图 6-12），反之为负。

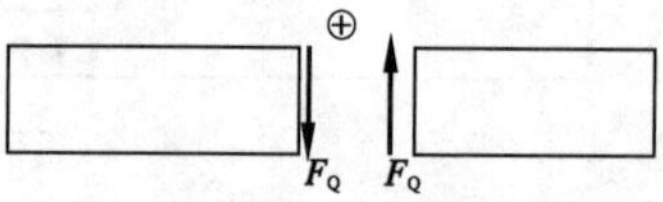

图 6-11
图 6-12 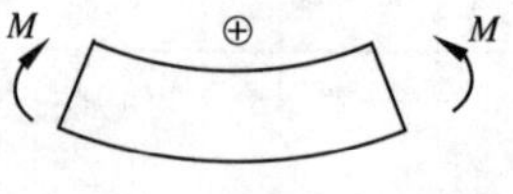

2. 用截面法求指定截面上的剪力和弯矩

用截面法求梁指定截面上的剪力和弯矩的求解步骤如下：

（1）求支座反力。

（2）用假想的截面（悬臂梁除外）在需求内力处将梁截开。

（3）取截面的任一侧（通常取外力少的一侧）为隔离体，画出其受力图（截面上的剪力和弯矩都先假设为正方向），列平衡方程求出剪力和弯矩。

【例题 6-1】 试用截面法求图 6-13（a）所示悬臂梁 1—1，2—2 截面上的剪力和弯矩。已知

$q = 15 \text{ kN/m}$，$F_P = 30 \text{ kN}$。图中截面1—1无限接近于截面A，但在A的右侧，通常称为A偏右截面。

【解】　图示梁为悬臂梁，可以不求支座反力。

（1）求1—1截面的剪力和弯矩

用假想的截面将梁从1—1位置截开，取1—1截面的右侧为隔离体，受力图如图6-13（b）所示。图中1—1截面上的剪力和弯矩都按照正方向假定。

由　　　　　　　　$\sum F_y = 0$，　$F_{Q1} - F_P - q \times 1 = 0$

得　　　　　　　　$F_{Q1} = F_P + q \times 1 = 30 + 15 \times 1 = 45 \text{ kN}$

计算结果为正，说明1—1截面上剪力的实际方向与图中假定的方向一致，即1—1截面上的剪力为正。

由　　　　　　　　$\sum M_1 = 0$，　$-M_1 - q \times 1 \times 2.5 - F_P \times 3 = 0$

得　$M_1 = -q \times 1 \times 2.5 - F_P \times 3 = -15 \times 1 \times 2.5 - 30 \times 3 = -127.5 \text{ kN} \cdot \text{m}$

计算结果为负，说明1—1截面上弯矩的实际方向与图中假定的方向相反，即1—1截面上的弯矩为负（上侧纤维受拉）。

（2）求2—2截面上的剪力和弯矩

用假想的截面将梁从2—2位置截开，取2—2截面的右侧为隔离体，受力图如图6-13（c）所示。列平衡方程：

由　　　　　$\sum F_y = 0$，　$F_{Q2} - F_P - q \times 1 = 0$

得　　　　　$F_{Q2} = F_P + q \times 1 = 30 + 15 \times 1 = 45 \text{ kN}$

由　　　　　$\sum M_2 = 0$，　$-M_2 - q \times 1 \times 0.5 - F_P \times 1 = 0$

得　$M_2 = -q \times 1 \times 0.5 - F_P \times 1$
$= -15 \times 1 \times 0.5 - 30 \times 1 = -37.5 \text{ kN} \cdot \text{m}$

【例题6-2】　用截面法求图6-14（a）所示外伸梁指定截面上的剪力和弯矩。已知 $F_P = 100 \text{ kN}$，$a = 1.5 \text{ m}$，$M = 75 \text{ kN} \cdot \text{m}$，图中截面1—1，2—2都无限接近于截面$A$，但1—1截面在$A$左侧、2—2截面在$A$右侧，习惯称1—1为$A$偏左截面，2—2为$A$偏右截面；同样3—3，4—4分别称为$D$偏左及偏右截面。

【解】　（1）求支座反力

由　　　$\sum M_B = 0$，　$-F_{Ay} \times 2a + F_P \times 3a - M = 0$

得　$F_{Ay} = \dfrac{F_P \times 3a - M}{2a} = \dfrac{100 \times 3 \times 1.5 - 75}{2 \times 1.5}$

　　　　$= 125 \text{ kN}(\uparrow)$

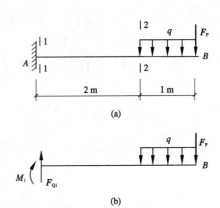

（a）

（b）

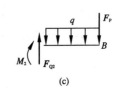

（c）

图6-13

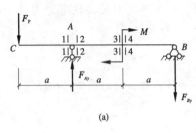

(a)

(b)

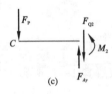

(c)

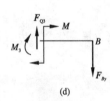

(d)

(e)

图 6-14

$$\sum F_y = 0, \quad -F_{By} - F_P + F_{Ay} = 0$$

$$F_{By} = -F_P + F_{Ay} = -100 + 125 = 25 \text{ kN}$$

（2）求 1—1 截面上的剪力和弯矩

取 1—1 截面的左侧梁段为隔离体，受力图如图 6-14（b）所示。

由 $\quad \sum F_y = 0, \quad -F_{Q1} - F_P = 0$

得 $\quad F_{Q1} = -F_P = -100 \text{ kN}（负剪力）$

由 $\quad \sum M_1 = 0, \quad M_1 + F_P \cdot a = 0$

得 $\quad M_1 = -F_P a = -100 \times 1.5 = -150 \text{ kN} \cdot \text{m}$

（3）求 2—2 截面上的剪力和弯矩

取 2—2 截面的左侧梁段为隔离体，受力图如图 6-14（c）所示。

由 $\quad \sum F_y = 0, \quad -F_{Q2} - F_P + F_{Ay} = 0$

得 $\quad F_{Q2} = -F_P + F_{Ay} = -100 + 125 = 25 \text{ kN}$

由 $\quad \sum M_2 = 0, \quad M_2 + F_P \cdot a = 0$

得 $\quad M_2 = -F_P a = -100 \times 1.5 = -150 \text{ kN} \cdot \text{m}$

（4）求 3—3 截面的剪力和弯矩

取 3—3 截面的右段为隔离体，受力图如图 6-14（d）所示。

由 $\quad \sum F_y = 0, \quad F_{Q3} - F_{By} = 0$

得 $\quad F_{Q3} = F_{By} = 25 \text{ kN}$

由 $\quad \sum M_3 = 0, \quad -M_3 - M - F_{By} \cdot a = 0$

得 $\quad M_3 = -M - F_{By} \times a = -75 - 25 \times 1.5 = -112.5 \text{ kN} \cdot \text{m}$

（5）求 4—4 截面的剪力和弯矩

取 4—4 截面的右段为隔离体，受力图如图 6-14（e）所示。

由 $\quad \sum F_y = 0, \quad F_{Q4} - F_{By} = 0$

得 $\quad F_{Q4} = F_{By} = 25 \text{ kN}$

由 $\quad \sum M_4 = 0, \quad -M_4 - F_{By} \cdot a = 0$

得 $\quad M_4 = -F_{By} \times a = -25 \times 1.5 = -37.5 \text{ kN} \cdot \text{m}$

对比 1—1 截面、2—2 截面上的内力会发现：在 A 偏左及偏右截面上的剪力不同，而弯矩相同，左、右两侧剪力相差的数值正好等于 A 截面处集中力的大小，我们称这种现象为剪力发生了突变。对比 3—3 截面、4—4 截面上的内力会发现：在 D 偏左及偏右截面上的剪力相同，而弯矩不同，左、右两侧弯矩相差的数值正好等于 D 截面处集中力偶的大小，我们称这种现象为弯矩发生了突变。

3. 直接用外力计算截面上的剪力和弯矩

通过上述例题，可以总结出直接根据外力计算梁内力的规律。

1）剪力的规律

横截面上的剪力 F_Q，在数值上等于该截面一侧（左侧或右侧）横向外力的代数和。若横向外力对所求截面产生顺时针方向转动趋势时将引起正剪力，反之则引起负剪力。 用公式可表示为

$$F_Q = \sum F_{外}^{左} \text{ 或 } F_Q = \sum F_{外}^{右}$$

2）弯矩的规律

横截面上的弯矩 M，在数值上等于该截面一侧（左侧或右侧）所有外力（包括力偶）对该截面形心力矩的代数和。若外力矩使所考虑的梁段产生下凸变形时（即上部受压，下部受拉），将引起正弯矩，反之则引起负弯矩。 用公式表示为

$$M = \sum M_C(F_{外}^{左}) \text{ 或 } M = \sum M_C(F_{外}^{右})$$

【例题 6-3】 直接用规律求图 6-15 所示简支梁指定截面上的剪力和弯矩。已知 $M = 8 \text{ kN·m}$，$q = 2 \text{ kN/m}$。

【解】 （1）求支座反力

$$F_{Ay} = 1 \text{ kN}(\downarrow), \quad F_{By} = 5 \text{ kN}(\uparrow)$$

（2）求 1—1 截面上的剪力和弯矩

取截面的左侧分析：

$$F_{Q1} = -F_{Ay} = -1 \text{ kN}$$

$$M_1 = 8 \text{ kN·m}$$

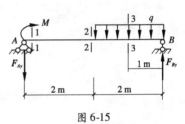

图 6-15

（3）求 2—2 截面上的剪力和弯矩

取截面的右侧分析：

$$F_{Q2} = q \times 2 - F_{By} = 2 \times 2 - 5 = -1 \text{ kN}$$

$$M_2 = -q \times 2 \times 1 + F_{By} \times 2 = -2 \times 2 \times 1 + 5 \times 2 = 6 \text{ kN·m}$$

（4）求 3—3 截面上的剪力和弯矩。

取截面的右侧分析：

$$F_{Q3} = q \times 1 - F_{By} = 2 \times 1 - 5 = -3 \text{ kN}$$

$$M_3 = -q \times 1 \times 0.5 + F_{By} \times 1 = -2 \times 1 \times 0.5 + 5 \times 1 = 4 \text{ kN·m}$$

请读者自己，在求计算 1—1 截面的剪力和弯矩时取该截面右侧计算，在求 2—2 截面、3—3

截面的剪力和弯矩时取该截面左侧计算。

6.1.3 梁的内力图

1. 剪力方程和弯矩方程

梁横截面上的剪力和弯矩一般是随横截面的位置而变化的。若横截面沿梁轴线的位置用横坐标 x 表示，则梁内各横截面上的剪力和弯矩就都可以表示为坐标 x 的函数，即

$$F_Q = F_Q(x) \text{ 和 } M = M(x)$$

分别称为梁的**剪力方程**和**弯矩方程**。

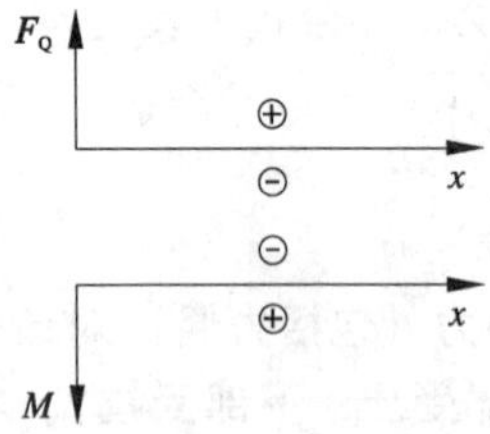

2. 剪力图和弯矩图

以横截面上的剪力或弯矩为纵坐标，以截面沿梁轴线的位置为横坐标，表示梁上剪力或弯矩随横截面位置的变化而变化的图形，分别称为梁的**剪力图**和**弯矩图**。绘图时将正剪力画在 x 轴的上方；正弯矩则画在梁的受拉侧，也就是画在 x 轴的下方。如图 6-16 所示。

下面根据剪力方程和弯矩方程分别绘出剪力图和弯矩图。

图 6-16

【例题 6-4】 作图 6-17（a）所示悬臂梁在集中力作用下的剪力图和弯矩图。

【解】 悬臂梁可以不求支座反力。

（1）列剪力方程和弯矩方程

将坐标原点假定在左端点 A 处，并取距 A 端为 x 的截面左侧研究。

剪力方程为

$$F_Q = -F_P \qquad (0 < x < l)$$

弯矩方程为

$$M = -F_P x \qquad (0 \leqslant x < l)$$

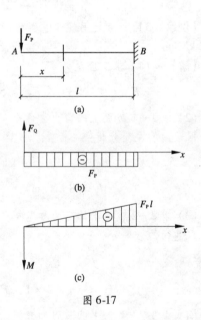

图 6-17

（2）作剪力图和弯矩图

剪力方程为 x 的常函数，所以不论 x 取何值，剪力恒等于 $-F_P$，剪力图为一条与 x 轴平行的直线，而且在 x 轴的下侧。剪力图如图 6-17（b）所示。

弯矩方程为 x 的一次函数，所以弯矩图为一条斜直线。由于不论 x 取何值，弯矩均为负值，所以弯矩图应作在 x 轴的上方。

当 $x = 0$ 时　　　　　　　　　　$M_A = 0$

当 $x = l$ 时　　　　　　　$M_B^L = -F_P l$（根据这两点定线）

弯矩图如图 6-17（c）所示。

在作出的剪力图上要标出控制截面的内力值、剪力的正负号，作出垂直于 x 轴的细直线；而弯矩图比较特殊，由于弯矩图总是作在梁受拉的一侧，因此可以不标正负号，其他要求同剪力图，另外坐标轴可以不画。

【例题 6-5】　作图 6-18（a）所示简支梁在集中力作用下的剪力图和弯矩图。

【解】　（1）求支座反力

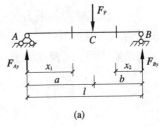

$$F_{Ay} = \frac{F_P b}{l}(\uparrow), F_{By} = \frac{F_P a}{l}(\uparrow)$$

（2）列剪力方程和弯矩方程

列方程时要将梁从 C 截面处分成两段。

AC 段：在 AC 段上距 A 端为 x_1 的任意截面处将梁截开，取左段研究，根据左段上的外力直接列方程

$$F_{Q1} = F_{Ay} = \frac{F_P b}{l} \qquad (0 < x_1 < a)$$

$$M_1 = F_{Ay} x_1 = \frac{F_P b}{l} x_1 \qquad (0 \leqslant x_1 \leqslant a)$$

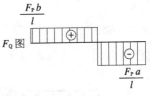

CB 段：在 CB 段上距 B 端为 x_2 的任意截面处将梁截开，取右段研究，根据右段上的外力直接列方程

$$F_{Q2} = -F_{By} = -\frac{F_P a}{l} \qquad (0 < x_2 < b)$$

$$M_2 = F_{By} x_2 = \frac{F_P a}{l} x_2 \qquad (0 \leqslant x_2 \leqslant b)$$

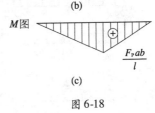

图 6-18

（3）作剪力图和弯矩图

根据方程的情况判断剪力图和弯矩图的形状，确定控制截面的内力值，作图。

剪力图：不论 AC 段还是 CB 段剪力方程均是 x 的常函数，所以 AC 段、CB 段的剪力图都是与 x 轴平行的直线，每段上只需要计算一个控制截面的剪力值。

AC 段：剪力值为 $\dfrac{F_P b}{l}$，图形在 x 轴的上方。

CB 段：剪力值为 $-\dfrac{F_P a}{l}$，图形在 x 轴的下方。

作出剪力图，如图 6-18（b）所示。

弯矩图：不论 AC 段的弯矩方程还是 CB 段的弯矩方程，均是 x 的一次函数，所以 AC 段、CB 段的弯矩图都是一条斜直线，每段上分别需要计算两个控制截面的弯矩值。

AC 段：当 $x_1 = 0$ 时，$M_A = 0$；当 $x_1 = a$ 时，$M_C = \dfrac{F_P ab}{l}$。

将 $M_A = 0$ 及 $M_C = \dfrac{F_P ab}{l}$ 两点连线即可以作出 AC 段的弯矩图。

CB 段：当 $x_2 = 0$ 时，$M_B = 0$；当 $x_2 = b$ 时，$M_C = \dfrac{F_\mathrm{P}ab}{l}$。

将 $M_B = 0$ 及 $M_C = \dfrac{F_\mathrm{P}ab}{l}$ 两点连线即可以作出 *CB* 段的弯矩图。

作出弯矩图如图 6-18（c）所示。

注意：作图时应将内力图与梁的计算简图对齐，并写出图名（F_Q 图、M 图）、控制截面内力值、标明内力的正负号。

由弯矩图可知：**简支梁上只有一个集中力作用时，在集中力作用处弯矩出现最大值。**如 [例题 6-5] 中，$M_{\max} = \dfrac{F_\mathrm{P}ab}{l}$，若集中力正好作用在梁的跨中，即 $a = b = \dfrac{l}{2}$ 时，弯矩的最大值为 $M_{\max} = \dfrac{F_\mathrm{P}l}{4}$。

这个结论在今后学习中经常用到，要特别注意。

【例题 6-6】 作图 6-19（a）所示简支梁在满跨向下均布荷载作用下的剪力图和弯矩图。

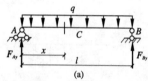
(a)

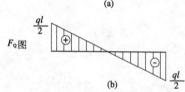
(b)

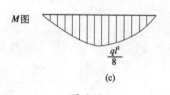
(c)

图 6-19

【解】（1）求支座反力

由对称关系可知： $F_{By} = F_{Ay} = \dfrac{ql}{2}(\uparrow)$

（2）列剪力方程和弯矩方程

在距左端点为 x 的位置取任意截面，并取截面左侧研究，则

$$F_Q(x) = F_{Ay} - qx = \frac{ql}{2} - qx \qquad (0 < x < l)$$

$$M(x) = F_{Ay}x - \frac{qx^2}{2} = \frac{ql}{2}x - \frac{qx^2}{2} \qquad (0 \leqslant x \leqslant l)$$

（3）作剪力图和弯矩图

由剪力方程可知，剪力为 x 的一次函数，剪力图为一条斜直线，需要确定两个控制截面的数值：

当 $x = 0$ 时，${F_{QA}}^R = \dfrac{ql}{2}$；当 $x = l$ 时，${F_{QB}}^L = -\dfrac{ql}{2}$

将 ${F_{QA}}^R = \dfrac{ql}{2}$ 与 ${F_{QB}}^L = -\dfrac{ql}{2}$ 连线得梁的剪力图，如图 6-19（b）所示。

由弯矩方程可知，弯矩为 x 的二次函数，弯矩图为二次抛物线，至少需要确定三个控制截面的数值：

当 $x = 0$ 时，$M_A = 0$；当 $x = l$ 时，$M_B = 0$；当 $x = \dfrac{l}{2}$ 时，$M_C = \dfrac{ql^2}{8}$。

将 $M_A = 0$ 与 $M_C = \dfrac{ql^2}{8}$，$M_B = 0$ 三点连线得梁的弯矩图，如图 6-19（c）所示。

【例题 6-7】　一简支梁如图 6-20（a）所示受集中力偶作用，试画出梁的剪力图和弯矩图。

【解】　（1）求支座反力

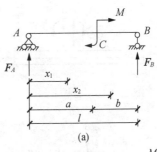

$$\sum M_A(F) = 0, \quad F_B = \frac{M}{l}(\uparrow)$$

$$\sum M_B(F) = 0, \quad F_A = -\frac{M}{l}(\downarrow)$$

（2）列剪力方程和弯矩方程

梁在 C 截面处有集中力偶 M 作用，应分两段列出剪力方程和弯矩方程。

AC 段：在 AC 段上距 A 端为 x_1 的任意截面处将梁截开，取左段

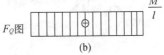

则　　　$F_Q(x_1) = F_A = -\dfrac{M}{l}$　$(0 < x_1 < a)$

　　　$M(x_1) = F_A x_1 = -\dfrac{M}{l}x_1$　$(0 \leqslant x_1 < a)$

CB 段：在 CB 段上距 A 端为 x_2 的任意截面处将梁截开，取左段

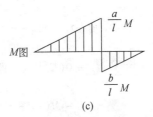

则　　　$F_Q(x_2) = F_A = -\dfrac{M}{l}$　$(a < x_2 < l)$

　　　$M(x_2) = F_A x_2 + M = \dfrac{M}{l}(l - x_2)$　$(a < x_2 \leqslant l)$

图 6-20

（3）画剪力图和弯矩图

由剪力方程可知：梁在 AC 段和 CB 段剪力都是常数，其值是$(-M/l)$，所以剪力图是一条在 x 轴下方且平行于 x 轴的直线，如图 6-20（b）所示。

由弯矩方程可知，梁在 AC 段和 CB 段内弯矩都是 x 的一次函数，故弯矩图是两条斜直线。

AC 段　　　　　　　　　　$x_1 = 0$ 时，　$M_A = 0$

　　　　　　　　　　　　$x_1 = a$ 时，　$M_C^{左} = -\dfrac{a}{l}M$

CB 段　　　　　　　　　　$x_2 = a$ 时，　$M_C^{右} = \dfrac{b}{l}M$

　　　　　　　　　　　　$x_2 = 0$ 时，　$M_B = 0$

连几个点的值，得到弯矩图，如图 6-20（c）所示。

6.1.4　弯矩、剪力和荷载集度之间的微分关系及其应用

1. $M(x)$，$F_Q(x)$，$q(x)$ 之间的微分关系

设图 6-21（a）所示梁上作用有任意分布荷载 $q(x)$，它是 x 的连续函数，并假设 $q(x)$ 以向上为正，将 x 的坐标原点取在梁的左端点，在分布荷载作用的梁段上取一长为 dx 的微段来研究（图 6-21（b））。

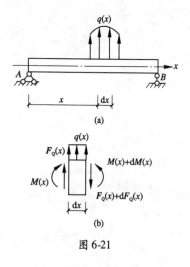

图 6-21

由于微段的长度 $\mathrm{d}x$ 很小，因此，在微段上作用的分布荷载 $q(x)$ 可以看成是均匀分布的。设左侧横截面上的剪力和弯矩分别为 $F_Q(x)$ 和 $M(x)$；右侧横截面上的剪力和弯矩分别为 $F_Q(x) + \mathrm{d}F_Q(x)$ 和 $M(x) + \mathrm{d}M(x)$，并设两个截面上的剪力和弯矩都是正值。因为微段处于平衡状态，所以由方程 $\sum F_y = 0$，得

$$F_Q(x) + q(x)\mathrm{d}x - [F_Q(x) + \mathrm{d}F_Q(x)] = 0$$

即

$$\frac{\mathrm{d}F_Q(x)}{\mathrm{d}x} = q(x)$$

上式说明：梁上任一横截面的剪力对 x 的一阶导数等于作用在梁上该截面处的分布荷载集度。这一微分关系的几何意义是：**剪力图上某点切线的斜率等于该点对应截面处的荷载集度。**

再由 $\sum M_C = 0$（C 点为微段右侧截面的形心），得

$$-M(x) - F_Q(x)\mathrm{d}x - q(x)\mathrm{d}x \cdot \frac{\mathrm{d}x}{2} + [M(x) + \mathrm{d}M(x)] = 0$$

略去高阶微量 $q(x) \cdot \dfrac{\mathrm{d}x^2}{2}$，整理后即为

$$\frac{\mathrm{d}M(x)}{\mathrm{d}x} = F_Q(x)$$

上式说明：梁上任一横截面的弯矩对 x 的一阶导数等于该截面上的剪力。这一微分关系的几何意义是：**弯矩图上某点切线的斜率等于该点对应横截面上的剪力。**可见，根据剪力的符号可以确定弯矩图的倾斜趋向。

再将 $\dfrac{\mathrm{d}M(x)}{\mathrm{d}x} = F_Q(x)$ 两边求导，得

$$\frac{\mathrm{d}^2 M(x)}{\mathrm{d}x^2} = q(x)$$

上式说明：梁上任一截面的弯矩对 x 的二阶导数等于该截面处的荷载集度。这一微分关系的几何意义是：**弯矩图上某点的曲率等于该点对应截面处的分布荷载集度。**可见，根据分布荷载的正负可以确定弯矩图的开口方向。

2. 用 $M(x)$，$F_Q(x)$，$q(x)$ 三者之间的微分关系说明内力图的特点和规律

1）在无均布荷载作用的区段

由于 $q(x) = 0$，即 $\dfrac{\mathrm{d}F_Q(x)}{\mathrm{d}x} = 0$，$F_Q(x)$ 是常数，所以剪力图是一条平行于 x 轴的直线。又因 $\dfrac{\mathrm{d}M(x)}{\mathrm{d}x} = F_Q(x) =$ 常数，所以，该段梁的弯矩图中各点切线的斜率为一常数，弯矩图为一条直线。

当 $F_Q(x)>0$ 时，弯矩图为一条从左向右的下斜直线（\）；

当 $F_Q(x)<0$ 时，弯矩图为一条从左向右的上斜直线（/）；

当 $F_Q(x)=0$ 时，弯矩图为一条平行于 x 轴的直线（—）。

2）在有均布荷载作用的区段

由于 $q(x)=$ 常数，即 $\dfrac{dF_Q(x)}{dx}=q(x)=$ 常数，所以剪力图上各点切线的斜率均相等，剪力图为

一条斜直线，又因 $\dfrac{d^2M(x)}{dx^2}=q(x)=$ 常数，所以弯矩图为二次抛物线；

$q(x)>0$ 时，即 $\dfrac{dF_Q(x)}{dx}>0$，$\dfrac{d^2M(x)}{dx^2}>0$，则剪力图为从左向右的上斜直线（/），弯矩图为开

口向下的二次抛物线（∩）；

$q(x)<0$ 时，即 $\dfrac{dF_Q(x)}{dx}<0$，$\dfrac{d^2M(x)}{dx^2}<0$，则剪力图

为从左向右的下斜直线（\），弯矩图为开口向上的二次抛物线（∪）。

3）弯矩的极值

由于 $F_Q(x)=0$，即 $\dfrac{dM(x)}{dx}=0$，所以弯矩图在剪

力等于零的截面上有极值。当剪力从正变负时，弯矩有极大值（图6-22（a））；当剪力从负变正时，弯矩有极小值（图6-22（b））。

现将有关弯矩、剪力与荷载间的关系及内力图的一些特点列于表6-1。

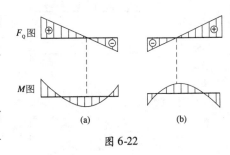

图 6-22

表6-1　　　　　　　梁上荷载和剪力图、弯矩图的关系

序号	梁段上荷载情况	剪力图形状或特征	弯矩图形状或特征	说明
1	无均布荷载（$q=0$）	—	∧	平行线，可为正、负、零
2	有均布荷载（$q\neq0$）	\ /	∪ ∩	抛物线的开口方向与均布荷载的指向相反
3	集中力作用处	出现突变	出现尖角	剪力突变的数值等于集中力的大小；弯矩图尖角的方向与集中力的指向相同
4	集中力偶作用处	无变化	出现突变	弯矩突变的数值等于集中力偶的力偶矩大小

3. 用简捷法绘制梁的剪力图和弯矩图

利用梁的剪力图、弯矩图与荷载之间的规律作梁的内力图，通常称为简捷法作剪力图、弯矩图。同时，我们还可以用这些规律来校核剪力图和弯矩图的正确性，避免作图时出现错误。

用简捷法作剪力图和弯矩图的步骤：

（1）求支座反力。悬臂梁可以不求反力。

对于悬臂梁由于其一端为自由端，所以可以不求支座反力。

（2）将梁分段。梁的端截面、集中力、集中力偶的作用截面、分布荷载的起止截面都是梁分段时的界限截面。

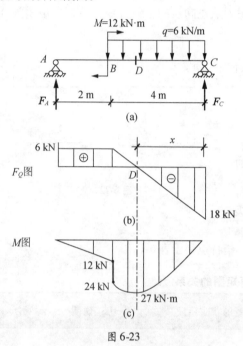

图 6-23

（3）由各梁段上的荷载情况，根据规律确定其对应的剪力图和弯矩图的形状。

（4）确定控制截面，求控制截面的剪力值、弯矩值，并作图。

【例题 6-8】 如图 6-23（a）所示，用简捷法作简支梁的剪力图和弯矩图。

【解】 （1）求简支梁的支座反力

$$\sum M_A = 0, F_C = 18\,kN(\uparrow)$$

$$\sum M_C = 0, F_A = 6\,kN(\uparrow)$$

（2）计算控制截面剪力，画剪力图。

AB 段无荷载，剪力图为水平线，其控制截面的剪力为

$$F_{Q_A} = F_A = 6\,kN$$

BC 段为均布荷载，剪力图为斜直线，其控制截面的剪力为

$$F_{Q_B} = F_A = 6\,kN \quad F_{Q_C} = -F_C = -18\,kN$$

画出剪力图，如图 6-23（b）所示。

（3）计算控制截面弯矩，画弯矩图。

AB 段无荷载，弯矩图为斜直线，其控制截面弯矩值为

$$M_A = 0, \quad M_B^{左} = F_A \times 2 = 12\,kN \cdot m$$

BC 段为均布荷载，由于 q 向下，弯矩图为下凸的二次抛物线，其控制截面弯矩值为

$$M_B^{右} = F_A \times 2 + m = 6 \times 2 + 12 = 24\,kN \cdot m, \quad M_C = 0$$

由剪力图可知，此段弯矩图中存在着极值，应求出该极值所在的截面位置和大小，设图 6-23（b）所示 x，则有

$$\frac{x}{4-x} = \frac{18}{6}, \quad x = 3\,m$$

则极值弯矩为

$$M_{max} = F_C x - \frac{1}{2} q x^2 = 18 \times 3 - \frac{1}{2} \times 6 \times 3^2 = 27\,kN \cdot m$$

根据以上分析，画出弯矩图，如图 6-23（c）所示。

6.2　弯曲应力

在实际工程中为了对梁进行强度计算，只知道梁的内力是不够的，还必须知道梁横截面上的应力情况。

6.2.1　梁的正应力及正应力强度计算

1. 纯弯曲时梁横截面上的正应力

如图 6-24（a）所示为一产生平面弯曲的矩形截面简支梁，图 6-24（b），（c）分别为该梁对应的剪力图和弯矩图。从梁的内力图可知，在梁的 *CD* 段，各横截面上只有弯矩而没有剪力，这种情况称为**纯弯曲**。在梁的 *AC* 段、*BD* 段，各横截面上既有剪力又有弯矩，称为**横力弯曲**。下面以矩形截面梁为例研究纯弯曲时梁横截面上的正应力。

为了观察变形，先在梁的表面画上一系列与梁轴线平行的纵向线和与梁轴线相垂直的横向线，纵向线代表梁的纵向纤维，横向线代表各横截面（图 6-25（a））。然后在梁的两端各施加一个力偶矩为 *M* 的外力偶，使梁产生纯弯曲（图 6-25（b））。经观察，有如下现象：

（1）原来为直线的纵向线弯成了曲线，靠近底部的纵向线伸长了，靠近顶部的纵向线缩短了。

（2）原来为直线的横向线仍为直线，只是相互倾斜了一个角度，并且仍垂直于弯曲后的梁轴线。

（3）矩形截面的上部变宽了，下部变窄了。

根据所观察到的现象，进行由表及里的分析，可以作出如下的假设和推断：

（1）平面假设。产生纯弯曲的梁，变形之前为平面的横截面，变形之后仍为平面，并且仍垂直于弯曲后的梁轴线。

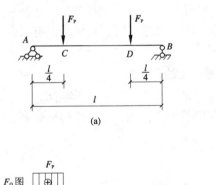

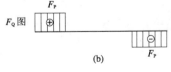

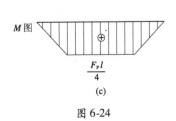

图 6-24

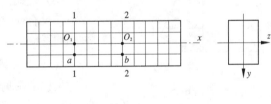

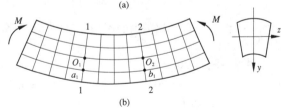

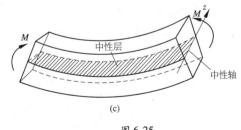

图 6-25

（2）单向受力假设。将梁看成由无数根纵向纤维组成，各纤维只产生轴向拉伸或压缩变形，而互相之间没有挤压。

从上部各层纤维缩短到下部各层纤维伸长的连续变化中，必有一层纤维既不缩短也不伸长，这层纤维称为**中性层**。中性层与横截面的交线称为**中性轴**（图 6-25（c））。中性轴将梁的横截面分为受拉区和受压区。根据平面假设可知，纵向纤维的伸长和缩短是横截面绕中性轴转动的结果。而且，距离中性轴越远，纵向纤维的伸长或缩短越大。

根据理论推导，可以得出梁横截面上正应力的计算公式为

$$\sigma = \frac{My}{I_z} \tag{6-1}$$

式中　M—— 横截面上的弯矩；

　　　y—— 所计算应力点到中性轴的距离；

　　　I_z—— 截面对中性轴的惯性矩。

由式（6-1）可知：梁横截面上任一点的正应力 σ 与该点到中性轴距离 y 成正比，即沿截面高度成线性分布。中性轴上各点的正应力为零，距中性轴最远的上、下边缘上各点处正应力最大，其他点的正应力介于零和最大值之间，如图 6-26 所示。

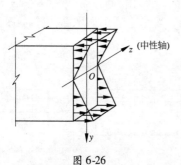

图 6-26

正应力公式的使用条件：

（1）梁产生纯弯曲。

（2）正应力不超过材料的比例极限。

（3）公式（6-1）是由矩形截面梁推导出的，但是在推导过程中并没有涉及矩形截面的几何性质，所以对横截面有纵向对称轴的其他形状截面梁都适用。

2. 横力弯曲时梁横截面上的正应力

工程中常见的弯曲问题是横力弯曲。但是由弹性力学的精确分析证明，工程中常见的横力弯曲梁，当跨度与横截面高度之比 $\frac{l}{h} > 5$ 时，可以忽略剪力的影响，采用公式（6-1）计算梁的正应力。

【**例题 6-9**】　已知图 6-27（a）所示简支梁的跨度 $l = 3$ m，其横截面为矩形，截面宽度 $b = 120$ mm，截面高度 $h = 200$ mm，受均布荷载 $q = 3.5$ kN/m 作用，试完成：

（1）求距左端为 1 m 的 C 截面上 a，b，c 三点的正应力。

（2）求梁的最大正应力值，并说明最大正应力发生在何处。

（3）作出 C 截面上正应力沿截面高度的分布图。

【**解**】　（1）计算 C 截面上 a，b，c 三点的正应力

支座反力

$$F_{By} = 5.25 \text{ kN}(\uparrow), \quad F_{Ay} = 5.25 \text{ kN}(\uparrow)$$

$$M_{max} \doteq \frac{ql^2}{8} = \frac{3.5 \times 3^2}{8} = 3.94 \text{ kN} \cdot \text{m}$$

C 截面的弯矩为

$$M_C = 5.25 \times 1 - 3.5 \times 1 \times 0.5 = 3.5 \, kN \cdot m$$

矩形截面对中性轴 z 的惯性矩：

$$I_z = \frac{bh^3}{12} = \frac{120 \times 200^3}{12} = 8 \times 10^7 \, mm^4$$

$$\sigma_a = \frac{M_C \cdot y_a}{I_z} = \frac{3.5 \times 10^6 \times 100}{8 \times 10^7} = 4.38 \, MPa(拉应力)$$

$$\sigma_b = \frac{M_C \cdot y_b}{I_z} = \frac{3.5 \times 10^6 \times 50}{8 \times 10^7} = 2.19 \, MPa(拉应力)$$

$$\sigma_c = \frac{M_C \cdot y_c}{I_z} = -\frac{3.5 \times 10^6 \times 100}{8 \times 10^7} = -4.38 \, MPa(压应力)$$

（2）求梁的最大正应力值及最大正应力发生的位置

该梁为等截面梁，所以最大正应力发生在最大弯矩截面的上、下边缘处，其值为

$$\sigma_{max} = \frac{M_{max} y_{max}}{I_z} = \frac{3.94 \times 10^6 \times 100}{8 \times 10^7} = 4.93 \, MPa$$

由于最大弯矩为正值，所以该梁在最大弯矩截面的上边缘处产生了最大压应力，下边缘处产生了最大拉应力。

（3）作 C 截面上正应力沿截面高度的分布图

正应力沿截面高度按直线规律分布，如图6-27（c）所示。

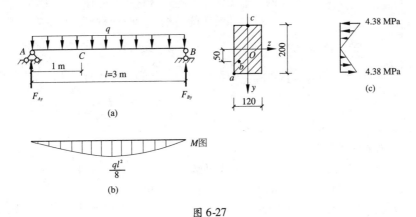

图 6-27

3. 梁的正应力强度计算

1）梁的最大正应力

在整根梁范围内，能产生最大应力的截面称为危险截面，产生最大应力的点称为危险点。

对于中性轴是截面对称轴的等直梁，弯矩绝对值最大的截面就是危险截面，在该截面上，梁的最大拉、压应力数值相等。

$$\sigma_{tmax} = \sigma_{cmax} = \frac{|M|_{max} y_{max}}{I_z} \tag{6-2a}$$

令 $W_z = \dfrac{I_z}{y_{max}}$，则

$$\sigma_{max} = \frac{|M|_{max}}{W_z} \tag{6-2b}$$

式中，W_z 称为**抗弯截面系数**，与截面的形状和尺寸有关，常用单位是 m^3 或 mm^3。

工程中常用简单截面的 W_z 及 I_z 如下。

① 矩形 $\qquad\qquad I_z = \dfrac{bh^3}{12}, \quad W_z = \dfrac{bh^2}{6}$

② 实心圆 $\qquad\quad I_z = \dfrac{\pi D^4}{64}, \quad W_z = \dfrac{\pi D^3}{32}$

③ 空心圆 $\qquad I_z = \dfrac{\pi(D^4-d^4)}{64}, \quad W_z = \dfrac{\pi D^3(1-\alpha^4)}{32}, \qquad \alpha = \dfrac{d}{D}$

对于各种型钢截面的惯性矩和抗弯截面系数可从本书附录 A 型钢表中查出。

对于中性轴不是截面对称轴的梁，例如采用图 6-28 所示 T 形截面的等直梁，最大正弯矩截面、最大负弯矩截面都可能是危险截面。全梁范围内的最大拉应力和最大压应力有可能不在同一截面上。

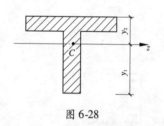

图 6-28

2）梁的正应力强度条件

为了保证梁能正常工作，满足强度要求，必须使梁在荷载作用下产生的最大正应力不超过材料的弯曲许用应力 $[\sigma]$。

对于抗拉和抗压能力相同的塑性材料，其正应力强度条件为

$$\sigma_{max} \leqslant [\sigma] \tag{6-3a}$$

对于抗拉和抗压能力不同的脆性材料，其正应力强度条件为

$$\begin{cases} \sigma_{tmax} \leqslant [\sigma_t] \\ \sigma_{cmax} \leqslant [\sigma_c] \end{cases} \tag{6-3b}$$

3）梁的正应力强度条件在工程中的应用

在实际工程中，根据梁的正应力强度条件可解决有关强度方面的三类问题：正应力强度校核；设计截面；确定许用荷载。

【例题 6-10】 工字形截面钢梁受荷载作用如图 6-29（a）所示，已知荷载 $F_P = 75$ kN，钢材的许用弯曲应力 $[\sigma] = 152$ MPa，试按正应力强度条件选择工字钢的型号。

【解】 此问题属于强度计算中的设计截面。

（1）求满足强度要求时梁的抗弯截面系数

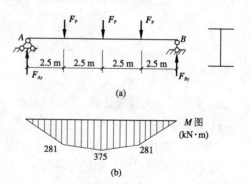

图 6-29

作出梁的弯矩图，如图 6-29（b）所示，图中 $M_{max} = 375 \text{ kN} \cdot \text{m}$，梁的抗弯截面系数为

$$W_z \geqslant \frac{M_{max}}{[\sigma]} = \frac{375 \times 10^6}{152} = 2.47 \times 10^6 \text{ mm}^3 = 2.47 \times 10^3 \text{ cm}^3$$

（2）确定截面的尺寸

实际梁的抗弯截面系数应大于或等于满足强度要求时梁的抗弯截面系数。由附录 A 型钢表，查得 56c 号工字钢的 $W_z = 2.55 \times 10^3 \text{ cm}^3 > 2.47 \times 10^3 \text{ cm}^3$，所以该梁可以选择 56c 号工字钢。

【例题 6-11】　　如图 6-30 所示圆形截面简支木梁受满跨均布荷载作用，跨度 $l = 4 \text{ m}$，截面直径 $D = 160 \text{ mm}$，许用弯曲应力 $[\sigma] = 10 \text{ MPa}$，试按正应力强度计算梁上许用的均布荷载值。

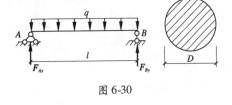

图 6-30

【解】　　本问题属于正应力强度计算中的许用荷载确定。

（1）求梁满足强度条件时所能承受的最大弯矩

圆形截面的抗弯截面系数为

$$W_z = \frac{\pi D^3}{32} = \frac{3.14 \times 160^3}{32} = 4.02 \times 10^5 \text{ mm}^3$$

根据强度条件 $\sigma_{max} = \frac{M_{max}}{W_z} \leqslant [\sigma]$，得：

$$M_{max} \leqslant W_z \cdot [\sigma] = 4.02 \times 10^5 \times 10 = 4.02 \times 10^6 \text{ N} \cdot \text{mm} = 4.02 \text{ kN} \cdot \text{m}$$

（2）根据梁上的实际荷载确定最大弯矩与荷载之间的关系

此梁的最大弯矩为

$$M_{max} = \frac{ql^2}{8} = 2q$$

式中，荷载 q 的单位为 kN/m。

（3）确定梁所能承受的许用荷载值

梁在实际荷载作用下产生的最大弯矩不能超过满足强度条件时所能承受的最大弯矩。即

$$M_{max} = 2q \leqslant 4.02 \text{ kN} \cdot \text{m}$$
$$q \leqslant 2.01 \text{ kN/m}$$

梁所能承受的许用荷载值 $[q] = 2.01 \text{ kN/m}$。

【例题 6-12】　　T 形截面外伸梁如图 6-31（a）所示，已知：荷载 $F_{P1} = 40 \text{ kN}$，$F_{P2} = 15 \text{ kN}$，材料的弯曲许用应力分别为 $[\sigma_t] = 45 \text{ MPa}$，$[\sigma_c] = 175 \text{ MPa}$，截面对中性轴的惯性矩 $I_z = 5.73 \times 10^{-6} \text{ m}^4$，下边缘到中性轴的距离 $y_1 = 72 \text{ mm}$，上边缘到中性轴的距离 $y_2 = 38 \text{ mm}$，其他尺寸如图 6-31 所示。试校核该梁的强度。

【解】　　此问题属于正应力强度计算中的强度校核。

（1）求梁在图示荷载作用下的最大弯矩

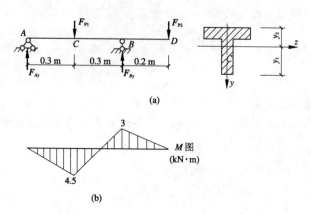

图 6-31

作出梁的弯矩图，如图 6-31（b）所示。从图可知：B 截面上弯矩取得最大负值，$M_B = M_{max}^- = 3\ kN \cdot m$；$C$ 截面上弯矩取得最大正值，$M_C = M_{max}^+ = 4.5\ kN \cdot m$。

（2）校核梁的正应力强度

因为该梁的截面为上、下边缘对中性轴不对称，所以对该梁进行校核时应当同时校核最大正弯矩截面和最大负弯矩截面。

① 最大负弯矩截面（B 截面）强度校核。B 截面上边缘产生最大拉应力，下边缘产生最大压应力：

$$\sigma_{tmax} = \frac{M_B \cdot y_2}{I_z} = \frac{3 \times 10^6 \times 38}{5.73 \times 10^{-6} \times 10^{12}} = 19.9\ MPa < [\sigma_t]$$

$$\sigma_{cmax} = \frac{M_B \cdot y_1}{I_z} = \frac{3 \times 10^6 \times 72}{5.73 \times 10^{-6} \times 10^{12}} = 37.7\ MPa < [\sigma_c]$$

B 截面满足正应力强度条件。

② 最大正弯矩截面（C 截面）强度校核。C 截面上边缘产生最大压应力，下边缘产生最大拉应力：

$$\sigma_{cmax} = \frac{M_C \cdot y_2}{I_z} = \frac{4.5 \times 10^6 \times 38}{5.73 \times 10^{-6} \times 10^{12}} = 29.8\ MPa < [\sigma_c]$$

$$\sigma_{tmax} = \frac{M_C \cdot y_1}{I_z} = \frac{4.5 \times 10^6 \times 72}{5.73 \times 10^{-6} \times 10^{12}} = 56.5\ MPa > [\sigma_t]$$

C 截面不满足正应力强度条件，所以该梁的正应力强度不满足要求。

6.2.2　梁的切应力及切应力强度计算

1. 梁横截面上的切应力

梁产生横力弯曲时，其横截面上除了有正应力外，还有切应力。一般情况下，切应力只是影响梁强度的次要应力，本书只简单介绍几种常见截面形状的等直梁横截面上切应力的计算公式，而不详细介绍切应力公式的导出过程。

1）矩形截面梁

$$\tau = \frac{F_Q S_z^*}{I_z b} \tag{6-4a}$$

式中　F_Q——需求切应力处横截面上的剪力；

　　　I_z——横截面对中性轴的惯性矩；

　　　S_z^*——横截面上需求切应力处平行于中性轴的线以上（或以下）部分的面积 A^* 对中性轴的静矩；

　　　b——横截面在待求切应力处的宽度。

切应力沿截面高度呈抛物线型分布，如图6-32所示。最大切应力在中性轴处为平均切应力的1.5倍。

$$\tau_{max} = 1.5 \frac{F_Q}{bh} \tag{6-4b}$$

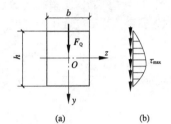

图6-32

【例题6-13】　一矩形截面简支梁受荷载作用，如图6-33（a）所示，截面宽度 $b = 100$ mm，高度 $h = 200$ mm，$q = 4$ kN/m，$F_P = 40$ kN，d 点到中性轴的距离为50 mm。

（1）求 C 偏左截面上 a，b，c，d 四点的切应力。

（2）该梁的最大切应力发生在何处，数值等于多少？

【解】　（1）求 C 偏左截面上各点的切应力

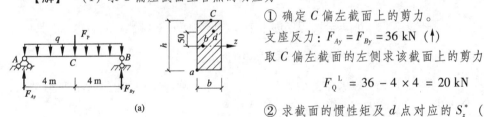

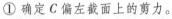

① 确定 C 偏左截面上的剪力。

支座反力：$F_{Ay} = F_{By} = 36$ kN（↑）

取 C 偏左截面的左侧求该截面上的剪力

$$F_Q^L = 36 - 4 \times 4 = 20 \text{ kN}$$

② 求截面的惯性矩及 d 点对应的 S_z^*（a 点、c 点分别在截面的下、上边缘上，b 点在中性轴上，它们对应的 S_z^* 可以不计算）。

截面对中性轴的惯性矩：$I_z = \frac{1}{12}bh^3 = \frac{1}{12} \times 100 \times 200^3$

$$= 66.7 \times 10^6 \text{ mm}^4$$

d 点对应的 S_z^*：　$S_z^* = 50 \times 100 \times 75 = 3.75 \times 10^5 \text{ mm}^3$

③ 求各点的切应力。

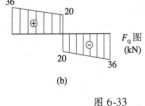

图6-33

a 点及 c 点分别在截面的下、上边缘上，距中性轴距离最远，$\tau_a = \tau_c = 0$。

b 点在中性轴上，该点的切应力最大，用公式（6-4b）计算：

$$\tau_b = 1.5 \frac{F_{QC}^L}{bh} = 1.5 \times \frac{20 \times 10^3}{100 \times 200} = 1.5 \text{ MPa}$$

d 点为截面上的任意点用公式（6-4a）计算：

$$\tau_d = \frac{F_{QC}^L \cdot S_z^*}{I_z \cdot b} = \frac{20 \times 10^3 \times 3.75 \times 10^5}{66.7 \times 10^6 \times 100} = 1.12 \text{ MPa}$$

（2）求该梁的最大切应力

作出梁的剪力图，如图 6-33(b) 所示，从图中可知：梁的最大剪力发生在 A 偏右及 B 偏左截面，其数值 $F_{Qmax} = 36$ kN。该梁的最大切应力一定发生在最大剪力作用截面的中性轴上。

$$\tau_{max} = 1.5 \frac{F_{Qmax}}{bh} = 1.5 \times \frac{36 \times 10^3}{100 \times 200} = 2.7 \text{ MPa}$$

2）工字形截面梁

工字形截面由腹板和翼缘组成。中间的矩形部分称为腹板，其高度远大于宽度，上下两矩形称为翼缘，其高度远小于宽度（图 6-34 （a））。

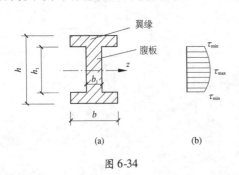

图 6-34

腹板上任一点的切应力计算公式为

$$\tau = \frac{F_Q S_z^*}{I_z b_1} \tag{6-5a}$$

式中，b_1 为腹板宽度。

腹板部分的切应力沿腹板高度也按二次抛物线规律分布（图 6-5 （b）），在中性轴上切应力取得最大值，其值为

$$\tau_{max} = \frac{F_Q S_{z,max}^*}{I_z b_1} \tag{6-5b}$$

式中，$S_{z,max}^*$ 为中性轴以上（或以下）部分面积（即半个工字形截面）对中性轴的静矩；在具体计算时，对于工字形型钢，$\dfrac{I_z}{S_{z,max}^*}$ 可以直接从附录 A 型钢表中查出。

计算表明：工字形截面上 95% ~ 97% 的剪力分布在腹板上，翼缘上的切应力情况比较复杂，而且其上切应力比腹板上的切应力小得多，一般不予以考虑。

3）圆形及薄壁圆环形截面梁的最大切应力

经理论研究表明：圆形及薄壁圆环形截面梁横截面上的切应力情况较复杂，但是最大切应力仍然发生在中性轴上，并在中性轴上沿截面宽度均匀分布，方向与截面上的剪力同向平行（图 6-35）。

它们的计算公式分别为

圆形截面梁： $\qquad \tau_{max} = \dfrac{4}{3} \dfrac{F_Q}{A} \qquad (6-6)$

薄壁圆环形截面梁： $\quad \tau_{max} = 2 \dfrac{F_Q}{A} \qquad (6-7)$

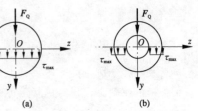

图 6-35

式中 A——圆形或薄壁圆环形截面的面积；

$\quad F_Q$——圆形或薄壁圆环形截面梁横截面上的剪力。

综上分析可知：对于等截面梁而言，矩形、工字形、圆形、圆环形截面梁的最大切应力全都产生在最大剪力作用截面的中性轴上。其他截面形状的梁切应力情况请读者参阅有关书籍，本书不予讨论。

2. 切应力强度计算

1）切应力强度条件

为了梁不发生切应力强度破坏，应使梁在弯曲时所产生的最大切应力不超过材料的许用切应力。梁的切应力强度条件表达式为

$$\tau_{\max} \leqslant [\tau] \tag{6-8}$$

2）梁的切应力强度条件在工程中的应用

与梁的正应力强度条件在工程中的应用相似，切应力强度条件在工程中同样能解决强度方面的三类问题，即进行切应力强度校核、设计截面、计算许用荷载。

在一般情况下，梁的强度大多数由正应力控制，并不需要再按切应力进行强度校核。但是，在以下几种情况下，需校核梁的切应力强度。

（1）梁的最大剪力很大，而最大弯矩较小时。如梁的跨度较小而荷载很大，或在支座附近有较大的集中力作用等情况。

（2）梁为组合截面钢梁时。如工字形截面，当其腹板的宽度与梁的高度之比小于型钢截面的相应比值时应进行切应力强度校核。

（3）梁为木梁时。木材在两个方向上的性质差别很大，顺纹方向的抗剪能力较差，横力弯曲时可能使木梁沿中性层剪坏，所以需对木梁做切应力强度校核。

【例题 6-14】　图 6-36（a）所示矩形截面木梁，已知 $F_P = 4$ kN，$l = 2$ m，弯曲许用正应力 $[\sigma] = 10$ MPa，弯曲许用切应力 $[\tau] = 1.2$ MPa，截面的宽度与高度之比为 $\dfrac{b}{h} = \dfrac{2}{3}$，试选择梁的截面尺寸。

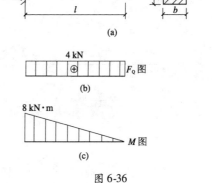

图 6-36

【解】　该梁为木梁，所以计算时应按正应力、切应力强度设计截面。

（1）按正应力强度求截面尺寸 b 和 h

作梁的弯矩图，如图 6-36（c）所示。$|M_{\max}| = 8$ kN·m。

由梁的正应力强度条件 $\sigma_{\max} = \dfrac{M_{\max}}{W_z} \leqslant [\sigma]$ 得

$$W_z \geqslant \frac{M_{\max}}{[\sigma]} = \frac{8 \times 10^6}{10} = 8 \times 10^5 \text{ mm}^3$$

矩形截面的抗弯截面系数 $W_z = \dfrac{1}{6}bh^2$，将 $b = \dfrac{2}{3}h$ 代入得

$$W_z = \frac{1}{6} \cdot \frac{2}{3}h \cdot h^2 = \frac{h^3}{9}$$

因此

$$\frac{h^3}{9} \geqslant 8 \times 10^5$$

$$h \geqslant \sqrt[3]{8 \times 10^5 \times 9} = 193.1 \text{ mm}$$

$$b = \frac{2}{3}h = \frac{2}{3} \times 193.1 = 128.7 \text{ mm}$$

考虑到既施工方便,又经济节约,取 $b = 130 \text{ mm}$, $h = 200 \text{ mm}$。

(2)按切应力强度条件对截面进行校核

作梁的剪力图,如图 6-36(b)所示。从图中可知 $F_{Q,max} = 4 \text{ kN}$,得

$$\tau_{max} = 1.5 \frac{F_{Qmax}}{bh} = 1.5 \times \frac{4 \times 10^3}{130 \times 200} = 0.23 \text{ MPa} \leqslant [\tau]$$

满足切应力强度要求。

所以,矩形截面尺寸选为 $b = 130 \text{ mm}$, $h = 200 \text{ mm}$。

6.2.3 提高梁弯曲强度的措施

由梁的正应力强度条件 $\sigma_{max} = \dfrac{M_{max}}{W_z} \leqslant [\sigma]$ 可知:降低梁在荷载作用下的最大弯矩或提高梁的抗弯截面系数都能降低梁的最大正应力,从而提高梁的弯曲强度。

1. 降低梁在荷载作用下的最大弯矩

(1)合理设置梁支座的位置,使梁的最大弯矩绝对值减小,达到提高梁的强度目的。如图 6-37(a),(b)所示。

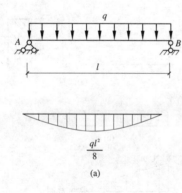

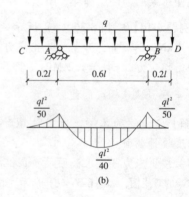

图 6-37

(2)合理布置梁上荷载,以降低梁的最大弯矩,从而提高梁的承载力。如图 6-38 所示。

可见,在可能的条件下,工程中要尽量使荷载分散布置,另外要考虑选用轻质材料,减轻梁的自重,以降低梁的最大弯矩。

2. 合理选择截面

1)根据抗弯截面系数选择合理截面

从抗弯截面系数的角度考虑,合理的截面形状应该是在横截面面积 A 相等的条件下,比值 W_z/A 尽量大些。

首先通过对矩形、圆形、工字形、正方形截面进行理论计算发现,在横截面的面积 A 相等的情况下, W_z/A 从大到小的截面依次是工字形、矩形、正方形、圆形;其次,通过对具有相同截面

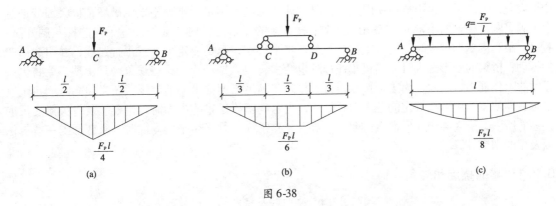

图 6-38

面积的实心及空心截面进行理论分析发现，不论截面的几何形状是哪种类型，空心截面的 W_z/A 总是大于实心截面的 W_z/A。可见在选择截面时，应尽量选材料远离中性轴的截面。

需要注意的是：上面只是单纯从强度观点出发分析了截面的选择规律，事实上，在实际工程中，选择截面时，除了考虑强度条件外，还要同时考虑稳定性、施工方便和使用合理等诸多因素后才能正确选择梁的截面形状。这就是大家所看到的在实际工程中仍然大量使用实心矩形截面梁而不常使用空心截面梁的原因。

2）根据材料的性质选择合理截面

从正应力强度条件可知：对于抗拉、抗压强度相等的塑性材料，最好选择上、下边缘对中性轴对称的截面；对于抗拉、抗压强度不相等的脆性材料，最好选择上、下边缘对中性轴不对称的截面。

3）采用变截面梁

根据梁的强度条件设计梁的截面时，是依据全梁范围内的最大弯矩来确定等截面梁的横截面尺寸。但对于梁上的其他截面，弯矩值一般比危险截面上的弯矩值小，所需的截面尺寸也比较小。可见，从强度观点来看，等截面梁并不是很理想的梁，这种梁没有充分发挥材料的潜能，不太经济。为了充分利用材料，理想的梁应该是在弯矩大的部位采用大截面，而在弯矩小的部分采用小截面，这种梁称为**变截面梁**。最理想的变截面梁应该是梁的每一个横截面上的最大正应力都恰好等于梁所用材料的弯曲许用应力，这种变截面梁称为**等强度梁**。

从强度的观点来看，等强度梁最经济，最能充分发挥材料的潜能，是一种非常理想的梁，但是从实际应用情况分析，这种梁的制作比较复杂，给施工带来很多困难，因此，综合考虑强度和施工两种因素，它并不是最经济合理的梁。

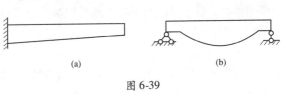

图 6-39

在建筑工程中，通常是采用形状比较简单又便于加工制作的各种变截面梁来代替等强度梁。如图 6-39 所示为建筑工程中常见变截面梁的情况，图 6-39（a）为阳台或雨篷挑梁，图 6-39（b）为鱼腹式吊车梁。

6.3 弯曲变形

为了使梁能够安全正常地工作，只满足强度要求是不够的。因为梁在实际荷载作用下，如果变形太大，超出了工程中规范所限定的值时，即使强度能满足要求，不发生破坏，也会因变形过大不满足刚度要求而不能正常使用。比如：楼面梁的变形过大时，会导致它下面的抹灰层开裂、脱落；吊车梁变形过大时，会导致吊车不是在水平行驶，而是要走上行及下行路线，并引起吊车的振动；桥梁的变形过大时，当机车通过时也会引起很大振动等，这些现象一旦出现，梁将失去正常的工作能力，因此，为了让梁能正常工作，在满足强度要求的前提下，还必须同时满足刚度要求，即使梁的变形在规定的范围内。另外，当求解超静定梁的内力时，也要涉及有关梁变形的问题。所以，研究梁的变形很有必要。本节主要介绍等直梁产生平面弯曲时，求变形的一些方法以及梁的刚度计算。

6.3.1 梁的挠度和转角

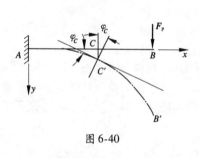

图 6-40

1. 挠曲线及挠曲线方程

图 6-40 所示悬臂梁产生平面弯曲，它的轴线由原来的直线变成了一条光滑连续的平面曲线。梁变形后的轴线称为**挠曲线**。

从图中可以看出：挠曲线上各点的纵坐标 y 是随着截面位置 x 而变化的。所以，梁的挠曲线方程可以表示为

$$y = f(x) \tag{6-9}$$

2. 挠度和转角

1）挠度

梁弯曲时，任一横截面的形心在垂直于 x 轴方向的线位移，称为该截面的**挠度**，一般用 y 表示。

严格地说，梁任一横截面的形心不仅有沿 y 轴方向的线位移，而且还有沿着 x 轴方向的线位移，但因为沿着 x 轴方向的线位移很小，可以忽略不计，所以在研究梁的变形时对于线位移只考虑沿 y 轴方向的挠度 y。在图 6-40 所示坐标系中，对挠度 y 符号规定为**向下为正，向上为负**，常用单位为 mm。

2）转角

梁弯曲时，任一横截面绕其中性轴相对于原来位置所转过的角度，称为该截面的**转角**，一般用 φ 表示。图 6-40 中 C 截面的转角为 φ_c，若在 C' 处作挠曲线的切线，则切线与 x 轴夹的角也等于截面 C 的转角 φ_c，这说明：任一横截面的转角 φ 也就是挠曲线在该点处的切线与 x 轴之间的夹角。在图示坐标系中对转角的符号规定为**顺时针转动为正，逆时针转动为负**。如图 6-40 所示，C 截面的转角 φ_c 为正值。工程中常用单位为弧度（rad）。

可见，弯曲变形的变形量有两个，一个是挠度，一个是转角。

3）转角方程

由于梁上任一截面的转角 φ 就等于挠曲线在该截面处的切线与 x 轴所夹的角，因此挠曲线上任一点切线的斜率即为该点对应截面转角的正切。

$$\tan\varphi = \frac{dy}{dx} = y'$$

由于梁的变形很小，转角 φ 是一个很小的角度，所以可以取 $\tan\varphi \approx \varphi$，于是有

$$\varphi \approx \tan\varphi = y' = \frac{\mathrm{d}y}{\mathrm{d}x} \tag{6-10}$$

式（6-10）表明：梁任一横截面的转角等于挠曲线在该点的切线斜率，式（6-10）称为**转角方程**。由此可见，求得挠曲线方程后，就可确定梁任一截面的挠度和转角。

6.3.2　积分法计算梁的挠度和转角

为了求得梁的挠曲线方程，先来建立挠曲线的近似微分方程：

$$-\frac{\mathrm{d}^2 y}{\mathrm{d}x^2} = \frac{M(x)}{EI_z} \text{ 或 } EI_z y'' = -M(x) \tag{6-11}$$

式（6-11）就是梁的**挠曲线近似微分方程**（该方程的推导本书略）。它是计算梁变形的基本方程，只适用于弹性范围内的小变形情况。

对于等截面直梁，抗弯刚度 EI_z 为常数，$M(x)$ 通常为 x 的函数，将式（6-11）两边积分一次可得到转角方程：

$$EI_z y' = \int -M(x)\mathrm{d}x + C \tag{6-12}$$

再积分一次，得到梁的挠曲线方程：

$$EI_z y = \int\left[\int -M(x)\mathrm{d}x\right]\mathrm{d}x + Cx + D \tag{6-13}$$

积分式中出现的积分常数 C，D 可通过梁的边界条件确定。所谓**边界条件**是指梁产生弯曲变形时挠曲线上由变形相容条件确定的一些已知位移条件。例如，梁在固定端支座处的转角和挠度均为零，在铰支座处的挠度为零。另外，由于挠曲线是一条光滑连续的弹性曲线，在曲线上任一点处只能有一个转角、一个挠度，因此，在相邻两段梁的交界处位移是唯一的。

用积分法计算梁的转角和挠度时的基本步骤如下：

（1）建立坐标系，根据梁上的荷载情况列出梁的弯矩方程。

（2）对应各梁段的弯矩方程，列出挠曲线近似微分方程，并进行积分。

（3）利用边界条件确定积分常数。

（4）确定转角方程和挠曲线方程，并按要求计算指定截面的转角和挠度或求最大转角、最大挠度等。

【例题 6-15】　如图 6-41 所示简支梁受满跨向下均布荷载 q 作用，已知梁为等截面直梁，在全梁范围内抗弯刚度 EI 为常数，试求 A 支座、B 支座处的转角及梁的最大挠度。

【解】　（1）建立图示坐标，并列梁的弯矩方程

由平衡方程可求得支座反力为

$$F_{Ax} = 0, \quad F_{Ay} = \frac{ql}{2}, \quad F_{By} = \frac{ql}{2}$$

弯矩方程为

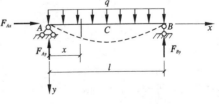

图 6-41

$$M(x) = F_{Ay}x - \frac{q}{2}x^2 = \frac{ql}{2}x - \frac{q}{2}x^2 \qquad (0 \leqslant x \leqslant l)$$

(2) 建立梁的挠曲线近似微分方程，并积分

$$EIy'' = -M(x) = -\frac{ql}{2}x + \frac{q}{2}x^2$$

两边积分一次，得转角方程：

$$EIy' = EI\varphi = -\frac{ql}{4}x^2 + \frac{q}{6}x^3 + C \qquad (a)$$

两边再积分一次，得梁的挠曲线方程：

$$EIy = -\frac{ql}{12}x^3 + \frac{q}{24}x^4 + Cx + D \qquad (b)$$

(3) 由边界条件确定积分常数

简支梁在支座处挠度为零，即 $y_A = 0$，$y_B = 0$。

将 $x = 0$，$y_A = 0$ 代入式 (b) 得

$$D = 0$$

将 $x = l$，$y_B = 0$ 代入式 (b) 得

$$C = \frac{ql^3}{24}$$

(4) 确定转角方程和挠曲线方程，并求指定的转角和挠度

将 $D = 0$，$C = \frac{ql^3}{24}$ 代入式 (a)、式 (b) 得

转角方程

$$\varphi = \frac{1}{EI}\left(-\frac{ql}{4}x^2 + \frac{q}{6}x^3 + \frac{ql^3}{24}\right) \qquad (c)$$

挠度方程

$$y = \frac{1}{EI}\left(-\frac{ql}{12}x^3 + \frac{q}{24}x^4 + \frac{ql^3}{24}x\right) \qquad (d)$$

将 $x = 0$ 代入式 (c) 可求得

$$\varphi_A = \frac{ql^3}{24EI} \ (\curvearrowleft)$$

将 $x = l$ 代入式 (c) 可求得：

$$\varphi_B = -\frac{ql^3}{24EI} \ (\curvearrowright)$$

由于该简支梁的外力及边界条件均对称于跨中截面，因此，梁的挠曲线也对称于跨中截面，由对称关系可知，最大挠度一定在跨中截面 C 处。

将 $x = l/2$ 代入式 (d) 可求得 C 截面的挠度，即最大挠度为

$$y_C = y_{\max} = \frac{5ql^4}{384EI} \ (\downarrow)$$

梁在简单荷载作用下用积分法计算得出的挠曲线方程、梁端转角、最大挠度如表 6-2 所示。

表 6-2　　　　　　　　　梁在简单荷载作用下的挠度和转角

序号	梁及其荷载	挠曲线方程	转角和挠度
1		$y = \dfrac{F_P x^2}{6EI}(3a - x)$ $(0 \le x \le a)$ $y = \dfrac{F_P a^2}{6EI}(3x - a)$ $(a \le x \le l)$	$\varphi_B = \dfrac{F_P a^2}{2EI}$ $y_B = \dfrac{F_P a^2}{6EI}(3l - a)$ $y_{\max} = y_B$
2		$y = \dfrac{qx^2}{24EI}(x^2 - 4lx + 6l^2)$	$\varphi_B = \dfrac{ql^3}{6EI}$ $y_B = \dfrac{ql^4}{8EI}$ $y_{\max} = y_B$
3		$y = \dfrac{Mx^2}{2EI}$	$\varphi_B = \dfrac{Ml}{EI}$ $y_B = \dfrac{Ml^2}{2EI}$ $y_{\max} = y_B$
4		$y = \dfrac{F_P x}{48EI}(3l^2 - 4x^2)$ $\left(0 \le x \le \dfrac{l}{2}\right)$	$\varphi_B = -\dfrac{F_P l^2}{16EI}$ $\varphi_A = \dfrac{F_P l^2}{16EI}$ $y_C = \dfrac{F_P l^3}{48EI}$ $y_{\max} = y_C$
5		$y = \dfrac{F_P bx}{6EIl}(l^2 - x^2 - b^2)$ $(0 \le x \le a)$ $y = \dfrac{F_P a(l-x)}{6EIl}(2xl - x^2 - a^2)$ $(a \le x \le l)$	假定：$a \ge b$ $\varphi_B = -\dfrac{F_P ab(l+a)}{6EIl}$ $\varphi_A = \dfrac{F_P ab(l+b)}{6EIl}$ $y_{x=l/2} = \dfrac{F_P b(3l^2 - 4b^2)}{48EI}$ $y_{\max} = \dfrac{\sqrt{3}\,F_P b}{27EIl}(l^2 - b^2)^{\frac{3}{2}}$ $\left(y_{\max} \text{在} x = \sqrt{\dfrac{l^2 - b^2}{3}} \text{处}\right)$

（续表）

序号	梁及其荷载	挠曲线方程	转角和挠度
6		$y = \dfrac{qx}{24EI}(l^3 - 2x^2l + x^3)$	$\varphi_B = -\dfrac{ql^3}{24EI}$ $\varphi_A = \dfrac{ql^3}{24EI}$ $y_{x=l/2} = \dfrac{5ql^4}{384EI}$ $y_{max} = y_{x=l/2}$
7		$y = \dfrac{Mx}{6EIl}(l-x)(2l-x)$	$\varphi_B = -\dfrac{Ml}{6EI}$ $\varphi_A = \dfrac{Ml}{3EI}$ $y_{x=l/2} = \dfrac{Ml^2}{16EI}$ $y_{max} = \dfrac{Ml^2}{9\sqrt{3}EI}$ $\left(y_{max}\,在\,x = \left(1 - \dfrac{1}{\sqrt{3}}\right)l\,处\right)$
8		$y = -\dfrac{F_P ax}{6EIl}(l^2 - x^2)$ $(0 \leqslant x \leqslant l)$ $y = \dfrac{F_P(l-x)}{6EI}\big[(x-l)^2 - 3ax + al\big]$ $[l \leqslant x \leqslant (l+a)]$	$\varphi_B = \dfrac{F_P al}{3EI}$ $\varphi_A = -\dfrac{F_P al}{6EI}$ $\varphi_C = \dfrac{F_P a}{6EI}(2l + 3a)$ $y_{x=l/2} = -\dfrac{F_P al^2}{16EI}$ $y_C = \dfrac{F_P a^2}{3EI}(l+a)$
9		$y = -\dfrac{qa^2 x}{12EIl}(l^2 - x^2)$ $(0 \leqslant x \leqslant l)$ $y = \dfrac{q(x-l)}{24EI}\big[2a^2(3x-l) + (x-l)^2(x-l-4a)\big]$ $[l \leqslant x \leqslant (l+a)]$	$\varphi_B = \dfrac{qa^2 l}{6EI}$ $\varphi_A = -\dfrac{qa^2 l}{12EI}$ $\varphi_C = \dfrac{qa^2(l+a)}{6EI}$ $y_{x=l/2} = -\dfrac{qa^2 l^2}{32EI}$ $y_C = \dfrac{qa^3}{24EI}(4l + 3a)$
10		$y = -\dfrac{Mx}{6EIl}(l^2 - x^2)$ $(0 \leqslant x \leqslant l)$ $y = \dfrac{M}{6EI}(3x^2 - 4xl + l^2)$ $[l \leqslant x \leqslant (l+a)]$	$\varphi_B = \dfrac{Ml}{3EI}$ $\varphi_A = -\dfrac{Ml}{6EI}$ $\varphi_C = \dfrac{M}{3EI}(l + 3a)$ $y_{x=l/2} = -\dfrac{Ml^2}{16EI}$ $y_C = \dfrac{Ma}{6EI}(2l + 3a)$

6.3.3　叠加法计算梁的挠度和转角

叠加法的依据是**叠加原理**。叠加原理是指结构在多个荷载作用下产生的某量值（包括反力、内力或变形等）等于在每个荷载单独作用下产生的该量值的代数和。但必须注意叠加法只适合于线弹性范围之内。

当梁上同时作用几个荷载时就可以用叠加法计算梁的挠度和转角，从而省去烦琐的积分计算。

用叠加法求挠度和转角的步骤是：

（1）将作用在梁上的复杂荷载分解成几个简单荷载，简称荷载分组。

（2）查表 6-2 求梁在简单荷载作用下的挠度和转角。

（3）各简单荷载作用下的挠度和转角代数相加即为复杂荷载作用下的挠度和转角。

【例题 6-16】　外伸梁受荷载如图 6-42（a）所示，梁的抗弯刚度 EI 为常数，试求 C 截面的挠度和转角。

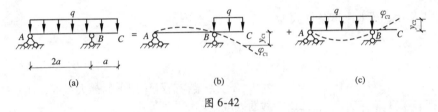

图 6-42

【解】　图示外伸梁的挠度和转角不能从表中直接查出。用积分法计算太复杂，所以设法将原荷载变为能查表的几项荷载，然后用叠加法进行计算。

（1）将图 6-42（a）的荷载分解成图 6-42（b）和图 6-42（c）两种情况。

（2）由表分别求图 6-42（b）、图 6-42（c）两种情况下外伸梁 C 截面的挠度和转角。

在图 6-42（b）中 C 截面的转角为

$$\varphi_{C1} = \frac{qa^2(l+a)}{6EI} = \frac{qa^2(2a+a)}{6EI} = \frac{qa^3}{2EI}\ (\circlearrowleft)$$

在图 6-42（b）中 C 截面的挠度为

$$y_{C1} = \frac{qa^3}{24EI}(4l+3a) = \frac{qa^3}{24EI}(4\times 2a+3a) = \frac{11qa^4}{24EI}\ (\downarrow)$$

在图 6-42（c）中 C 截面的转角为

$$\varphi_{C2} = \varphi_B = -\frac{ql^3}{24EI} = -\frac{q(2a)^3}{24EI} = -\frac{qa^3}{3EI}\ (\circlearrowright)$$

在图 6-42（c）中 C 截面的挠度为

$$y_{C2} = \varphi_B \cdot a = -\frac{qa^4}{3EI}\ (\uparrow)$$

（3）C 截面的转角和挠度均为上述两部分叠加。

$$\varphi_C = \varphi_{C1} + \varphi_{C2} = \frac{qa^3}{2EI} - \frac{qa^3}{3EI} = \frac{qa^3}{6EI}\ (\circlearrowleft)$$

$$y_C = y_{C1} + y_{C2} = \frac{11qa^4}{24EI} - \frac{qa^4}{3EI} = \frac{qa^4}{8EI} (\downarrow)$$

6.3.4 梁的刚度计算与提高梁刚度的措施

1. 梁的刚度计算

对梁进行刚度计算的目的是为了保证梁的正常使用。若梁的变形超过了规定的范围，则意味着梁已不能正常工作，应重新设计梁。

在土木工程中对梁进行刚度校核时，通常只对挠度进行校核。梁的挠度容许值通常用许可挠度与梁跨长的比值 $\left[\dfrac{f}{l}\right]$ 作为标准。按照梁的工程用途，在有关设计规范中，对 $\left[\dfrac{f}{l}\right]$ 有具体规定。在土建工程中，$\left[\dfrac{f}{l}\right]$ 的值通常限制在 $\dfrac{1}{1\,000} \sim \dfrac{1}{250}$ 范围内。

1）梁的刚度条件

在土建工程中，梁的刚度条件式为

(a)

36 kN·m

(b)

图6-43

$$\frac{y_{\max}}{l} \leqslant \left[\frac{f}{l}\right] \tag{6-14}$$

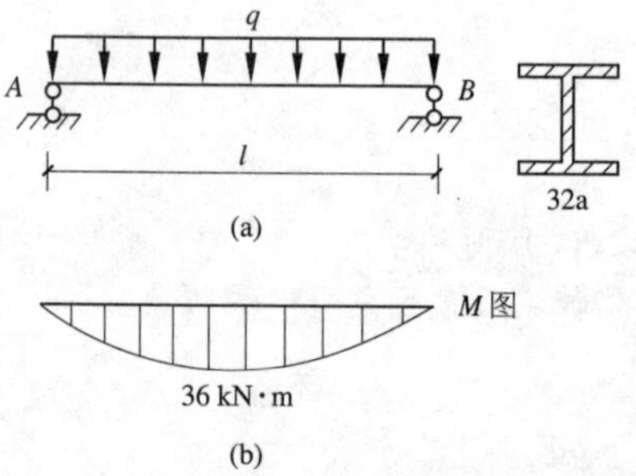

式中，$y_{\max}$ 为梁在荷载作用下的最大挠度，通常产生在边界截面处或 $\phi = 0$ 的截面处。

2）梁的刚度条件在工程中的应用

刚度条件在工程中主要应用在刚度校核、设计截面、计算许用荷载三方面。

【例题6-17】 如图6-43（a）所示简支梁，用32a工字钢制成。已知 $q = 8$ kN/m，$l = 6$ m，$E = 200$ GPa，$[\sigma] = 170$ MPa，$\left[\dfrac{f}{l}\right] = \dfrac{1}{400}$，试校核梁的强度和刚度。

【解】 （1）画梁的弯矩图（图6-43（b））

从图中可知

$$M_{\max} = 36 \text{ kN} \cdot \text{m}$$

（2）查工字型钢表，得截面的几何参数

$$W_z = 692.2 \text{ cm}^3, \quad I_z = 11\,075.5 \text{ cm}^4$$

（3）强度和刚度校核

$$\sigma_{\max} = \frac{M_{\max}}{W_z} = \frac{36 \times 10^6}{692.2 \times 10^3} = 52 \text{ MPa} < [\sigma]$$

该梁强度满足要求。

该简支梁的最大挠度为

$$y_{\max} = \frac{5ql^4}{384EI}$$

所以

$$\frac{y_{\max}}{l} = \frac{5ql^3}{384EI} = \frac{5 \times 8 \times 6^3 \times 10^9}{384 \times 200 \times 10^3 \times 11\,075.5 \times 10^4} = \frac{1}{985} < \left[\frac{f}{l}\right]$$

该梁的刚度满足要求。

2. 提高梁刚度的措施

梁的挠度与作用在梁上的荷载、梁跨度的 n 次方成正比，与梁的抗弯刚度成反比，并且与梁的形式、荷载的作用方式和位置等有关。如果用"系数"表示梁的形式、荷载的作用方式和位置等因素对挠度的影响，则梁的挠度与各种因素间的关系可以用以下表达式来描述：

$$y = \frac{荷载 \cdot l^n}{系数 \cdot EI} \tag{6-15}$$

要提高梁的刚度，就应设法减小挠度。提高梁的抗弯刚度可以从以下几方面来考虑。

1）改变荷载的作用方式

在结构和使用条件允许的情况下，合理调整荷载的位置及分布情况，使梁的挠度减小从而提高梁刚度的作用。如图 6-44 所示的简支梁中 $y_{C1} > y_{C2}$。

2）减小梁的跨度或增加支承改变结构形式

梁的挠度与其跨度的 n 次方成正比。因此，设法减小梁的跨度，将能有效地减小梁的挠度，从而提高梁的刚度。如图 6-45 所示，$y_{C2} > y_{C1}$。

3）增大梁的抗弯刚度 EI

梁的挠度与抗弯刚度 EI 成反比，材料的弹性模量 E 增大，或梁横截面对中性轴的惯性矩增大均能使梁的挠度减小。

工程中增大梁的抗弯刚度主要是从增大梁横截面对中性轴的惯性矩这方面考虑。

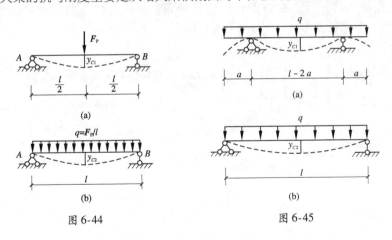

图 6-44　　　　　　　　图 6-45

思考题

6-1 平面弯曲的受力特点和变形特点是什么？举出几个建筑工程中产生平面弯曲的实例。

6-2 用外力直接求剪力、弯矩的规律是什么？正、负号怎样确定？写出用外力直接求图 6-46 中剪力、弯矩时的表达式，并求出该截面上的剪力、弯矩。

6-3 集中力、集中力偶作用处截面的剪力 F_Q 和弯矩 M 各有什么特点？

6-4 什么叫中性层？什么叫中性轴？如何确定产生平面弯曲的直梁的中性轴位置？当梁在竖直方向的纵向对称平面内受外力作用产生平面弯曲时，试作出如图 6-47 所示各截面中性轴的位置（图中 C 为截面形心）。

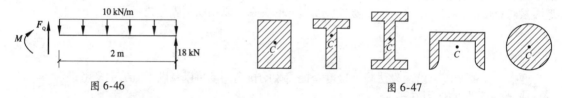

图 6-46 　　　　　　　　　　　　　图 6-47

6-5 用正应力公式 $\sigma = \dfrac{My}{I_z}$ 计算任一点的正应力时，σ 的正负号如何确定？试判断如图 6-48 所示梁 1—1 截面、2—2 截面上 a 点处 σ 值的正、负号。

6-6 跨度、荷载、截面、类型完全相同的两根梁，它们的材料不同，那么这两根梁的弯矩图、剪力图是否相同？它们的最大正应力、最大切应力是否相同？它们的强度是否相同？通过思考以上问题，你能得出什么结论？

6-7 如图 6-49 所示 T 形截面铸铁梁，按要求完成下列内容：（1）作出 B、C 两截面的正应力分布图，并标明拉应力和压应力。（2）B，C 两截面上的最大拉应力和最大压应力在何处？（3）全梁范围内最大拉应力、最大压应力在何处？

6-8 什么是挠曲线？什么是挠度？什么是转角？挠度和转角的正负号是如何规定的？

6-9 用积分法求梁的变形时，积分常数如何确定？

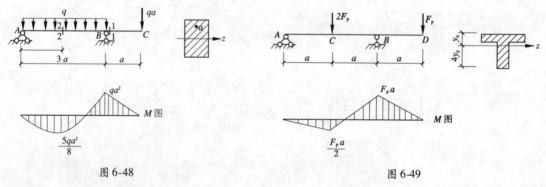

图 6-48 　　　　　　　　　　　　　图 6-49

6-10 梁的最大挠度处弯矩一定取得最大值，最大挠度处转角一定等于零，这些说法对吗？请举例说明。

6-11 两根尺寸、受力情况、支座情况都相同的梁，只是材料不同，它们的最大挠度是否相同？为什么？

习题

6-1　用截面法计算如图6-50所示各梁指定截面上的剪力和弯矩。

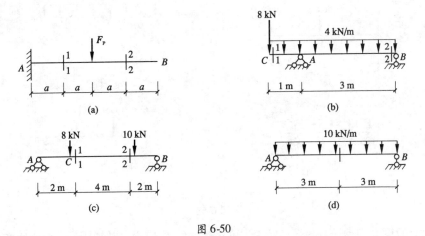

图 6-50

6-2　直接按规律计算如图6-51所示各梁指定截面上的剪力和弯矩。

6-3　用列剪力方程、弯矩方程的方法作如图6-52所示各梁的 F_Q 图、M 图。

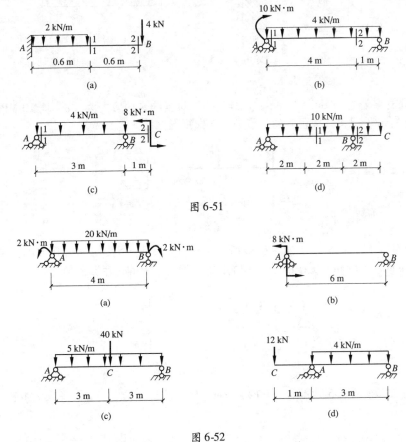

图 6-51

图 6-52

6-4 如图 6-53 所示用简捷法作各梁的 F_Q 图、M 图，并求 $|M|_{max}$。

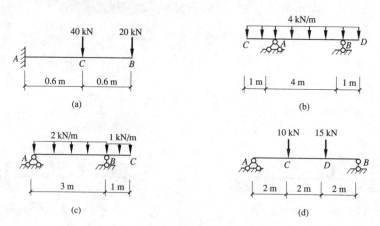

图 6-53

6-5 试计算图 6-54 所示各梁全梁范围内的最大拉、压应力，并说明最大应力所在位置。

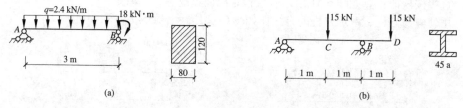

图 6-54

6-6 一简支梁受力如图 6-55 所示，$F_P = 5$ kN，材料的许用应力为 $[\sigma] = 10$ MPa，横截面为矩形，高宽比为 $h/b = 3$，试按正应力强度条件选择矩形截面的高、宽尺寸。

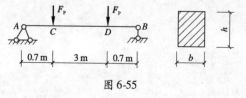

图 6-55

6-7 简支梁受均布荷载作用如图 6-56 所示，材料的许用应力 $[\sigma] = 10$ MPa，矩形截面尺寸为 $b \times h = 120$ mm $\times 180$ mm，试按照正应力强度条件确定梁上的许用荷载值。

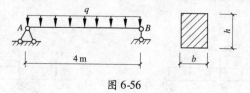

图 6-56

6-8 工字钢梁如图 6-57 所示，$q = 12$ kN/m，材料的许用应力 $[\sigma] = 160$ MPa，试选择工字钢的型号。

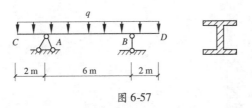

图 6-57

6-9　如图 6-58 所示外伸梁，已知材料的许用拉应力为 $[\sigma_t] = 30$ MPa，许用压应力 $[\sigma_c] = 70$ MPa，$F_P = 20$ kN，$q = 10$ kN/m，$I_z = 40.3 \times 10^6$ mm^4，$y_1 = 139$ mm，$y_2 = 61$ mm，试校核梁的正应力强度。

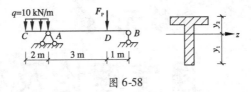

图 6-58

6-10　用积分法计算图 6-59 所示梁右端截面的挠度和转角。已知梁的抗弯刚度为 EI。

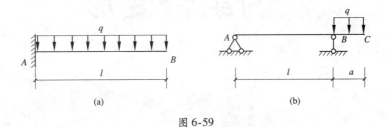

(a)　　　　　　　　(b)

图 6-59

6-11　用叠加法求图 6-60 所示梁自由端截面的挠度和转角。已知各梁的抗弯刚度均为 EI。

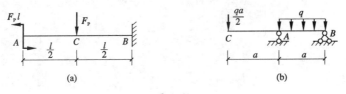

(a)　　　　　　　　(b)

图 6-60

6-12　某简支工字钢梁，受图 6-61 所示荷载作用。已知 $F_P = 10$ kN，$q = 10$ kN/m，$l = 4$ m，$E = 2 \times 10^5$ MPa，$[\sigma] = 140$ MPa，$\left[\dfrac{f}{l}\right] = \dfrac{1}{400}$。试选择工字钢的型号。

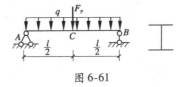

图 6-61

◎单元 7

强度理论及杆件的组合变形

单元概述：本单元由两部分组成。其中一部分讨论围绕受力构件内一点的应力状态，并根据强度理论建立强度条件，进行强度计算。另一部分讨论组合变形最大应力的分析方法和思路。

学习目标：

1. 能从受力构件内一点处取其应力单元体。了解该点处的应力状态以及强度理论；
2. 掌握平面应力状态分析的解析法和图解法，并能确定一点处的主平面、主应力和最大切应力；
3. 能运用强度理论进行平面应力状态下的强度计算；
4. 掌握组合变形杆件最大应力的分析方法。

教学建议：本单元相对前面的内容有点难度。采用任务驱动法让学生理解任务中的基本概念和分析方法即可。

关键词：应力状态分析（stress transformation）；主应力（principal stress）；主平面（principal planes）；组合变形（combined deformation）；强度理论（theory of strength）

在前几单元中，讨论了轴向拉伸（压缩）、扭转、弯曲变形时横截面上的应力，对危险截面和危险点处的应力进行了分析和计算，并且根据相应的试验结果，建立了危险点只有正应力或只有切应力作用时的强度条件。当危险点处既有正应力，又有切应力存在时，前述的强度条件就不再适用。而需要继续分析这些危险点的应力状态，即"某点处的应力状态"并在此基础上建立新的强度条件。

7.1　应力状态的概念

在一般受力形式下，构件上各点的应力是不同的，说明应力时，必须指明是哪一点的应力，这是应力的"点的概念"。其次，过该点可以作很多不同的平面，不同方向面上的应力也是不同的。因此，说明一点应力时，还要指明过这一点的哪个面。这就是应力的"面的概念"。

所谓一点处的应力状态，就是这一点处各个方向面上的应力情况的总称。

研究一点处的应力状态，可以围绕该点取一微小的正六面体，称为**单元体**。由于单元体非常小，可以认为单元体各表面上的应力是均匀分布的，而且每一对应力是相等的。当单元体的三对应力已知时，就可以用截面法通过平衡条件求得任意方向面上的应力。这样，一点处的应力状态就可以完全确定了。因此，可以用单元体的三对应力来表示一点处的应力状态。图7-1（a）所示的梁上任一点 K 的应力状态，可以用图 7-1（b）中的单元体来表示。由于单元体的前后面上的应力为零，又可将单元体简化成平面的形式（图7-1（c））。

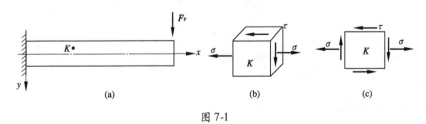

图 7-1

在单元体的三对表面中，只要有一对表面上应力为零，则称为**平面应力状态**。若三对表面上的应力都不为零，则称为**空间应力状态**。

研究一点处的应力状态有**解析法**和**图解法**两种方法。接下来将分别讨论这两种方法。

研究应力状态的目的在于：

（1）分析破坏的原因。在前面讲述了轴向拉伸（压缩）和扭转之后，我们知道脆性材料在轴向拉伸时，横截面上破坏；轴向压缩时，在与横截面成45°的斜截面上破坏；扭转时，脆性材料在与横截面成45°的斜截面上破坏，等等。要解释以上各杆件破坏的原因，就必须研究应力、应变状态。

（2）为建立主应力强度条件提供依据。如图7-2（a）所示简支梁，已知$[\sigma] = 160$ MPa，$[\tau] = 100$ MPa。若按正应力强度公式$\sigma_{max} = \dfrac{M_{max}}{W_z} \leq [\sigma]$，即按$M_{max}$所在截面的上、下边缘的最大正应力选择截面，选型钢28a即可（$\sigma_{max} = 157.5$ MPa）；用切应力强度校核$\tau_{max} = \dfrac{F_{Qmax}}{(I_z/S_z)\ b} = 95.6$ MPa $< [\tau]$，也满足。而F_{Qmax}与M_{max}所在C左截面翼缘与腹板的交界点K，其σ_K，τ_K均较大，若进行主应力的强度校核，则需要选32a工字型钢。不经过应力状态的分析，则无法做到这一点。

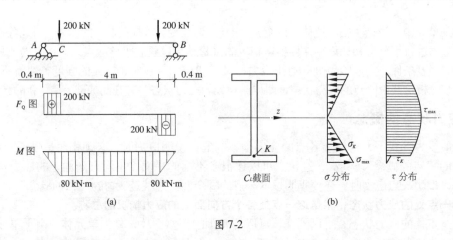

图 7-2

7.2　平面应力状态分析的解析法

平面应力状态是最常见的形式，本单元将主要讨论。

设有平面应力状态单元体及坐标系如图7-3（a）所示，一般情况，单元体的平面以其法线命名，例如单元体的左、右面以x轴为法线，故称为x面；同理，上、下面称为y面；前、后面称为z面。而其外法线n与x轴夹角为α的斜截面习惯地称为α面，而不称为n面（图7-3（b））。以脚标字母表示应力的作用面，如σ_x和τ_x分别表示x面上的正应力和切应力，σ_α和τ_α表示α面上的正应力和切应力（图7-3（c））。一般规定：σ以拉应力为正，τ以绕单元体顺时针转向为正，α角以x轴逆时针转向外法线n者为正。

7.2.1　斜截面上的应力

为求任意斜截面α上的应力σ_α和τ_α（注：这里所说的任意斜截面平行于z轴，而不是空间的任意方向的斜截面），先用α面将单元体截开，取图7-3（c）所示的脱离体为研究对象，再将各面上的应力与其作用面积（图7-3（d））相乘，便可得到各面上的微内力，最后由静力平衡条件

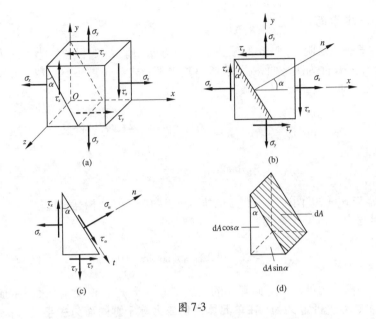

图 7-3

$$\sum F_n = 0, \quad \sigma_\alpha dA - \sigma_x dA\cos\alpha\cos\alpha - \sigma_y dA\sin\alpha\sin\alpha + \tau_x dA\cos\alpha\sin\alpha + \tau_y dA\sin\alpha\cos\alpha = 0 \quad (7\text{-}1)$$

$$\sum F_\tau = 0, \quad \tau_\alpha dA - \sigma_x dA\cos\alpha\sin\alpha + \sigma_y dA\sin\alpha\cos\alpha - \tau_x dA\cos\alpha\cos\alpha + \tau_y dA\sin\alpha\sin\alpha = 0 \quad (7\text{-}2)$$

由切应力互等定理，可知 $\tau_x = \tau_y$，再利用三角公式

$$\left.\begin{array}{l}\cos^2\alpha = \dfrac{1}{2}\ (1+\cos2\alpha)\\[2mm]\sin^2\alpha = \dfrac{1}{2}\ (1-\cos2\alpha)\\[2mm]2\sin\alpha\cos\alpha = \sin2\alpha\end{array}\right\} \quad (7\text{-}3)$$

将式（7-1）和式（7-2）整理，可得

$$\left.\begin{array}{l}\sigma_\alpha = \dfrac{\sigma_x+\sigma_y}{2} + \dfrac{\sigma_x-\sigma_y}{2}\cos2\alpha - \tau_x\sin2\alpha\\[3mm]\tau_\alpha = \dfrac{\sigma_x-\sigma_y}{2}\sin2\alpha + \tau_x\cos2\alpha\end{array}\right\} \quad (7\text{-}4)$$

由式（7-4），可求出与 α 面垂直的 $\alpha+90°$ 面上的正应力

$$\sigma_{\alpha+90°} = \frac{\sigma_x+\sigma_y}{2} - \frac{\sigma_x-\sigma_y}{2}\cos2\alpha + \tau_x\sin2\alpha$$

于是，有

$$\sigma_\alpha + \sigma_{\alpha+90°} = \sigma_x + \sigma_y = 常量 \quad (7\text{-}5)$$

式（7-5）表示：在单元体中互相垂直的两个截面上的正应力之和等于常量。

155

7.2.2　主应力与主平面

式 (7-4) 中第一式表明 σ_α 是 α 的函数，σ_α 存在极值。σ_α 的极值称为主应力，主应力的作用面称为主平面。设 α_0 面为主平面，将式 (7-4) 中第一式对 α 求一阶导数，并使其等于零，来确定主平面的方位，即

$$\left.\frac{\mathrm{d}\sigma_\alpha}{\mathrm{d}\alpha}\right|_{\alpha=\alpha_0} = -\left(\sigma_x - \sigma_y\right)\sin2\alpha_0 - 2\tau_x\cos2\alpha_0 = 0 \tag{7-6}$$

于是

$$\tan2\alpha_0 = -\frac{2\tau_x}{\sigma_x - \sigma_y} \tag{7-7}$$

式 (7-7) 给出 α_0 与 $\alpha_0 + 90°$ 两个主平面方位角，可见两个主平面相互垂直。

式 (7-6) 可写为

$$\frac{\sigma_x - \sigma_y}{2}\sin2\alpha_0 + \tau_x\cos2\alpha_0 = 0 \tag{7-8}$$

由式 (7-4) 中第二式可知，上面等式的左边刚好等于 τ_{α_0}，说明主平面上的切应力等于零。于是，主平面和主应力也可定义为：**在单元体内切应力等于零的面为主平面**（principal planes），**主平面上的正应力即为主应力**（principal stresses）。

将式 (7-7) 代入式 (7-4) 中第一式，经简化得主应力为

$$\begin{matrix}\sigma_{\max}\\\sigma_{\min}\end{matrix} = \frac{\sigma_x + \sigma_y}{2} \pm \frac{1}{2}\sqrt{\left(\sigma_x - \sigma_y\right)^2 + 4\tau_x^2} \tag{7-9}$$

对于图 7-3（a）所示平面应力状态的单元体，由于 z 面上的切应力为零，因此，z 面也是主平面，其上的正应力也是主应力，只不过该主应力为零而已。

在实际应用中，主应力 $\sigma_{\max}$，$\sigma_{\min}$，0 需按其代数值排列顺序，并分别用 σ_1，σ_2，σ_3 表示，且 $\sigma_1 \geqslant \sigma_2 \geqslant \sigma_3$。

7.2.3　切应力极值及其所在平面

式 (7-4) 中第二式同样表明 τ_α 也是 α 的函数，τ_α 也存在极值。设 α_s 面为切应力极值所在平面，将式 (7-4) 中第二式对 α 求一阶导数，并使其等于零，得

$$\left.\frac{\mathrm{d}\tau_\alpha}{\mathrm{d}\alpha}\right|_{\alpha=\alpha_s} = \left(\sigma_x - \sigma_y\right)\cos2\alpha_s - 2\tau_x\sin2\alpha_s = 0 \tag{7-10}$$

$$\tan2\alpha_s = \frac{\sigma_x - \sigma_y}{2\tau_x} \tag{7-11}$$

式 (7-11) 可求得 α_s 与 $\alpha_s + 90°$ 两个值，可见切应力极值的两个所在平面互相垂直。由式 (7-11) 和式 (7-7) 可得

$$\tan2\alpha_0 \cdot \tan2\alpha_s = -1 \tag{7-12}$$

式 (7-12) 表明 α_s 与 α_0 相差 45°，即切应力极值所在平面与主平面之间互成 45°。利用三角关系，将式 (7-11) 代入式 (7-4) 中的第二式，得切应力极值

$$\begin{matrix} \tau_{max} \\ \tau_{min} \end{matrix} = \pm \frac{1}{2} \sqrt{(\sigma_x - \sigma_y)^2 + 4\tau_x^2} \tag{7-13}$$

利用式 (7-9)，又可得

$$\begin{matrix} \tau_{max} \\ \tau_{min} \end{matrix} = \pm \frac{1}{2}(\sigma_{max} - \sigma_{min}) \tag{7-14}$$

式 (7-13) 和式 (7-14) 同为最大切应力的计算公式。在最大切应力的作用面上，一般是有正应力的。

7.3　平面应力状态分析的图解法

7.3.1　基本原理

解析法的公式较多，计算烦琐，实际工程中常采用简便直观的图解法。所谓图解法就是采用作应力圆的方法，按比例尺量得主应力、最大切应力的大小以及它们的方位角。

将式 (7-4) 移项，并两边平方，得

$$\left(\sigma_\alpha - \frac{\sigma_x + \sigma_y}{2}\right)^2 = \left(\frac{\sigma_x - \sigma_y}{2}\cos2\alpha - \tau_x\sin2\alpha\right)^2 \tag{7-15}$$

$$\tau_\alpha^2 = \left(\frac{\sigma_x - \sigma_y}{2}\sin2\alpha + \tau_x\cos2\alpha\right)^2 \tag{7-16}$$

再将式 (7-15) 与式 (7-16) 两边相加，得

$$\left(\sigma_\alpha - \frac{\sigma_x + \sigma_y}{2}\right)^2 + \tau_\alpha^2 = \left(\frac{\sigma_x - \sigma_y}{2}\right)^2 + \tau_x^2 \tag{7-17}$$

圆的一般方程为 $(x - a)^2 + (y - b)^2 = R^2$。可见，式 (7-17) 是以 σ_α 与 τ_α 为变量的圆的方程，圆心坐标为 $\left(\frac{\sigma_x + \sigma_y}{2}, 0\right)$，半径为 $\sqrt{\left(\frac{\sigma_x - \sigma_y}{2}\right)^2 + \tau_x^2}$。这个圆称为**应力圆**，是德国学者莫尔 (O. Mohr) 于 1882 年首先提出来的，故又称莫尔圆。

7.3.2　应力圆的作法

求作图 7-4 (a) 所示应力单元体的应力圆，参照图 7-4 (b)，作图步骤如下：

(1) 建立坐标系，以 σ 轴为横轴，τ 轴为纵轴。

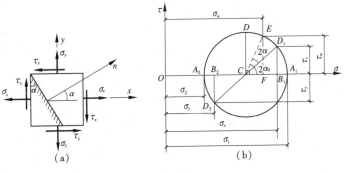

图 7-4

（2）按适当的比例尺，取横坐标 $\overline{OB_1} = \sigma_x$，纵坐标 $\overline{B_1D_1} = \tau_x$，以此确定 D_1 点；取横坐标 $\overline{OB_2} = \sigma_y$，纵坐标 $\overline{B_2D_2} = \tau_y = -\tau_x$，以此确定 D_2 点。

（3）连接 D_1 与 D_2 点，交横轴 σ 于 C 点。

（4）以 C 点为圆心，以 $\overline{CD_1}$ 或 $\overline{CD_2}$ 为半径作圆，即为所要做的应力圆。

7.3.3 用应力圆求任一截面上的应力

由于 D_1 点的坐标是 (σ_x, τ_x)，因而，D_1 点代表单元体 x 面的应力。若求此单元体 α 面上的应力 σ_α 和 τ_α，可从应力圆的半径 $\overline{CD_1}$ 按方位角 α 的转向转动 2α 角，得到半径 $\overline{CE}$，圆周上 E 点的坐标 (σ, τ) 分别满足式（7-4），并且依次为 σ_α 和 τ_α。现证明如下：

从图7-4（b）可见，E 点的横坐标为

$$\overline{OF} = \overline{OC} + \overline{CF} = \overline{OC} + \overline{CE}\cos(2\alpha_0 + 2\alpha)$$
$$= \overline{OC} + \overline{CE}\cos2\alpha_0\cos2\alpha - \overline{CE}\sin2\alpha_0\sin2\alpha$$
$$= \overline{OC} + \overline{CD_1}\cos2\alpha_0\cos2\alpha - \overline{CD_1}\sin2\alpha_0\sin2\alpha$$
$$= \frac{\sigma_x + \sigma_y}{2} + \frac{\sigma_x - \sigma_y}{2}\cos2\alpha - \tau_x\sin2\alpha = \sigma_\alpha$$

上式就是式（7-4）中的第一式。同理可以证明 E 点的纵坐标为

$$\overline{EF} = \frac{\sigma_x - \sigma_y}{2}\sin2\alpha + \tau_x\cos2\alpha = \tau_\alpha$$

即为式（7-4）的第二式。

由上述作图过程及证明可见，**应力圆上的点与单元体各面上的应力存在一一对应关系：应力圆上任一点的横、纵坐标，对应单元体一面的正、切应力；应力圆上两个点之间圆弧所对应的圆心角，就是单元体上两个面的外法线夹角的2倍；应力圆上圆心角的转向与单元体两个面上法线转向一致。**

7.3.4 用应力圆求主应力、主平面方位及最大切应力

应力圆与 σ 轴交于 A_1 和 A_2 点（图7-4（b）），这两点的纵坐标为零，即切应力为零。由此可见，A_1，A_2 两点与主平面相对应，这两点的横坐标即代表主应力的大小，即 $\overline{OA_1} = \sigma_1$，$\overline{OA_2} = \sigma_2$，读者可自行证明。而主平面的方位角，由图7-4（b）可知

$$\tan2\alpha_0 = \frac{-\overline{B_1D_1}}{\overline{CB_1}} = -\frac{2\tau_x}{\sigma_x - \sigma_y}$$

与式（7-7）一致，式中的负号表示 α_0 为负角（顺时针）。于是，圆中的 α_0 与 $\alpha_0 + 90°$ 为主平面的两个方位角。

应力圆上的 D 点纵坐标最大，即

$$\tau_{max} = \overline{CD} = \frac{1}{2}\sqrt{(\sigma_x - \sigma_y)^2 + 4\tau_x^2} = \frac{\sigma_{max} - \sigma_{min}}{2}$$

与式（7-14）一致。

【**例题 7-1**】　如图 7-5 所示，在轴向拉伸情况下，单元体只有一对表面上有正应力，处于单向应力状态。试用解析法和图解法求 σ_1，σ_2，σ_3 与 τ_{max} 及其所在平面。

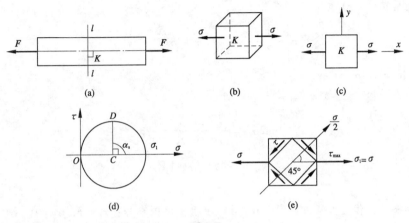

图 7-5

【**解**】　（1）解析法

如图 7-5（b），（c）所示，在单元体的 x 面、y 面和 z 面上均无切应力，故均为主平面，其上的应力均为主应力。主应力按代数值排列 $\sigma_1 = \sigma$，$\sigma_2 = 0$，$\sigma_3 = 0$。

利用式（7-14）可知 $\tau_{max} = \dfrac{\sigma_1}{2} = \dfrac{\sigma}{2}$，最大切应力作用面与 x 面成 $45°$（逆时针），如图 7-5（e）所示。

（2）图解法

根据已知条件，作应力圆，如图 7-5（d）所示。由图可知：$\sigma_1 = \sigma$，$\sigma_2 = 0$，$\sigma_3 = 0$，$\tau_{max} = \dfrac{\sigma}{2}$，$\tau_{min} = -\dfrac{\sigma}{2}$，$\alpha_s = 45°$。

【**例题 7-2**】　如图 7-6 所示扭转圆轴，取 I—I 横截面周边某点 K，其单元体可简化成平面应力状态，并且在四个侧面上，只存在切应力，而没有正应力，称为纯剪切状态。试用解析法和图解法求 σ_1，σ_2，σ_3，τ_{max} 及所在平面。

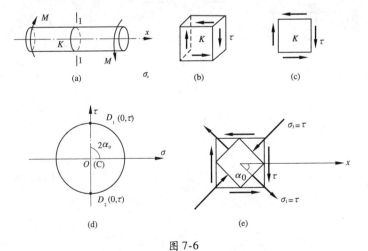

图 7-6

【解】 （1）解析法

如图7-6（b），（c）所示，在单元体上 $\sigma_x = \sigma_y = 0$，$\tau_x = \tau$，$\tau_y = -\tau$。可直观判断 $\tau_{\max} = \tau$，$\tau_{\min} = -\tau$。利用式（7-9）求主应力：

$$\begin{matrix} \sigma_{\max} \\ \sigma_{\min} \end{matrix} = \frac{\sigma_x + \sigma_y}{2} \pm \frac{1}{2}\sqrt{(\sigma_x - \sigma_y)^2 + 4\tau^2} = \pm\tau$$

所以 $\sigma_1 = \tau$，$\sigma_2 = 0$，$\sigma_3 = -\tau$。

利用式（7-7）求主平面方位：

$$\tan 2\alpha_0 = -\frac{2\tau_x}{\sigma_x - \sigma_y} = -\infty$$

得

$$\alpha_0 = -45°\quad(\text{顺时针})$$

（2）图解法

根据已知条件，作应力圆，如图7-6（d）所示。由图可知：$\sigma_1 = \tau$，$\sigma_2 = 0$，$\sigma_3 = -\tau$；$\alpha_0 = -45°$，$\tau_{\max} = \tau$，$\tau_{\min} = -\tau$，如图7-6（e）所示。

【例题7-3】 如图7-7所示，跨度为 l 的矩形横截面的简支梁，跨中受集中力 F 作用。试画出任意横截面1—1上 K 点的平面应力单元体，并写出主应力与最大切应力的表达式，用图解法画出应力圆的大致形状。

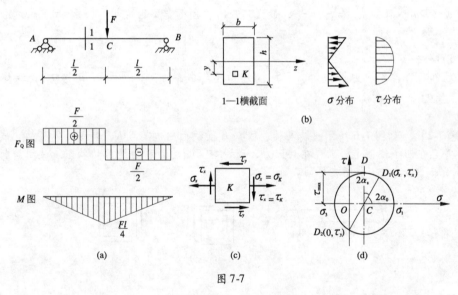

图 7-7

【解】 （1）利用公式 $\sigma_x = \dfrac{My}{I_z}$ 与 $\tau_x = \dfrac{F_Q S_z^*}{I_z b}$ 可计算出 K 点的 σ_K 与 τ_K，其平面应力单元体如图7-7（c）所示。

（2）由图7-7可知，$\sigma_y = 0$，$\tau_y = -\tau_x$，则由式（7-9）可得主应力计算公式为

$$\left.\begin{aligned}
\sigma_1 &= \frac{\sigma_x}{2} + \sqrt{\left(\frac{\sigma_x}{2}\right)^2 + \tau_x^2} = \frac{\sigma_x}{2} + \frac{1}{2}\sqrt{\sigma_x^2 + 4\tau_x^2} \\
\sigma_2 &= 0 \\
\sigma_3 &= \frac{\sigma_x}{2} - \sqrt{\left(\frac{\sigma_x}{2}\right)^2 + \tau_x^2} = \frac{\sigma_x}{2} - \frac{1}{2}\sqrt{\sigma_x^2 + 4\tau_x^2}
\end{aligned}\right\} \tag{7-18}$$

由式（7-7）可得

$$\tan 2\alpha_0 = -\frac{2\tau_x}{\sigma_x} \tag{7-19}$$

由式（7-13）可得

$$\tau_{max} = \frac{1}{2}\sqrt{\sigma_x^2 + 4\tau_x^2}$$

或

$$\tau_{max} = \frac{\sigma_1 - \sigma_3}{2} \tag{7-20}$$

由式（7-11）可得

$$\tan 2\alpha_s = -\frac{\sigma_x}{2\tau_x} \tag{7-21}$$

（3）有了 x 面的 σ_x，τ_x，又已知 y 面 $\sigma_y = 0$，$\tau_y = -\tau_x$，可确定应力圆上两点 D_1（σ_x，τ_x）与 D_2（0，τ_y）。连线 $\overline{D_1 D_2}$ 交轴 σ 于点 C，以 C 为圆心、$\overline{CD_1}$ 为半径画圆，即为要求的应力圆，如图 7-7（d）所示。σ_1，σ_3 的大小及其方位角可由图中量得；τ_{max} 即为半径，与圆上 D 点对应，其大小与方位角也可由图中量得。

7.3.5　梁的主应力迹线的概念

设图 7-8（a）所示矩形截面梁 1—1 横截面上的 $M > 0$，$F_Q > 0$，由 $\sigma = \dfrac{My}{I_z}$ 与 $\tau = \dfrac{F_Q S_z^*}{I_z b}$ 可计算点 1，2，3，4，5 的正应力 σ 和切应力 τ，这 5 个点的单元体如图 7-8（b）所示。其中点 1，5 为主应力状态，点 3 为纯剪切状态，点 2，4 为非主应力状态，可用式（7-18）解析法计算 σ_1 和 σ_3（而 $\sigma_2 = 0$）；亦可用图解法画各点的应力圆，如图 7-8（c）所示。

纵观全梁，各点处均有由正交的主拉应力 σ_1 和主压应力 σ_3 构成的主应力状态。在全梁内形成主应力场。为了直观地表示梁内各点主应力的方向，可以用两组互相垂直的曲线描述主应力场。其中一组实线上每一点切线方向是该点处主拉应力方向，而另一组虚线上的每一点的切线方向是该点处的主压应力方向，这两组曲线称为**梁的主应力迹线**。受均布荷载作用的简支梁的主应力迹线如图 7-9（a）所示，实线为主拉应力迹线，虚线为主压应力迹线。主应力迹线在工程设计中是很有用的，例如，钢筋混凝土梁内的主要受力钢筋大致就是按主拉应力迹线配置的，如图7-9（b）所示。

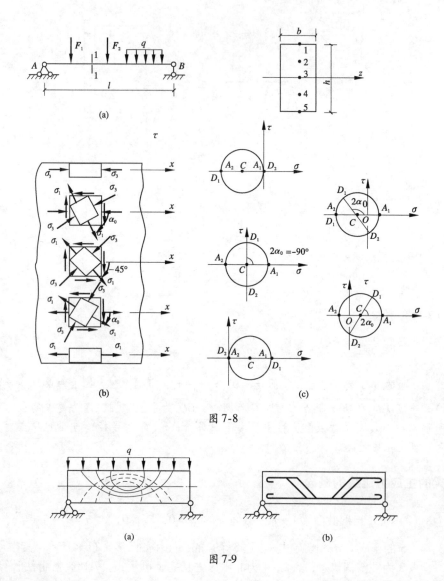

图 7-8

图 7-9

7.4　强度理论

7.4.1　强度理论的概念

通过分析材料不同的破坏形式，一般情况下，**脆性材料的破坏形式多为断裂，而塑性材料的破坏形式多为屈服。**

（1）脆性断裂。材料破坏时没有明显的塑性变形而突然发生断裂。如铸铁拉伸时沿横截面断裂、扭转时沿 45°斜截面断裂等均属此类情况。材料受轴向拉伸沿横截面发生脆性断裂时，其最大正应力为**强度极限** σ_b。脆性断裂简称为**断裂**。

（2）塑性屈服。材料破坏时产生明显的塑性变形，并伴有屈服现象。如低碳钢拉伸时，当应

力达到屈服极限 σ_s 后，在与轴向成 45°的方向出现滑移线，并产生明显的塑性变形。材料受拉伸而发生塑性屈服时的应力为**屈服极限** σ_s。塑性屈服简称为**屈服**。

强度理论的实质就是材料在复杂应力状态下的失效准则。本节介绍常用的四个强度理论。四个强度理论的研究方法都是假定材料进入极限应力状态是由某一个因素（例如应力、应变和比能）达到了极限值而引起的，都不可避免地存在片面性，这也限制了四个强度理论的适用范围。

7.4.2　断裂准则——第一、第二强度理论

1. 第一强度理论（最大拉应力准则）

该理论认为：材料发生断裂的主要因素是最大拉应力。不论材料处于何种应力状态，只要其最大拉应力 $\sigma_{t\max}$ 达到轴向拉伸试验的强度极限应力 $\sigma_{\max}^0$，材料就发生断裂。其强度条件为

$$\sigma_{r1} = \sigma_1 - \sigma_3 \leqslant [\sigma]$$

式中，σ_{r1} 为第一强度理论的相当应力。

2. 第二强度理论（最大拉应变准则）

该理论认为：材料发生断裂的主要因素是最大拉应变。不论材料处于何种应力状态，只要最大拉应变 $\varepsilon_{t\max}$ 达到极限拉应变 $\varepsilon_{\max}^0$，材料就会发生断裂。而极限拉应变 $\varepsilon_{\max}^0$，就是材料轴向拉伸试验的应力达到强度极限 σ_b 时，材料所产生的最大拉应变。其强度条件为

$$\sigma_{t2} = \sigma_1 - \mu(\sigma_2 + \sigma_3) \leqslant [\sigma]$$

式中，σ_{t2} 为第二强度理论的相当应力。

7.4.3　屈服准则——第三、第四强度理论

1. 第三强度理论（最大切应力准则）

该理论认为：材料发生屈服的主要因素是最大切应力。不论材料处于何种应力状态，只要其最大切应力 $\tau_{\max}$ 达到极限切应力 $\tau_{\max}^0$，材料就屈服。而极限切应力 $\tau_{\max}^0$，就是材料轴向拉伸试验的应力达到屈服极限 σ_s 时，材料所产生的最大切应力。

最大切应力的强度条件为

$$\sigma_{r3} = \sqrt{\sigma^2 + 4\tau^2} \leqslant [\sigma] \tag{7-22}$$

式中，σ_{r3} 为第三强度理论的相当应力。

2. 第四强度理论（形状改变比能理论）

该理论认为：材料发生屈服的主要因素是形状改变比能。不论材料处于何种应力状态，只要其形状改变比能 e_f 达到极限形状改变比能 $(e_f)^0$，材料就屈服。而材料极限形状改变比能 $(e_f)^0$，就是材料轴向拉伸试验的应力达到屈服极限 σ_s 时，材料所产生的形状改变比能。

经过推演后，其强度条件为

$$\sigma_{r4} = \sqrt{\sigma^2 + 3\tau^2} \leqslant [\sigma] \tag{7-23}$$

式中，σ_{r4} 为第四强度理论的相当应力。

第一、第二强度理论通常用于脆性材料的断裂。当塑性材料处于三向拉应力状态（均匀受拉或准均匀受拉）时，也由最大拉应力理论判断其是否断裂。由于最大拉应变理论在实际应用中并不比最大拉应力理论优越，故现在一般不再采用。

第三、第四强度理论通常适用于塑性材料的屈服，而第三强度理论偏于安全。

【例题7-4】 对于图7-10所示各单元体，试分别按第三和第四强度理论求相当应力。

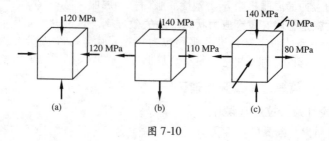

图 7-10

【解】 （1）对于图7-10（a）所示的单元体，已知 $\sigma_1 = 0$，$\sigma_2 = \sigma_3 = -120$ MPa，将它们代入有关公式，得

$$\sigma_{r3} = \sigma_1 - \sigma_3 = 0 - (-120) = 120 \text{ MPa}$$

$$\sigma_{r4} = \sqrt{\frac{1}{2} \left[(\sigma_1 - \sigma_2)^2 + (\sigma_2 - \sigma_3)^2 + (\sigma_3 - \sigma_1)^2 \right]}$$

$$= \sqrt{\frac{1}{2} \left[(0 + 120)^2 + (-120 + 120)^2 + (-120 - 0)^2 \right]} = 120 \text{ MPa}$$

（2）对于图7-10（b）所示的单元体，已知 $\sigma_1 = 140$ MPa，$\sigma_2 = 110$ MPa，$\sigma_3 = 0$，将它们代入有关公式，得

$$\sigma_{r3} = \sigma_1 - \sigma_3 = 140 \text{ MPa}$$

$$\sigma_{r4} = \sqrt{\frac{1}{2} \left[(\sigma_1 - \sigma_2)^2 + (\sigma_2 - \sigma_3)^2 + (\sigma_3 - \sigma_1)^2 \right]}$$

$$= \sqrt{\frac{1}{2} \left[30^2 + 110^2 + (-140)^2 \right]} = 128 \text{ MPa}$$

（3）对于图7-10（c）所示的单元体，已知 $\sigma_1 = 80$ MPa，$\sigma_2 = -70$ MPa，$\sigma_3 = -140$ MPa，将它们代入有关公式，得

$$\sigma_{r3} = \sigma_1 - \sigma_3 = 220 \text{ MPa}$$

$$\sigma_{r4} = \sqrt{\frac{1}{2} \left[(\sigma_1 - \sigma_2)^2 + (\sigma_2 - \sigma_3)^2 + (\sigma_3 - \sigma_1)^2 \right]}$$

$$= \sqrt{\frac{1}{2} \left[150^2 + 70^2 + (-220)^2 \right]} = 195 \text{ MPa}$$

【例题7-5】 两端简支的工字钢梁及其荷载如图7-11（a）所示，梁的横截面尺寸如图7-11（d）所示。试按第三、第四强度理论校核钢梁 C 左截面上 a 点处的强度。已知许用拉应力 $[\sigma] = 170$ MPa。

【解】 （1）作出梁的 F_Q 图、M 图

如图7-11（b），（c）所示，可知 $M_C = 80$ kN·m，$F_{QC}^L = 200$ kN。

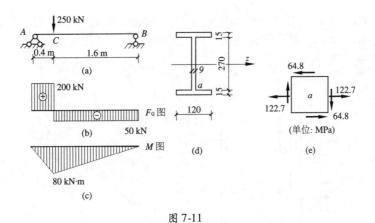

图 7-11

（2）计算 I_z 及 S_{za}^*

$$I_z = \frac{120 \times 300^3}{12} - \frac{111 \times 270^3}{12} = 88 \times 10^6 \text{ mm}^4$$

$$S_{za}^* = 120 \times 15 \times (150 - 7.5) = 256\,500 \text{ mm}^3$$

（3）计算 C 左截面上 a 点处的应力

$$\sigma_a = \frac{M_C y}{I_z} = \frac{80 \times 10^6 \times 135}{88 \times 10^6} = 122.7 \text{ MPa}$$

$$\tau_a = \frac{F_{QC}^L S_{za}^*}{I_z d} = \frac{200 \times 10^3 \times 256\,500}{88 \times 10^6 \times 9} = 64.8 \text{ MPa}$$

（4）绘出 a 点的平面应力状态

如图 7-11（e）所示，根据式（7-22）与式（7-23）进行强度校核。

$$\sigma_{r3} = \sqrt{\sigma^2 + 4\tau^2} = \sqrt{122.7^2 + 4 \times 64.8^2} = 178 \text{ MPa} > [\sigma] = 170 \text{ MPa}$$

$$\sigma_{r4} = \sqrt{\sigma^2 + 3\tau^2} = \sqrt{122.7^2 + 3 \times 64.8^2} = 166 \text{ MPa} < [\sigma] = 170 \text{ MPa}$$

以上计算中，σ_{r3} 值超过许用应力

$$\frac{178 - 170}{170} \times 100\% = 4.7\%$$

未超过工程允许的 5% 的范围，而按 σ_{r4} 值校核安全。

7.5 组合变形

7.5.1 组合变形的概念

前面几单元分别讨论了杆件在轴向拉伸（压缩）、剪切、扭转和平面弯曲等基本变形下的强度及刚度计算。然而，实际工程结构中有些杆件的受力情况是复杂的，构件往往会产生两种或两种以上的基本变形。例如，图 7-12（a）所示烟囱的变形除自重 F_W 引起的轴向压缩外，还有水平方向的风力而引起的弯曲变形，即同时产生两种基本变形。图 7-12（b）所示厂房的柱子，作用

在柱子上的荷载 F_{P1} 和 F_{P2}，它们合力的作用线不与柱子轴线重合。此时，柱子既产生压缩变形又产生弯曲变形。图7-12（c）所示的曲拐轴，在力 F 作用下，AB 段既受弯又受扭，同时产生弯曲和扭转变形。

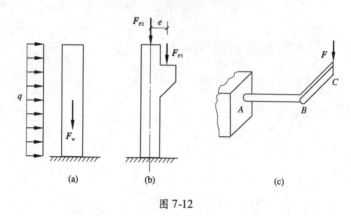

图 7-12

这些构件的变形，都是**两种或两种以上的基本变形的组合，称为组合变形**（combined deformation）。

对组合变形问题进行强度计算的步骤如下：

（1）将所作用的荷载分解或简化为几个只引起一种基本变形的荷载分量；

（2）分别计算各个荷载分量所引起的应力；

（3）根据叠加原理，将所求得的应力相应叠加，即得到原来荷载共同作用下构件所产生的应力；

（4）判断危险点的位置，建立强度条件；

（5）必要时，对危险点处的应力状态进行分析，选择适当的强度理论，进行强度计算。

本节主要研究斜弯曲、拉伸（压缩）与弯曲以及偏心压缩（拉伸）等组合变形构件的强度计算问题。

7.5.2 斜弯曲

单元6已经讨论了梁的平面弯曲，例如图7-13（a）所示的横截面为矩形的悬臂梁，外力 F 作用在梁的纵向对称平面内，此类弯曲称为平面弯曲。本节讨论的斜弯曲与平面弯曲不同，如图7-13（b）所示同样的矩形截面梁，但外力 F 的作用线只通过横截面的形心而不在梁的纵向对称平面内，此梁弯曲后的挠曲线也不再位于梁的纵向对称面内，这类弯曲称为**斜弯曲。斜弯曲是两个平面弯曲的组合**，这里将讨论斜弯曲时的正应力及其强度计算。

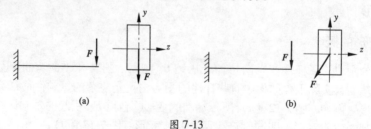

图 7-13

1. 正应力计算

斜弯曲时，梁的横截面上同时存在正应力和切应力，但因切应力值很小，一般不予考虑。下面结合图 7-14（a），（b）所示的矩形截面梁说明斜弯曲时正应力的计算方法。

计算某横截面上（距右端面为 a）K 点的正应力时，先将外力 F 沿两个对称轴方向分解为 F_y 与 F_z，分别计算 F_y 与 F_z 单独作用下产生弯矩 M_z 和 M_y，以及两个弯矩各自产生的正应力，最后再进行同一点应力的叠加。具体计算过程如下：

（1）外力的分解。由图 7-14（a）可知

$$F_y = F\cos\varphi, \quad F_z = F\sin\varphi$$

（2）内力的计算。根据图 7-14（b），距右端为 a 的横截面上由 F_y，F_z 引起的弯矩分别是

$$M_z = F_y a = Fa\cos\varphi, \quad M_y = F_z a = Fa\sin\varphi$$

（3）应力的计算。由 M_z 和 M_y 在该截面引起 K 点正应力分别为

$$\sigma' = \pm\frac{M_z y}{I_z} \text{和} \sigma'' = \pm\frac{M_y z}{I_y}$$

F_y 和 F_z 共同作用下 K 点的正应力为

$$\sigma = \sigma' + \sigma'' = \pm\frac{M_z y}{I_z} \pm \frac{M_y z}{I_y} \tag{7-24}$$

式中，I_z 和 I_y 分别为截面对 z 轴和 y 轴的惯性矩；y 和 z 分别为所求应力点到 z 轴和 y 轴的距离，如图 7-14（c）所示。

式（7-24）就是梁斜弯曲时横截面任一点的正应力计算公式。用式（7-24）计算正应力时，式中的 M_z，M_y，y，z 仍以绝对值代入。σ' 和 σ'' 的正负，根据梁的变形和所求应力点的位置直接判定（拉为正、压为负）。例如图 7-14（b）中 A 点的应力，在 F_y（即 M_z）单独作用下梁向下弯曲，此时 A 点在受拉区，σ' 为正值。同时，在 F_z（即 M_y）单独作用下，A 点位于受压区，σ'' 为负值（图 7-14（d），（e））。

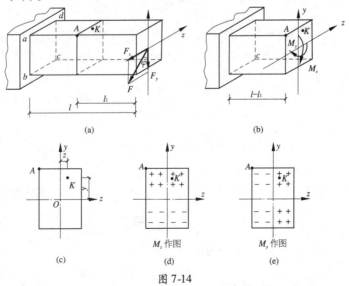

图 7-14

通过以上分析过程，可以将斜弯曲梁的正应力计算的思路归纳为"先分后合"，具体如下：

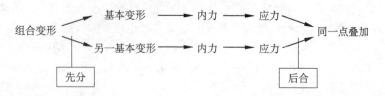

紧紧抓住这一要点，本节的其他组合变形问题都将迎刃而解。

2. 正应力强度条件

同平面弯曲一样，斜弯曲梁的正应力强度条件仍为

$$\sigma_{max} \leqslant [\sigma]$$

即危险截面上危险点的最大正应力不能超过材料的许用应力 $[\sigma]$。

工程中常用的工字形、矩形等对称截面梁，斜弯曲时梁内最大正应力都发生在危险截面的角点处。如图 7-14（a）所示的矩形截面梁，其左侧固定端截面的弯矩最大，$M_{max} = Fl$，该截面为危险截面。M_z 引起的最大拉应力（σ'_{max}）位于该截面边缘 ad 线上各点，M_y 引起的最大拉应力（σ''_{max}）位于 cd 上各点。叠加后，交点 d 处的拉应力即为最大正应力，其值可按式（7-24）求得

$$\sigma_{max} = \sigma'_{max} + \sigma''_{max} = \frac{M_{zmax} y_{max}}{I_z} + \frac{M_{ymax} z_{max}}{I_y}$$

即

$$\sigma_{max} = \frac{M_{zmax}}{W_z} + \frac{M_{ymax}}{W_y} \tag{7-25}$$

则斜弯曲梁的强度条件为

$$\sigma_{max} = \frac{M_{zmax}}{W_z} + \frac{M_{ymax}}{W_y} \leqslant [\sigma] \tag{7-26}$$

根据这一强度条件，同样可以解决工程中常见的三类问题，即强度校核、截面设计和确定许可荷载。在选择截面（截面设计）时应注意：因式中存在两个未知量 W_z 和 W_y，所以，在选择截面时，需先设定一个 $\frac{W_z}{W_y}$（对矩形截面 $\frac{W_z}{W_y} = \frac{\frac{1}{6}bh^2}{\frac{1}{6}hb^2} = \frac{h}{b} = 1.2 \sim 2$；对工字形截面取 $6 \sim 10$，然后再用式（7-25）计算所需的 W_z 值，确定截面的具体尺寸，最后再对所选截面进行校核，确保其满足强度条件。

【例题 7-6】 矩形截面悬臂梁如图 7-15 所示，已知 $F_1 = 0.5$ kN，$F_2 = 0.8$ kN，$b = 100$ mm，$h = 150$ mm。试计算梁的最大拉应力及所在位置。

【解】 此梁受铅垂力 F_1 与水平力 F_2 共同作用，产生双向弯曲变形，其应力计算方法与前述斜弯曲相同。该梁危险截面为固定端截面。

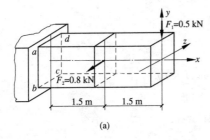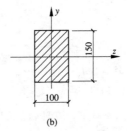

图 7-15

（1）内力的计算

$$M_{zmax} = F_1 l = 0.5 \times 3 = 1.5 \text{ kN} \cdot \text{m}$$

$$M_{ymax} = F_2 \times \frac{l}{2} = 0.8 \times \frac{3}{2} = 1.2 \text{ kN} \cdot \text{m}$$

（2）应力的计算

$$\sigma_{max} = \frac{M_{zmax}}{W_z} + \frac{M_{ymax}}{W_y} = \frac{6M_{zmax}}{bh^2} + \frac{6M_{ymax}}{hb^2}$$

$$= \frac{6 \times 1.5 \times 10^6}{100 \times 150^2} + \frac{6 \times 1.2 \times 10^6}{150 \times 100^2} = 8.8 \text{ MPa}$$

根据实际变形情况，F_1 单独作用，最大拉应力位于固定端截面上边缘 ad；F_2 单独作用，最大拉应力位于固定端截面后边缘 cd，叠加后角点 d 拉应力最大。

上述计算的 $\sigma_{max} = 8.8 \text{ MPa}$，也正是 d 点的应力。

【例题 7-7】　　如图 7-16 所示跨度为 4 m 的简支梁，拟用工字钢制成，$[\sigma] = 160$ MPa。跨中作用集中力 $F = 7$ kN，与横截面铅垂对称轴的夹角 $\varphi = 20°$。试选择工字钢的型号。

【解】　（1）外力的分解

$$F_y = F\cos 20° = 7 \times 0.940 = 6.578 \text{ kN}$$

$$F_z = F\sin 20° = 7 \times 0.342 = 2.394 \text{ kN}$$

（2）内力的计算

$$M_z = \frac{F_y l}{4} = \frac{6.578 \times 4}{4} = 6.578 \text{ kN} \cdot \text{m}$$

$$M_y = \frac{F_z l}{4} = \frac{2.394 \times 4}{4} = 2.394 \text{ kN} \cdot \text{m}$$

（3）强度计算

设 $\dfrac{W_z}{W_y} = 6$，代入

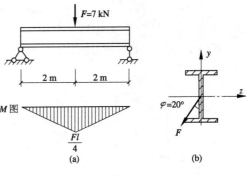

图 7-16

$$\sigma_{\max} = \frac{M_z}{W_z} + \frac{M_y}{W_y} = \frac{M_z}{W_z} + \frac{6M_y}{W_z} \leq [\sigma]$$

得

$$W_z \geq \frac{M_z + 6M_y}{[\sigma]} = \frac{(6.578 + 6 \times 2.394) \times 10^6}{160} = 130.9 \times 10^3 \text{ mm}^3 = 130.9 \text{ cm}^3$$

试选 16 号工字钢，查得 $W_z = 141 \text{ cm}^3$，$W_y = 21.2 \text{ cm}^3$。

再校核其强度：

$$\sigma_{\max} = \frac{M_{z\max}}{W_z} + \frac{M_{y\max}}{W_y} = \frac{6.578 \times 10^6}{141 \times 10^3} + \frac{2.394 \times 10^6}{21.2 \times 10^3} = 159.6 \text{ MPa} < [\sigma] = 160 \text{ MPa}$$

满足强度要求。于是，该梁选 16 号工字钢即可。

7.5.3 拉伸（压缩）与弯曲的组合变形

当杆件同时作用轴向力和横向力时（图 7-17（a）），轴向力 F_N 使杆件伸长（或缩短），横向力 q 使杆件弯曲，因而杆件的变形为轴向拉伸（压缩）与弯曲的组合变形，简称拉（压）弯。下面以图 7-17（a）所示的受力杆件为例说明拉（压）弯组合变形时的正应力及强度计算。

计算杆件在轴向拉伸（压缩）与弯曲组合变形的正应力时，与斜弯曲类似，仍采用叠加法，即分别计算杆件在轴向拉伸（压缩）和弯曲变形下的正应力，再将同一点应力叠加。轴向力 F_N 单独作用时，横截面上的正应力均匀分布（图 7-17（c）），横截面上任一点正应力为

$$\sigma' = \frac{F_N}{A}$$

横向力 q 单独作用时，梁发生平面弯曲，正应力沿截面高度呈线性分布（图 7-17（d）），横截面上任一点的正应力为

$$\sigma'' = \pm \frac{M_z y}{I_z}$$

F_N，q 共同作用下，横截面上任一点的正应力为

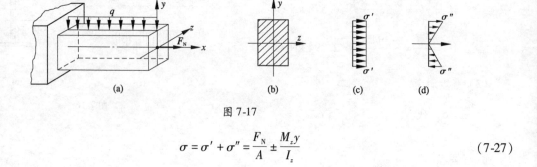

图 7-17

$$\sigma = \sigma' + \sigma'' = \frac{F_N}{A} \pm \frac{M_z y}{I_z} \tag{7-27}$$

式中，第一项 σ' 拉为正，压为负；第二项 σ'' 的正负仍根据点的位置和梁的变形直接判断（拉为正，压为负）。

式（7-27）就是杆件在轴向拉伸（压缩）与弯曲组合变形时横截面上任一点的正应力计算公式。

有了正应力计算公式，很容易建立正应力强度条件。对图 7-17（a）所示的拉弯组合变形杆，最大拉应力和最大压应力发生在弯矩最大截面的上下边缘处，其值为

$$\sigma_{tmax} = \frac{F_N}{A} + \frac{M_{max}}{W_z}$$

$$\sigma_{cmax} = \frac{F_N}{A} - \frac{M_{max}}{W_z}$$

正应力强度条件为

$$\sigma_{tmax} \leqslant [\sigma_t]$$
$$\sigma_{cmax} \leqslant [\sigma_c]$$

(7-28)

【例题7-8】　如图 7-18（a）所示，矩形截面柱柱顶有压力 $F_1 = 100$ kN，牛腿上承受吊车梁压力 $F_2 = 45$ kN，$e = 0.2$ m，柱宽 $b = 200$ mm。

求：（1）若 $h = 300$ mm，则柱截面中的最大拉应力和最大压应力各是多少？

（2）要使柱截面不产生拉应力，截面高度 h 应为多少？在所选的 h 尺寸下，柱截面中的最大正应力为多少？

【解】　（1）将荷载向截面形心简化，柱的轴向压力为

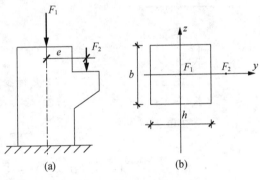

图 7-18

$$F = F_1 + F_2 = 100 + 45 = 145 \text{ kN}$$

截面的弯矩为

$$M = F_2 e = 45 \times 0.2 = 9 \text{ kN} \cdot \text{m}$$

所以

$$\sigma_{tmax} = -\frac{F_N}{A} + \frac{M}{W_z} = -\frac{145 \times 10^3}{200 \times 300} + \frac{9 \times 10^6}{\dfrac{200 \times 300^2}{6}} = 0.58 \text{ MPa}$$

$$\sigma_{cmax} = -\frac{F_N}{A} - \frac{M}{W_z} = -\frac{145 \times 10^3}{200 \times 300} - \frac{9 \times 10^6}{\dfrac{200 \times 300^2}{6}} = -5.42 \text{ MPa}$$

（2）要使截面不产生拉应力，应满足

$$\sigma_{tmax} = -\frac{F_N}{A} + \frac{M}{W_z} \leqslant 0$$

即：

$$\sigma_{tmax} = -\frac{145 \times 10^3}{200h} + \frac{9 \times 10^6}{\dfrac{200h^2}{6}} \leqslant 0$$

$$h \geqslant 372 \text{ mm}, \text{取 } h = 380 \text{ mm}$$

此时产生的最大压应力为

$$\sigma_{cmax} = -\frac{F}{A} - \frac{M}{W_z} = -\frac{145 \times 10^3}{200 \times 380} - \frac{9 \times 10^6}{\dfrac{200 \times 380^2}{6}} = -3.78 \text{ MPa}$$

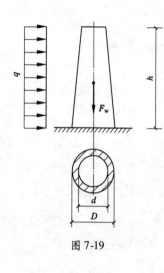

图 7-19

【例题 7-9】 如图 7-19 所示，砖砌烟囱高 $h = 40$ m，自重 $F_w = 3 \times 10^3$ kN，侧向风压 $q = 1.5$ kN/m，底面外径 $D = 3$ m，内径 $d = 1.6$ m，砌体的 $[\sigma_c] = 1.3$ MPa，试校核烟囱的强度。

【解】 烟囱在自重和侧向风压的共同作用下，产生压弯组合变形，其危险截面为底面，最大压应力点位于底面右边缘。

（1）内力的计算

$$F_N = F_w = 3 \times 10^3 \text{ kN}$$

$$M_{max} = \frac{qh^2}{2} = 1.5 \times \frac{40^2}{2} = 1\,200 \text{ kN·m}$$

（2）几何参数计算

内外径比、底面积和抗弯截面模量为

$$\alpha = \frac{d}{D} = 0.533$$

$$A = \frac{\pi}{4}(D^2 - d^2) = \frac{\pi}{4} \times (3^2 - 1.6^2) = 5 \text{ m}^2$$

$$W_z = \frac{\pi}{32}D^3(1 - \alpha^4) = \frac{\pi}{32} \times 3^3 \times (1 - 0.533^4) = 2.4 \text{ m}^3$$

（3）强度计算

由强度条件，得最大压应力

$$\sigma_{cmax} = \left| -\frac{F_N}{A} - \frac{M}{W_z} \right| = \left| -\frac{3 \times 10^3 \times 10^3}{5 \times 10^6} - \frac{1\,200 \times 10^6}{2.4 \times 10^9} \right|$$

$$= |-0.6 - 0.5| = 1.1 \text{ MPa} < [\sigma_c] = 1.3 \text{ MPa}$$

所以，烟囱满足强度条件。

另外，底面左边缘 $\sigma_{cmin} = -0.6 + 0.5 = -0.1$ MPa，未出现拉应力。

7.5.4 偏心压缩（拉伸）·截面核心

轴向拉伸（压缩）时，外力 F 的作用线与杆件轴线重合。当外力 F 的作用线只平行于轴线而不与轴线重合时，则称为**偏心拉伸（压缩）**。偏心拉伸（压缩）可分解为轴向拉伸（压缩）和弯曲两种基本变形。

　　偏心拉伸（压缩）分为单向偏心拉伸（压缩）和双向偏心拉伸（压缩），本节将分别讨论这两种情况下的应力计算。

1. 单向偏心拉伸（压缩）时的正应力计算

　　矩形截面偏心受压杆如图7-20（a）所示，平行于杆件轴线的压力 F 的作用点距形心 O 为 e，并且位于截面的一个对称轴 y 上，e 称为偏心距，这类偏心压缩称为单向偏心压缩。当 F 为拉力时，则称为单向偏心拉伸。

　　计算应力时，将压力 F 平移到截面的形心处，使其作用线与杆轴线重合。由力的平移定理可知，平移后需附加一力偶，力偶矩为 $M_z = Fe$，如图7-20（b）所示。此时，平移后的力 F 使杆件发生轴向压缩，M_z 使杆件绕 z 轴发生平面弯曲（纯弯曲）。由此可知，单向偏心压缩就是上节讨论过的轴向压缩与平面弯曲的组合变形，所不同的是弯曲的弯矩不再是变量。所以横截面上任一点的正应力为

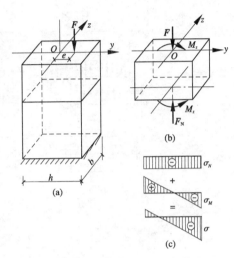

图 7-20

$$\sigma = \sigma_N + \sigma_M = \frac{F_N}{A} \pm \frac{M_z y}{I_z} \qquad (7\text{-}29)$$

　　单向偏心拉伸（压缩）时，最大正应力的位置很容易判断。如图7-20（c）所示的情况，最大的正应力显然发生在截面的左右边缘处，其值为

$$\genfrac{}{}{0pt}{}{\sigma_{tmax}}{\sigma_{cmax}} = \frac{F_N}{A} \pm \frac{M_z}{W_z}$$

正应力强度条件为

$$\sigma_{max} \leqslant [\sigma] \qquad (7\text{-}30)$$

即构件中的最大拉、压应力均不得超过允许的正应力。

2. 双向偏心拉伸（压缩）

　　如图7-21（a）所示的偏心受拉杆，平行于轴线的拉力的作用点不在截面的任何一个对称轴上，与 z，y 轴的距离分别为 e_y 和 e_z。这类偏心拉伸称为双向偏心拉伸，当 F 为压力时，称为双向偏心压缩。

　　计算这类杆件任一点正应力的方法，与单向偏心拉伸（压缩）类似。仍是将外力 F 平移到截面的形心处，使其作用线与杆的轴线重合，但平移后附加的力偶不是一个，而是两个。两个力偶的力偶矩分别是 F 对 z 轴的力矩 $M_z = Fe_y$ 和对 y 轴的力矩 $M_y = Fe_z$（图7-21（b））。此时，平移后的力 F' 使杆件发生轴向拉伸，M_z 使杆件绕 z 轴发生平面弯曲，M_y 使杆件在绕 y 轴发生平面弯曲。所以，双向偏心拉伸（压缩）实际上是轴向拉伸（压缩）与两个平面弯曲的组合变形。任一点的正应力由三部分组成。

　　轴力 F_N 作用下，横截面 $ABCD$ 上任一点 K 的正应力为

$$\sigma' = \frac{F_N}{A} \text{（分布情况见图7-21（d））}$$

　　M_z 和 M_y 单独作用下，横截面 $ABCD$ 上任意点 K 的正应力分别为

$$\sigma'' = \pm \frac{M_z y}{I_z} \text{（分布情况见图7-21（e））}$$

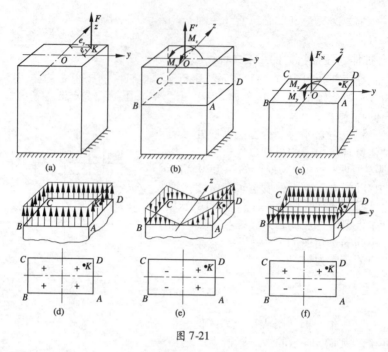

图 7-21

$$\sigma''' = \pm \frac{M_y z}{I_y} \quad (\text{分布情况见图 7-21 (f)})$$

三者共同作用下，横截面上 $ABCD$ 上任意点 K 的总正应力为以上三部分叠加，即

$$\sigma = \sigma' + \sigma'' + \sigma''' = \frac{F_N}{A} \pm \frac{M_z y}{I_z} \pm \frac{M_y z}{I_y} \tag{7-31}$$

式（7-31）也适用于双向偏心压缩。只是式中第一项为负；式中的第二项与第三项的正负，仍根据点的位置，由变形直接确定。如图 7-21 (d)，(e)，(f) 所示，K 点的 σ'，σ''，σ''' 均为正；B 点的第一项为正，第二、三项都为负。

对于矩形、工字形等具有两个对称轴的横截面，最大拉应力或最大压应力都发生在横截面的角点处。其值为

$$\sigma_{tmax} = \frac{F_N}{A} + \frac{M_z}{W_z} + \frac{M_y}{W_y} \quad (\text{双向偏心拉伸})$$

$$\sigma_{cmax} = \frac{F_N}{A} - \frac{M_z}{W_z} - \frac{M_y}{W_y} \quad (\text{双向偏心压缩})$$

正应力强度条件为

$$\sigma_{max} \leqslant [\sigma] \tag{7-32}$$

【例题 7-10】 单向偏心受压杆，横截面为矩形 $b \times h$，如图 7-22 (a) 所示，力 F 的作用点位于横截面的 y 轴上。试求杆的横截面不出现拉应力的最大偏心距 e_{max}。

【解】 将力 F 平移到截面的形心处并附加一力偶矩 $M_z = Fe_{max}$ （图 7-22 (b)）。

F 单独作用下，横截面上各点的正应力

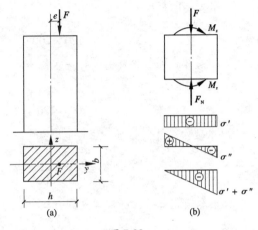

图 7-22

$$\sigma' = \frac{F_N}{A} = -\frac{F}{bh}$$

M_z 单独作用下截面上 z 轴的左侧受拉，最大拉应力发生在截面的左边缘处，其值为

$$\sigma'' = \frac{M_z}{W} = \frac{6Fe_{max}}{bh^2}$$

欲使横截面不出现拉应力，应使 F_N 和 M_z 共同作用下横截面左边缘处的正应力等于零，如图 7-22（b）所示，即

$$\sigma = \sigma' + \sigma'' = \frac{F_N}{A} + \frac{M_z}{W_z} = 0$$

即

$$-\frac{F}{bh} + \frac{6Fe_{max}}{bh^2} = 0$$

解得

$$e_{max} = \frac{h}{6}$$

即最大偏心距为 $\frac{h}{6}$。

【**例题 7-12**】 如图 7-23 所示矩形截面柱高 $H = 0.5$ m，$F_1 = 60$ kN，$F_2 = 10$ kN，$e = 0.03$ m，$b = 120$ mm，$h = 200$ mm。试计算底面上 A，B，C，D 四点的正应力。

【**解**】 该构件为弯曲与单向偏压的组合变形。

（1）将力 F_1 平移到柱轴线处，得

$$F_N = -60 \text{ kN}$$
$$M_z = F_1 \cdot e = 60 \times 0.03 = 1.8 \text{ kN} \cdot \text{m}$$

F_2 产生的底面弯矩

$$M_y = F_2 \cdot H = 10 \times 0.5 = 5 \text{ kN} \cdot \text{m}$$

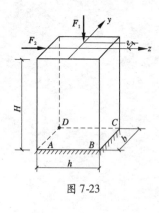

图 7-23

（2）F_N 单独作用时

$$\sigma_N = \frac{F_N}{A} = -\frac{60 \times 10^3}{120 \times 200} = -2.5 \text{ MPa}$$

M_z 单独作用时，横截面的最大正应力

$$\sigma_{Mz} = \frac{M_z}{W_z} = \frac{6 \times 1.8 \times 10^6}{200 \times 120^2} = 3.75 \text{ MPa}$$

M_y 单独作用时，底面的最大正应力

$$\sigma_{My} = \frac{M_y}{W_y} = \frac{6 \times 5 \times 10^6}{120 \times 200^2} = 6.25 \text{ MPa}$$

（3）根据各点位置，判断以上各项正负号，计算各点应力

$$\sigma_A = \sigma_N + \sigma_{Mz} + \sigma_{My} = -2.5 + 3.75 + 6.25 = 7.5 \text{ MPa}$$

$$\sigma_B = -2.5 + 3.75 - 6.25 = -5 \text{ MPa}$$

$$\sigma_C = -2.5 - 3.75 - 6.25 = -12.5 \text{ MPa}$$

$$\sigma_D = -2.5 - 3.75 + 6.25 = 0$$

3. 截面核心

从【例题 7-11】可知，当偏心压力 F 的偏心距 e 小于某一值时，可使杆横截面上的正应力全部为压应力而不出现拉应力，而与压力 F 的大小无关。土建工程中大量使用的砖、石、混凝土等材料，其抗拉能力远远小于抗压能力，这类材料制成的杆件在偏心压力作用下，截面上最好不出现拉应力，以避免被拉裂。因此，要求偏心压力的作用点至截面形心的距离不可太大。**当荷载作用在截面形心周围的一个区域内时，杆件整个横截面上只产生压应力而不出现拉应力，这个荷载作用的区域称为截面核心。**

常见的矩形、圆形和工字形截面核心如图 7-24 中阴影部分所示。

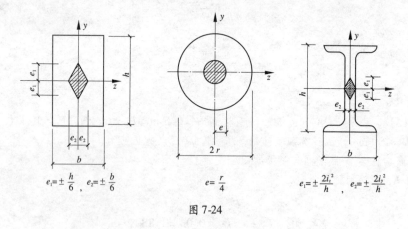

$$e_1 = \pm \frac{h}{6}, \quad e_2 = \pm \frac{b}{6} \qquad\qquad e = \frac{r}{4} \qquad\qquad e_1 = \pm \frac{2i_z^2}{h}, \quad e_2 = \pm \frac{2i_y^2}{h}$$

图 7-24

思考题

7-1　何谓一点处的应力状态？研究它有什么意义？

7-2　何谓平面应力状态和空间应力状态？何谓单向、双向、三向应力状态？

7-3　平面应力状态的主应力如何确定？三个主应力的排列顺序有何规定？主平面的位置如何确定？

7-4　如何绘出应力圆？应力圆与单元体有何关系？应力圆有哪些用途？

7-5　何谓梁的主应力迹线？它有什么用途？

7-6　何谓强度理论？为什么要提出强度理论？

7-7　材料的破坏形式有哪些？举例说明。

7-8　四个基本的强度理论的主要内容是什么？它们的适用范围如何？

7-9　如图 7-25 所示各杆的 *AB*，*BC*，*CD* 各段截面上有哪些内力？各段产生什么组合变形？

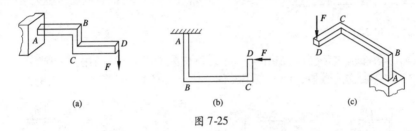

图 7-25

7-10　图 7-26 所示各杆的组合变形是由哪些基本变形组合成的？判定在各基本变形情况下 *A*，*B*，*C*，*D* 各点处正应力的正负号。

7-11　如图 7-27 所示三根短柱受压力 **F** 作用，图 7-27（b），（c）的柱各挖去一部分。试判断如图所示的三种情况下，短柱中的最大压应力的大小和位置。

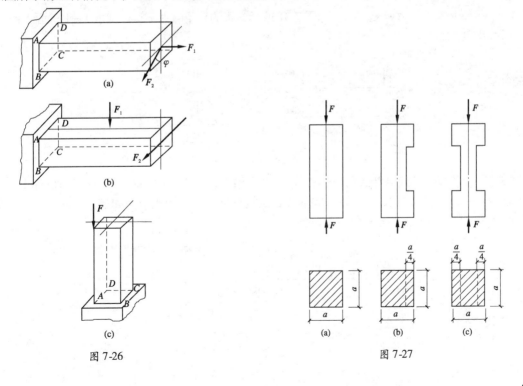

图 7-26　　　　　　　　　　　　　图 7-27

习题

7-1 一根等直圆杆,直径 $D = 100$ mm,承受扭矩 $M = 8$ kN·m 及轴向拉力 $F = 40$ kN 作用。如在杆的表面上一点处截取单元体,如图 7-28 所示。试求此单元体各面的应力,并将这些应力画在单元体上。

7-2 用解析法求图 7-29 所示悬臂梁距离自由端为 0.72 m 的截面上,在顶面下 40 mm 的一点处的最大主应力及最小主应力,并求最大主应力与 x 轴之间的夹角。

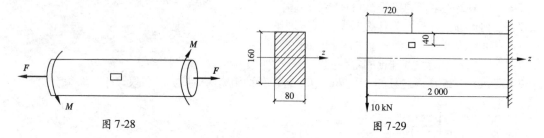

图 7-28   图 7-29

7-3 各单元体各面上的应力如图所示(应力单位为 MPa)。试利用应力圆:(1)求指定截面上的应力;(2)求主应力的数值;(3)在单元体上绘出主平面的位置及主应力的方向。

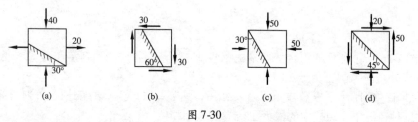

(a)   (b)   (c)   (d)

图 7-30

7-4 一钢板梁的尺寸及受力情况如图 7-31 所示,梁的自重略去不计。试求 1—1 截面上的 a,b,c 三点处的主应力。

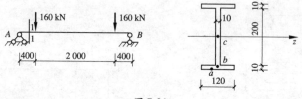

图 7-31

7-5 一简支钢板梁所受荷载如图 7-32 所示,它的截面尺寸如图 7-32(b)所示。已知钢材的许用应力为 $[\sigma] = 170$ MPa,$[\tau] = 100$ MPa,试校核梁内的最大正应力和最大切应力,并按第四强度理论对危险截面上的 a 点作强度校核。

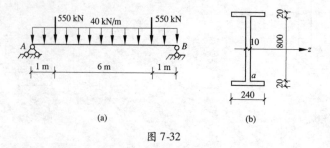

(a)   (b)

图 7-32

7-6 由 14 号工字钢制成的简支梁，受力如图 7-33 所示。力 **F** 作用线过截面形心且与 y 轴成 15°，已知 $F = 6$ kN，$l = 4$ m。试求梁的最大正应力。

7-7 矩形截面悬臂梁受力如图 7-34 所示，力 **F** 过截面形心且与 y 轴成 12°，已知 $F = 1.2$ kN，$l = 2$ m，材料的许用应力 $[\sigma] = 10$ MPa。试确定 b 和 h 的尺寸（可设 $\frac{h}{b} = 1.5$）。

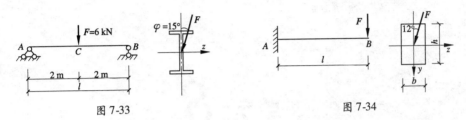

图 7-33　　　　　　　　　　　　　　　图 7-34

7-8 如图 7-35 所示的桁架结构，杆 AB 为 18 号工字钢。已知 $l = 2.8$ m，跨中 $F = 30$ kN，$[\sigma] = 170$ MPa。试校核 AB 杆的强度。

7-9 如图 7-36 所示正方形截面偏心受压柱，已知 $a = 400$ mm，$e_y = e_z = 100$ mm，$F = 160$ kN。试求该柱的最大拉应力与最大压应力。

7-10 如图 7-37 所示一矩形截面厂房柱受压力 $F_1 = 100$ kN，$F_2 = 45$ kN，F_2 与柱轴线偏心距 $e = 200$ mm，截面宽 $b = 200$ mm，如要求柱截面上不出现拉应力，截面高 h 应为多少？此时最大压应力为多大？

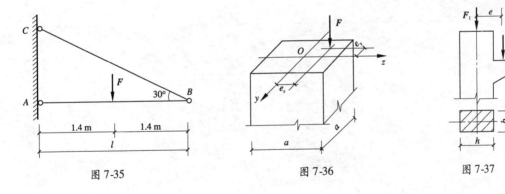

图 7-35　　　　　　　　　　图 7-36　　　　　　　　图 7-37

◎单元 **8**
压杆稳定

单元概述：本单元主要介绍细长压杆临界力的计算及压杆稳定的实用计算法——折减系数法。

学习目标：

1. 理解压杆失稳的原理和压杆稳定计算的必要性。
2. 掌握柔度的概念及计算，能判别大柔度杆与中柔度杆，并运用欧拉公式或经验公式计算压杆的临界力和临界应力。
3. 掌握压杆稳定计算的折减系数法。
4. 了解提高压杆稳定性的措施。

教学建议：多媒体演示及现场讲解相结合。

关键词：失稳（instability）；临界力（critical force）；临界应力（critical stress）；柔度（flexibility）

8.1　压杆稳定的概念

前面对受压杆件的研究，是从强度观点出发的。认为只要满足压缩强度条件，就可以保证压杆的正常工作。但是，对受压杆件的破坏分析表明，在满足强度条件下也能发生破坏。例如，一根宽 30 mm、厚 5 mm 的矩形截面杆，对其施加轴向压力，如图 8-1 所示。设材料的抗压强度 $\sigma_c = 40$ MPa，当杆很短（图 8-1（a）），将杆压坏所需的压力为 $F_p = \sigma_c A = 6\,000$ N，但杆长为 1 m 时（图 8-1（b）），则不到 30 N 的压力，压杆就会突然弯曲而失去工作能力。这是由于压杆不能维持原有直杆的平衡状态所致，这种现象称为**丧失稳定**，简称**失稳**（instability）。由此可见，材料及横截面均相同的压杆，由于长度不同，其抵抗外力的性质将发生根本改变：**短粗压杆的破坏是取决于强度；细长压杆的破坏是取决于稳定**。细长压杆的承载能力远低于短粗压杆。因此，必须研究压杆的稳定问题。

现对压杆稳定性概念再作进一步讨论。图 8-2（a）为一等截面中心受压杆，此杆在 F_p 作用下保持直线状态，无论压力多大，在直线状态下总是满足静力平衡条件的。然而该平衡状态视其压力的大小，却有稳定与不稳定之分。现对该压杆施加一横向干扰产生微弯（图 8-2（b）），然后撤除干扰来判断。当 F_p 值不超过某一值 F_{cr} 时，撤除干扰后，杆能恢复到原来的直线形状（图 8-2（c）），此时杆的平衡是稳定的，称为**稳定平衡**状态；当 F 值超过某一值 F_{cr} 时，杆不能恢复原有的直线形状，只能在一定弯曲变形下平衡（图 8-2（d）），甚至折断，此时称杆的原有直线状态的平衡为**不稳定平衡**。

由此可知，压杆的直线平衡状态是否稳定，与压力 F_p 的大小有关。当压力 F_p 逐渐增大至某

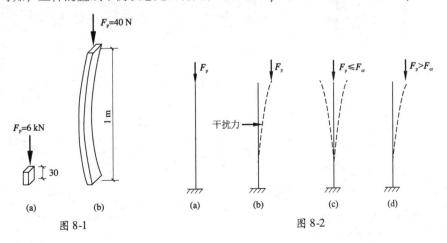

图 8-1　　　　　　　　　　　　图 8-2

一特定值 F_{cr} 时，压杆将从稳定平衡过渡到不稳定平衡，此时称为**临界状态**。压力 F_{cr} 称为压杆的**临界力**（critical force）。当外力达到此值时，压杆即开始丧失稳定。

在工程史上，就曾经发生过不少这类满足强度条件的压杆突然破坏导致整个结构毁坏的事故。例如，1907 年北美洲魁北克圣劳伦斯河上的一座五百多米长的钢桥在施工中，由于其桁架中的受压杆失稳而造成突然坍塌。1925 年前苏联的莫兹尔桥及 1940 年美国的塔科马桥的毁坏，都是引人注目的重大工程事故。因此，在设计压杆时，必须进行稳定计算。

8.2 细长压杆的临界力

如前所述，判断压杆是否会丧失稳定，主要取决于压力是否达到了临界力值。因此，确定压杆的临界力是解决压杆稳定问题的关键。

8.2.1 两端铰支细长压杆的临界力

图 8-3 为两端铰支的细长压杆杆件，由实验测试和理论推导，可得到临界力的如下关系：

$$F_{cr} = \frac{\pi^2 EI}{l^2} \tag{8-1}$$

式中，EI 为压杆的抗弯刚度。

式（8-1）即为两端铰支细长压杆的临界力计算式，又称为欧拉公式。当杆端在各个方向的支承情况相同时，杆将在 EI 值较小平面内失稳。所以，惯性矩 I 应为压杆横截面的最小形心主惯性矩 I_{min}。两端铰支细长压杆的挠曲线是一条半波正弦曲线（图 8-3）。

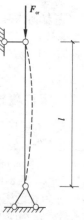

图 8-3

8.2.2 其他支承情况下细长压杆的临界力

对于其他支承形式的压杆，临界力的欧拉公式见表 8-1。

表 8-1 　　　　　 各种支承情况下等截面细长杆的临界力公式

杆端约束情况	两端铰支	一端固定一端自由	一端固定一端铰支	两端固定
挠曲线形状	l	$2l$	l ... $0.7l$	l ... $0.5l$
临界应力公式	$F_{cr} = \dfrac{\pi^2 EI}{l^2}$	$F_{cr} = \dfrac{\pi^2 EI}{(2l)^2}$	$F_{cr} = \dfrac{\pi^2 EI}{(0.7l)^2}$	$F_{cr} = \dfrac{\pi^2 EI}{(0.5l)^2}$
长度系数 μ	1.0	2.0	0.7	0.5

注：μl 为**计算长度**，μ 称为**长度系数**。

从表 8-1 中可以看到，各临界力的欧拉公式中，只是分母中 l 前边的系数不同。可以写成统一形式，即

$$F_{cr} = \frac{\pi^2 EI}{(\mu l)^2} \tag{8-2}$$

【例题 8-1】　一根两端铰支的 20a 工字钢细长压杆，长 $l = 3$ m，钢的弹性模量 $E = 200$ GPa。试计算其临界力。

【解】　查型钢表得 $I_z = 2\,370$ cm^4，$I_y = 158$ cm$^4 = 1.58 \times 10^6$ mm^4，应取小值。按式（8-1）计算得

$$F_{cr} = \frac{\pi^2 EI}{l^2} = \frac{\pi^2 \times 200 \times 10^3 \times 1.58 \times 10^6}{3\,000^2} = 346 \times 10^3 \text{ N} = 346 \text{ kN}$$

由此可知，若轴向压力达到 346 kN 时，此杆会失稳。

【例题 8-2】　一矩形截面的中心受压的细长木柱，长 $l = 8$ m，柱的支承情况，在最大刚度平面内弯曲时为两端铰支（图 8-4（a））；在最小刚度平面内弯曲时为两端固定（图 8-4（b））。木材的弹性模量 $E = 10$ GPa，试求木柱的临界力。

【解】　由于最大刚度平面与最小刚度平面内的支承情况不同，所以需分别计算。

（1）计算最大刚度平面内的临界力

考虑压杆在最大刚度平面内失稳时，由图 8-4（a）可知，截面的惯性矩为

$$I_y = \frac{120 \times 200^3}{12} = 80 \times 10^6 \text{ mm}^4$$

两端铰支，长度系数 $\mu = 1$，代入式（8-2），得

$$F_{cr} = \frac{\pi^2 EI_y}{(\mu l)^2} = \frac{3.14^2 \times 10 \times 10^3 \times 80 \times 10^6}{(1 \times 8\,000)^2} = 123 \times 10^3 \text{ N} = 123 \text{ kN}$$

（2）计算最小刚度平面内的临界力

由图 8-4（b）可知截面惯性矩为

$$I_z = \frac{200 \times 120^3}{12} = 28.8 \times 10^6 \text{ mm}^4$$

两端固定，长度系数 $\mu = 0.5$，代入式（8-2），得

$$F_{cr} = \frac{\pi^2 EI_z}{(\mu l)^2} = \frac{3.14^2 \times 10 \times 10^3 \times 28.8 \times 10^6}{(0.5 \times 8\,000)^2} = 177 \times 10^3 \text{ N} = 177 \text{ kN}$$

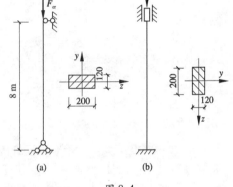

图 8-4

比较计算结果可知，第一种情况的临界力小，所以压杆失稳时将在最大刚度平面内产生弯曲。

［例题 8-1］说明，当在最小刚度平面与最大刚度平面内支承情况不同时，压杆不一定在最小刚度平面内失稳，必须经过具体计算后才能确定。

8.3 临界应力与欧拉公式的适用范围

8.3.1 临界应力

当压杆在临界力 $\boldsymbol{F}_{cr}$ 作用下处于平衡时，其横截面上的压应力为 $\dfrac{F_{cr}}{A}$，此压应力称为**临界应力**（critical stress），用 σ_{cr} 表示。即

$$\sigma_{cr} = \frac{\pi^2 E}{(\mu l)^2} \frac{I}{A} \tag{8-3}$$

令 $i = \sqrt{\dfrac{I}{A}}$（i 为惯性半径），则式（8-3）可改写为

$$\sigma_{cr} = \frac{\pi^2 E i^2}{(\mu l)^2} = \frac{\pi^2 E}{\left(\dfrac{\mu l}{i}\right)^2} \tag{8-4}$$

令 $\lambda = \dfrac{\mu l}{i}$，则式（8-4）又可写为

$$\sigma_{cr} = \frac{\pi^2 E}{\lambda^2} \tag{8-5}$$

式（8-5）为欧拉临界应力公式，实际是欧拉公式（8-2）的另一种形式。$\lambda = \dfrac{\mu l}{i}$ 称为**柔度**（flexibility）或**长细比**。它综合反映了压杆的长度、截面形状与尺寸以及支承情况对临界应力的影响。从式（8-5）可看到，当 E 值一定时，σ_{cr} 与 λ^2 成反比。

这表明，对压杆而言，临界应力 σ_{cr} 仅决定于柔度 λ。若 λ 值越大，σ_{cr} 越小，压杆越容易失稳。

8.3.2 欧拉公式的适用范围

欧拉公式的适用范围是压杆的应力不超过材料的比例极限，即

$$\sigma_{cr} \leqslant \sigma_p \tag{8-6}$$

将式（8-6）代入式（8-5），可求得对应于比例极限的长细比为

$$\lambda_p = \pi \sqrt{\frac{E}{\sigma_p}} \tag{8-7}$$

所以，欧拉公式的适用范围为

$$\lambda \geqslant \lambda_p$$

这一类压杆称为**大柔度杆**或**细长杆**。

例如常用材料 Q235 钢，将弹性模量 $E = 200\ \text{GPa}$，比例极限 $\sigma_p = 200\ \text{MPa}$ 代入式（8-7）后可算得 $\lambda_p = 100$。在实际应用中，这里以 $\lambda_c = 123$ 而不是以 $\lambda_p = 100$ 作为二曲线的分界点，是因为欧拉公式是以理想的中心受压杆导出，与实际存在着差异，因而将分界点作了修正。所以对 Q235 钢制成的压杆，取 $\lambda_c = 123$。

也就是说，以 Q235 钢制成的压杆，其柔度 $\lambda_c \geqslant 123$ 时才能应用欧拉公式计算其临界力。

8.3.3　超出比例极限时的压杆临界应力

压杆的应力超出比例极限时（$\lambda < \lambda_p$），这类杆件称为**中柔度杆**或**中长杆**。临界应力的计算采用以试验为基础的经验公式。我国的抛物线公式

$$\sigma_{cr} = a - b\lambda^2 \tag{8-8}$$

式中　λ——压杆的柔度；

a，b——与材料有关的常数。

例如，对于 Q235 钢及 16 Mn 钢分别有

$$\sigma_{cr} = (235 - 0.006\,68\lambda^2)\ \text{MPa}$$
$$\sigma_{cr} = (345 - 0.014\,2\lambda^2)\ \text{MPa} \tag{8-9}$$

由式（8-5）、式（8-8）可知，压杆不论处于弹性阶段还是弹塑性阶段，其临界应力均为压杆柔度的函数，临界应力 σ_{cr} 与柔度 λ 的函数曲线称为**临界应力总图**。

图 8-5 为 Q235 钢的临界应力总图。图中曲线 ACB 部分，是按欧拉公式绘制的双曲线；曲线 DC 部分是按经验公式绘制的抛物线。二曲线交点 C 的横坐标为 $\lambda_c = 123$，纵坐标为 $\sigma_c = 134\ \text{MPa}$。

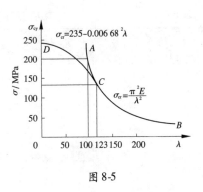

图 8-5

8.4　压杆的稳定计算

8.4.1　压杆稳定条件

当压杆中的应力达到其临界应力时，压杆将要失稳。因此，正常工作的压杆，其横截面上的应力应小于临界应力。在工程中，为了保证压杆具有足够的稳定性，还必须考虑一定的安全储备，故压杆稳定条件为

$$\sigma \leqslant [\sigma]_{st} \tag{8-10}$$

式中，$[\sigma]_{st}$ 称为稳定许用应力，其值为

$$[\sigma]_{st} = \frac{\sigma_{cr}}{n_{st}}$$

式中，n_{st} 为压杆的稳定安全系数，比强度安全系数 n 略大些。

为了计算上的方便，将稳定许用应力写成下列形式

$$[\sigma]_{st} = \varphi\,[\sigma]$$

式中，$[\sigma]$ 为强度计算时的许用应力；φ 称为**稳定系数**，为小于 1 的正数，且与压杆的材料和 λ 都有关。

于是压杆稳定条件可写为

$$\sigma = \frac{F_N}{A} \leqslant \varphi\,[\sigma]$$

或

$$\frac{F_N}{\varphi A} \leqslant [\sigma] \tag{8-11}$$

式中，A 为横截面的毛面积。

因为压杆的稳定性取决于整个杆的抗弯刚度，截面的局部削弱对整体刚度的影响甚微，因而不考虑面积的局部削弱，但需对削弱处进行强度验算。

《钢结构设计标准》（GB 50017—2017）中，根据工程中常用构件的截面形式、尺寸和加工条件等因素，把截面归并为 a，b，c，d 四类，见表 8-2、表 8-3。根据构件的长细比、钢材屈服强度和截面分类，得到受压构件的稳定系数 φ，如表 8-4—表 8-7 所示，供压杆设计时参考应用。

表 8-2　　　　　　　　　　　轴心受压构件的截面分类（板厚 < 40 mm）

截面形式		对 x 轴	对 y 轴
轧制		a 类	a 类
轧制	$b/h \leqslant 0.8$	a 类	b 类
	$b/h > 0.8$	a* 类	b* 类
轧制等边角钢		a* 类	a* 类
焊接、翼缘为焰切边	焊接	b 类	b 类
轧制			
轧制、焊接(板件宽厚比>20)	轧制或焊接	b 类	b 类
焊接	轧制截面和翼缘为焰切边的焊接截面		

（续表）

截面形式		对 x 轴	对 y 轴
 格构式	 焊接、板件 边缘焰切	b 类	b 类
 焊接、翼缘为轧制或剪切边		b 类	c 类
 焊接、板件边缘轧制或剪切	 轧制、焊接(板件宽厚比≤20)	c 类	c 类

注：a* 类含义为 Q235 钢取 b 类，Q345，Q390，Q420 和 Q460 钢取 a 类；
　　b* 类含义为 Q235 钢取 c 类，Q345，Q390，Q420 和 Q460 钢取 b 类。

表 8-3　　　　　　　　　轴心受压构件的截面分类（板厚≥40 mm）

截面情况		对 x 轴	对 y 轴
 轧制工字形成H形截面	$t < 80$ mm	b 类	c 类
	$t \geqslant 80$ mm	c 类	d 类
 焊接工字形截面	翼缘为焰切边	b 类	b 类
	翼缘为轧制或剪切边	c 类	d 类
 焊接箱形截面	板件宽厚比 > 20	b 类	b 类
	板件宽厚比≤20	c 类	c 类

表 8-4 　　　　　　　　Q235 钢 a 类截面轴心构件稳定系数 φ

λ	0	1	2	3	4	5	6	7	8	9
0	1.000	1.000	1.000	1.000	0.999	0.999	0.998	0.998	0.997	0.996
10	0.995	0.994	0.993	0.992	0.991	0.989	0.988	0.986	0.985	0.983
20	0.981	0.979	0.977	0.976	0.974	0.972	0.970	0.968	0.966	0.964
30	0.963	0.961	0.959	0.957	0.955	0.952	0.950	0.948	0.946	0.944
40	0.941	0.939	0.937	0.934	0.932	0.929	0.927	0.924	0.921	0.919
50	0.916	0.913	0.910	0.907	0.904	0.900	0.897	0.894	0.890	0.886
60	0.883	0.879	0.875	0.871	0.867	0.863	0.858	0.854	0.849	0.844
70	0.839	0.834	0.829	0.824	0.818	0.813	0.807	0.801	0.795	0.789
80	0.783	0.776	0.770	0.763	0.757	0.750	0.743	0.736	0.728	0.721
90	0.714	0.706	0.699	0.691	0.684	0.676	0.668	0.661	0.653	0.645
100	0.638	0.630	0.622	0.615	0.607	0.600	0.592	0.585	0.577	0.570
110	0.563	0.555	0.548	0.541	0.534	0.527	0.520	0.514	0.507	0.500
120	0.494	0.488	0.481	0.475	0.469	0.463	0.457	0.451	0.445	0.440
130	0.434	0.429	0.423	0.418	0.412	0.407	0.402	0.397	0.392	0.387
140	0.383	0.378	0.373	0.369	0.364	0.360	0.356	0.351	0.347	0.343
150	0.339	0.335	0.331	0.327	0.323	0.320	0.316	0.312	0.309	0.305
160	0.302	0.298	0.295	0.292	0.289	0.285	0.282	0.279	0.276	0.273
170	0.270	0.267	0.264	0.262	0.259	0.256	0.253	0.251	0.248	0.246
180	0.243	0.241	0.238	0.236	0.233	0.231	0.229	0.226	0.224	0.222
190	0.220	0.218	0.215	0.213	0.211	0.209	0.207	0.205	0.203	0.201
200	0.199	0.198	0.196	0.194	0.192	0.190	0.189	0.187	0.185	0.183
210	0.182	0.180	0.179	0.177	0.175	0.174	0.172	0.171	0.169	0.168
220	0.166	0.165	0.164	0.162	0.161	0.159	0.158	0.157	0.155	0.154
230	0.153	0.152	0.150	0.149	0.148	0.147	0.146	0.144	0.143	0.142
240	0.141	0.140	0.139	0.138	0.136	0.135	0.134	0.133	0.132	0.131
250	0.130	—	—	—	—	—	—	—	—	—

表 8-5　　　　　Q235 钢 b 类截面轴心构件稳定系数 φ

λ	0	1	2	3	4	5	6	7	8	9
0	1.000	1.000	1.000	0.999	0.999	0.998	0.997	0.996	0.995	0.994
10	0.992	0.991	0.989	0.987	0.985	0.983	0.981	0.978	0.976	0.973
20	0.970	0.967	0.963	0.960	0.957	0.953	0.950	0.946	0.943	0.939
30	0.936	0.932	0.929	0.925	0.922	0.918	0.914	0.910	0.906	0.903
40	0.899	0.895	0.891	0.887	0.882	0.878	0.874	0.870	0.865	0.861
50	0.856	0.852	0.847	0.842	0.838	0.833	0.828	0.823	0.818	0.813
60	0.807	0.802	0.797	0.791	0.786	0.780	0.774	0.769	0.763	0.757
70	0.751	0.745	0.739	0.732	0.726	0.720	0.714	0.707	0.701	0.694
80	0.688	0.681	0.675	0.668	0.661	0.655	0.648	0.641	0.635	0.628
90	0.621	0.614	0.608	0.601	0.594	0.588	0.581	0.575	0.568	0.561
100	0.555	0.549	0.542	0.536	0.529	0.523	0.517	0.511	0.505	0.499
110	0.493	0.487	0.481	0.475	0.470	0.464	0.458	0.453	0.447	0.442
120	0.437	0.432	0.426	0.421	0.416	0.411	0.406	0.402	0.397	0.392
130	0.387	0.383	0.378	0.374	0.370	0.365	0.361	0.357	0.353	0.349
140	0.345	0.341	0.337	0.333	0.329	0.326	0.322	0.318	0.315	0.311
150	0.308	0.304	0.301	0.298	0.295	0.291	0.288	0.285	0.282	0.279
160	0.276	0.273	0.270	0.267	0.265	0.262	0.259	0.256	0.254	0.251
170	0.249	0.246	0.244	0.241	0.239	0.236	0.234	0.232	0.229	0.227
180	0.225	0.223	0.220	0.218	0.216	0.214	0.212	0.210	0.208	0.206
190	0.204	0.202	0.200	0.198	0.197	0.195	0.193	0.191	0.190	0.188
200	0.186	0.184	0.183	0.181	0.180	0.178	0.176	0.175	0.173	0.172
210	0.170	0.169	0.167	0.166	0.165	0.163	0.162	0.160	0.159	0.158
220	0.156	0.155	0.154	0.153	0.151	0.150	0.149	0.148	0.146	0.145
230	0.144	0.143	0.142	0.141	0.140	0.138	0.137	0.136	0.135	0.134
240	0.133	0.132	0.131	0.130	0.129	0.128	0.127	0.126	0.125	0.124
250	0.123	—	—	—	—	—	—	—	—	—

表 8-6 Q235 钢 c 类截面轴心构件稳定系数 φ

λ	0	1	2	3	4	5	6	7	8	9
0	1.000	1.000	1.000	0.999	0.999	0.998	0.997	0.996	0.995	0.993
10	0.992	0.990	0.988	0.986	0.983	0.981	0.978	0.976	0.973	0.970
20	0.966	0.959	0.953	0.947	0.940	0.934	0.928	0.921	0.915	0.909
30	0.902	0.896	0.890	0.884	0.877	0.871	0.865	0.858	0.852	0.846
40	0.839	0.833	0.826	0.820	0.814	0.807	0.801	0.794	0.788	0.781
50	0.775	0.768	0.762	0.755	0.748	0.742	0.735	0.729	0.722	0.715
60	0.709	0.702	0.695	0.689	0.682	0.676	0.669	0.662	0.656	0.649
70	0.643	0.636	0.629	0.623	0.616	0.610	0.604	0.597	0.591	0.584
80	0.578	0.572	0.566	0.559	0.553	0.547	0.541	0.535	0.529	0.523
90	0.517	0.511	0.505	0.500	0.494	0.488	0.483	0.477	0.472	0.467
100	0.463	0.458	0.454	0.449	0.445	0.441	0.436	0.432	0.428	0.423
110	0.419	0.415	0.411	0.407	0.403	0.399	0.395	0.391	0.387	0.383
120	0.379	0.375	0.371	0.367	0.364	0.360	0.356	0.353	0.349	0.346
130	0.342	0.339	0.335	0.332	0.328	0.325	0.322	0.319	0.315	0.312
140	0.309	0.306	0.303	0.300	0.297	0.294	0.291	0.288	0.285	0.282
150	0.280	0.277	0.274	0.271	0.269	0.266	0.264	0.261	0.258	0.256
160	0.254	0.251	0.249	0.246	0.244	0.242	0.239	0.237	0.235	0.233
170	0.230	0.228	0.226	0.224	0.222	0.220	0.218	0.216	0.214	0.212
180	0.210	0.208	0.206	0.205	0.203	0.201	0.199	0.197	0.196	0.194
190	0.192	0.190	0.189	0.187	0.186	0.184	0.128	0.181	0.179	0.178
200	0.176	0.175	0.173	0.172	0.170	0.169	0.168	0.166	0.165	0.163
210	0.162	0.161	0.159	0.158	0.157	0.156	0.154	0.153	0.152	0.151
220	0.150	0.148	0.147	0.146	0.145	0.144	0.143	0.142	0.140	0.139
230	0.138	0.137	0.136	0.135	0.134	0.133	0.132	0.131	0.130	0.129
240	0.128	0.127	0.126	0.125	0.124	0.124	0.123	0.122	0.121	0.120
250	0.119	—	—	—	—	—	—	—	—	—

表 8-7 **Q235 钢 d 类截面轴心受压构件的稳定系数 φ**

λ	0	1	2	3	4	5	6	7	8	9
0	1.000	1.000	0.999	0.999	0.998	0.996	0.994	0.992	0.990	0.987
10	0.984	0.981	0.978	0.974	0.969	0.965	0.960	0.955	0.949	0.944
20	0.937	0.927	0.918	0.909	0.900	0.891	0.883	0.874	0.865	0.857
30	0.848	0.840	0.831	0.823	0.815	0.807	0.798	0.790	0.782	0.774
40	0.766	0.758	0.751	0.743	0.735	0.727	0.720	0.712	0.705	0.697
50	0.690	0.682	0.675	0.668	0.660	0.653	0.646	0.639	0.632	0.625
60	0.618	0.611	0.605	0.598	0.591	0.585	0.578	0.571	0.565	0.559
70	0.552	0.546	0.540	0.534	0.528	0.521	0.516	0.510	0.504	0.498
80	0.492	0.487	0.481	0.476	0.470	0.465	0.459	0.454	0.449	0.444
90	0.439	0.434	0.429	0.424	0.419	0.414	0.409	0.405	0.401	0.397
100	0.393	0.390	0.386	0.383	0.380	0.376	0.373	0.369	0.366	0.363
110	0.359	0.356	0.353	0.350	0.346	0.343	0.340	0.337	0.334	0.331
120	0.328	0.325	0.322	0.319	0.316	0.313	0.310	0.307	0.304	0.301
130	0.298	0.296	0.293	0.290	0.288	0.285	0.282	0.280	0.277	0.275
140	0.272	0.270	0.267	0.265	0.262	0.260	0.257	0.255	0.253	0.250
150	0.248	0.246	0.244	0.242	0.239	0.237	0.235	0.233	0.231	0.229
160	0.227	0.225	0.223	0.221	0.219	0.217	0.215	0.213	0.211	0.210
170	0.208	0.206	0.204	0.202	0.201	0.199	0.197	0.196	0.194	0.192
180	0.191	0.189	0.187	0.186	0.184	0.183	0.181	0.180	0.178	0.177
190	0.175	0.174	0.173	0.171	0.170	0.168	0.167	0.166	0.164	0.163
200	0.162	—	—	—	—	—	—	—	—	—

8.4.2 压杆稳定条件的应用

与强度条件类似，应用稳定条件可解决下列常见的三类问题。

（1）稳定校核。

（2）设计截面。由于稳定条件中截面尺寸、型号未知，所以柔度 λ 和稳定系数 φ 也未知。计算时一般先假设 $\varphi = 0.5$，试选截面尺寸、型号，算得 λ 后再查 φ'。若 φ' 比假设的 φ 值相差较大，再选二者的平均值重新试算，直至二者相差不大为止。最后再进行稳定校核。

（3）确定稳定许用荷载。

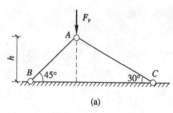

（a）

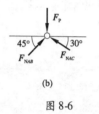

（b）

图 8-6

【例题 8-3】　如图 8-6（a）所示结构是由两根直径相同的圆杆组成，材料为 Q235 钢。已知 $h = 0.4$ m，直径 $d = 20$ mm，材料的许用应力 $[\sigma] = 170$ MPa，荷载 $F_p = 15$ kN，试校核两杆的稳定性。

【解】　（1）求出每杆所承受的压力

取结点 A 为研究对象，平衡方程为

$$\sum F_x = 0, \quad F_{NAB}\cos45° - F_{NAC}\cos30° = 0$$

$$\sum F_y = 0, \quad F_{NAB}\sin45° + F_{NAC}\sin30° - F_p = 0$$

解方程得两杆承受的压力为

$$F_{NAB} = 0.896F_p$$
$$F_{NAC} = 0.732F_p$$

（2）计算柔度，查稳定系数

$$A = \frac{\pi d^2}{4} = \frac{3.14 \times 20^2}{4} = 314 \text{ mm}^2$$

$$i = \sqrt{\frac{I}{A}} = \frac{d}{4} = \frac{20 \times 10^{-3}}{4} = 0.005 \text{ m}$$

两杆的长度分别为 $l_{AB} = 0.566$ m，$l_{AC} = 0.8$ m。两杆的柔度分别为

AB 杆

$$\lambda_1 = \frac{\mu l_{AB}}{i} = \frac{1 \times 0.566}{0.005} = 113$$

AC 杆

$$\lambda_2 = \frac{\mu l_{AC}}{i} = \frac{1 \times 0.8}{0.005} = 160$$

由 λ_1 和 λ_2 查表 8-4 得稳定系数为

$$\varphi_1 = 0.541, \quad \varphi_2 = 0.302$$

（3）稳定校核：代入稳定条件式（8-11）校核两杆

AB 杆：
$$\frac{F_{NAB}}{\varphi_1 A} = \frac{0.896F_P}{\varphi_1 A} = \frac{0.896 \times 15 \times 10^3}{0.541 \times 314} = 79.12 \text{ MPa} < [\sigma]$$

AC 杆：
$$\frac{F_{NAC}}{\varphi_2 A} = \frac{0.732F_P}{\varphi_2 A} = \frac{0.732 \times 15 \times 10^3}{0.302 \times 314} = 115.79 \text{ MPa} < [\sigma]$$

两杆均满足稳定条件。

8.5　提高压杆稳定性的措施

提高压杆稳定性的关键在于提高压杆的临界力或临界应力。由临界应力计算式（8-7）、式（8-9）可看到，影响临界应力的主要因素是柔度，减小柔度可以大幅度的提高临界应力。

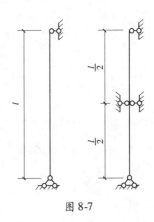

图 8-7

1. 减小压杆的长度

从柔度计算式 $\lambda = \dfrac{\mu l}{i}$ 中可以看出：减小压杆的长度是降低压杆柔度，提高压杆稳定性的有效方法之一。在条件允许的情况下，应尽量使压杆的长度减小，或者在压杆中间增加支撑（图8-7）。

2. 改善支承情况，减小长度系数 μ

长度系数 μ 反映了压杆的支承情况。从表8-1中可看到，杆端的约束程度越高，μ 值越小。因此，在结构允许的情况下，应尽可能地使杆端约束牢固些，提高压杆的稳定性。

3. 选择合理的截面形状

当截面面积相同的情况下，增大惯性矩 I，从而达到增大惯性半径 i，减小柔度 λ，提高压杆的临界应力。如图8-8所示空心的环形截面比实心圆截面合理。

当压杆在各个弯曲平面内的支承条件相同时，压杆的稳定性是由 $I_{\min}$ 方向的临界应力控制。因此，应尽量使截面对任一形心主轴的惯性矩相同，这样可使压杆在各个弯曲平面内具有相同的稳定性。例如由两根槽钢组合而成的压杆，采用图8-9（b）的形式比图8-8（a）的形式好。

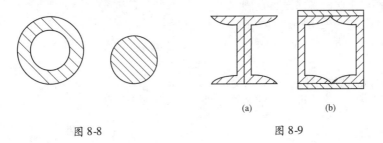

图 8-8　　　　　　　　　　　　(a)　　　　　　(b)

图 8-9

当压杆在两个相互垂直平面内的支承条件不同时，可采用主惯性矩不相等的截面，使压杆在两相互垂直平面内的柔度值相等。这样可使压杆在这两个方向上具有相同的稳定性。

4. 合理选择材料

对于大柔度杆，临界应力与材料的弹性模量 E 有关，由于各种钢材的弹性模量 E 相差不大，所以选用优质钢材对提高大柔度杆临界应力意义不大。对于中柔度杆，其临界应力与材料强度有关。选择优质钢材将有助于提高中柔度压杆的稳定性。

思考题

8-1 如图 8-10 所示矩形截面杆，两端受轴向压力 F 作用。设杆端约束条件是：在 xy 平面内两端视为铰支；在 xz 平面内两端视为固定端。试问该压杆的 b 与 h 的比值等于多少时才是合理的？

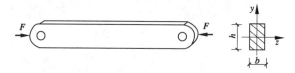

图 8-10

8-2 有一圆截面细长压杆，试问：（1）杆长增加一倍；（2）直径 d 增加一倍。临界力各有何变化？

8-3 根据柔度大小，可将压杆分为哪些类型？这些类型压杆的临界应力 σ_{cr} 计算式是什么？

8-4 如图 8-11 所示各种截面形状的中心受压直杆两端为球铰支承，试在横截面上绘出压杆失稳时，横截面绕其转动的转动轴。

| 圆形 | 矩形 | 工字形 | 等边角钢 | 槽形 | 正方形 |

图 8-11

8-5 如图 8-12 所示四根压杆的材料及截面均相同，试判断哪个杆的临界力最大？

8-6 试判断以下两种说法是否正确？
（1）临界力是使压杆丧失稳定的最小荷载。
（2）临界力是压杆维持直线稳定平衡状态的最大荷载。

8-7 何为折减系数？它随哪些因素变化？

8-8 何为柔度？柔度表征压杆的什么特性？它与哪些因素有关？

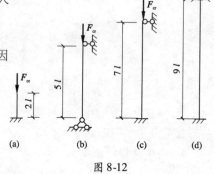

图 8-12

习题

8-1　如图 8-13 所示两端铰支的 22a 工字钢的细长压杆。已知杆长 $l = 6$ m，材料 Q235 钢，其弹性模量 $E = 200$ GPa。试求该压杆的临界力。

8-2　如图 8-14 所示一端固定一端铰支的圆截面细长压杆。已知杆长 $l = 3$ m，$d = 50$ mm，材料 Q235 钢，其弹性模量 $E = 200$ GPa。试求该杆的临界力。

8-3　如图 8-15 所示结构由两个圆截面杆组成，已知二杆的直径 d 及所用材料均相同，且二杆均为细长杆。问：当 F_P 从零开始逐渐增加时，哪个杆首先失稳？（只考虑图示平面）

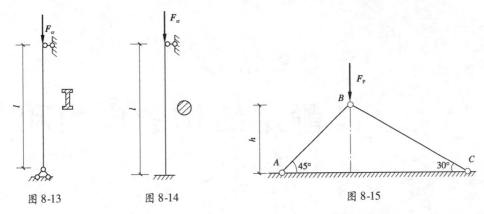

图 8-13　　　　图 8-14　　　　　　　　图 8-15

8-4　如图 8-16 所示压杆由 Q235 钢制成，材料的弹性模量 $E = 200$ GPa。在 xy 平面内，两端为铰支；在 xz 平面内，两端固定。试求该压杆的临界力。

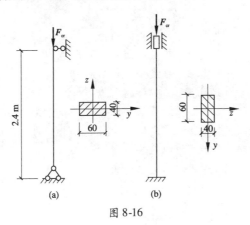

(a)　　　　(b)

图 8-16

◎单元 *9*

静定结构的内力和位移

单元概述：工程结构中有很多静定结构。本单元主要分析静定结构的内力和位移。内力的计算主要用截面法，位移计算用单位荷载法以及由其衍生的图乘法。

学习目标：

1. 认识各种静定结构。了解静定结构的特性，并能用截面法求静定结构的内力。

2. 能熟练正确地计算刚架任意指定截面的内力，并熟练画出内力图。

3. 熟练掌握结点法和截面法计算桁架内力的方法。

4. 了解变形体的虚功原理及位移计算的一般公式。

5. 掌握单位荷载法计算荷载作用下静定结构的位移。

6. 熟练掌握图乘法计算梁、刚架的位移。

教学建议：

1. 用多媒体教学，让学生接收大量的静定结构的信息。

2. 讲练结合，通过举例让学生掌握本章的计算。

关键词：多跨静定梁（multi-spans beam）；刚架（rigid frame）；桁架（trusses）；拱（arch）；结点法（method of joints）；截面法（method of sections）；位移（displacement）；图乘法（diagrammatic multiplication method）

9.1　静定梁的内力

9.1.1　单跨静定梁

单跨静定梁在工程中应用很广，是常用的简单结构，也是组成各种结构的基本构件之一，其受力分析是各种结构受力分析的基础。常见的单跨静定梁有简支、外伸梁和悬臂梁三种形式，分别如图 9-1（a），（b），（c）所示。在单元 6 的弯曲中对单跨静定梁的内力分析作过详细的阐述，这里不再重复，只对用叠加法作弯矩图作一补充。

利用叠加法作弯矩图是今后常用的一种简便作图方法。在用这种方法作弯矩图时，常以简支梁的弯矩图为基础。下面先介绍有关简支梁弯矩图的叠加方法。例如作图 9-2（a）所示的弯矩图，可先作出两端力偶 M_A，M_B 和集中力 F_P 分别作用时的弯矩图（图 9-2（b）和图 9-2（c）），然后将二图相应的竖标叠加，即得所求的弯矩图（图 9-2（d））。

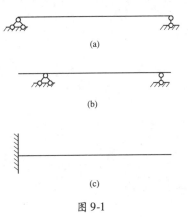

图 9-1

实际作图时，往往不必作出图 9-2（b）和图 9-2（c），而可直接作出图 9-2（d）。作法如下：先将两端弯矩 M_A 和 M_B 作出，并以虚直线相连，如图 9-2（d）中虚线所示，然后以此虚线为基线叠加简支梁在集中力 F_P 作用下的弯矩图，则最后所得的图线与原先选定的水平基线之间所包含的图形，即为实际的弯矩图。应当注意，这里所述弯矩图的叠加是指纵坐标的叠加，即纵坐标代数相加，因此，图 9-2（d）中的竖标 $\dfrac{F_{P}ab}{l}$ 仍应沿竖向量取，而不是垂直于 M_A，M_B 连线的方向。

上述作简支梁弯矩图的叠加法，可以推广应用于直杆的任一区段。现以图 9-3（a）所示简支梁的区段 AB 为例进行说明。

将杆段 AB 作为隔离体取出，如图 9-3（b）所示。其上作用力除荷载 q 外，在杆端还有弯矩 M_{AB}，M_{BA} 和剪力 F_{QAB}，F_{QBA}。为了说明杆段 AB 弯矩图的特性，将它与图 9-3（c）所示简支梁相比，该简支梁的跨度与杆段 AB 的长度相同，并承受相同的荷载 q 和相同的杆端力偶 M_{AB}，M_{BA}。设简支梁的支座反力为 F_{Ay}，F_{By}，则由平衡条件可知：$F_{Ay} = F_{QAB}$，$F_{By} = F_{QBA}$，这样二者受力完全相同，因此二者的弯矩图相同，故可利用作简支梁弯矩图的方法来作区段 AB 的弯矩图。按照前述作简支梁弯矩图的叠加方法，可先求出区段两端的弯矩竖标，并将这两个竖标的顶点用虚线相连；然后以此虚线为基线，将简支梁在均布荷载 q 作用下的弯矩图叠加上去；则最后所得曲线与水平基线之间所包含的图形即为实际的弯矩图（图 9-3（d））。此时，图 9-3（c）简支梁称为 AB 梁段的**相应简支梁**。这种利用相应简支梁弯矩图的叠加来作直杆某一区段弯矩图的方法，称为**区段叠加法**。今后常用到此法，读者应熟练地掌握。

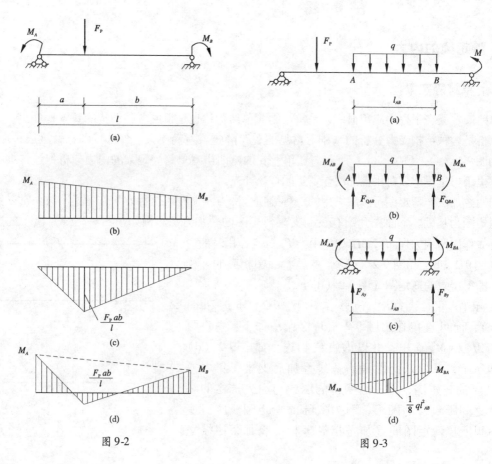

图 9-2

图 9-3

用区段叠加法作弯矩图的作图步骤归纳如下：

（1）选择外荷载的不连续点（如集中力作用点、集中力偶作用点、分布荷载的起点和终点及支座结点等）为控制截面，求出控制截面的弯矩值。

（2）分段作弯矩图。当控制截面间无荷载时，用直线连接两控制截面的弯矩值，即得该段的弯矩图；当控制截面间有荷载作用时，先用虚直线连接两控制截面的弯矩值，然后以此虚直线为基线，再叠加这段相应简支梁的弯矩图，从而作出最后的弯矩图。

【例题 9-1】　试作图 9-4（a）所示外伸梁的内力图。

【解】　（1）求支座反力

以整体梁为隔离体，利用平衡条件

由　　　　　$\sum F_x = 0$

得　　　　　$F_{Ax} = 0$

由　　　　　$\sum M_A = 0$，

$F_{By} - 20 \times 4 \times 2 - 40 \times 6 - 20 \times 10 = 0$

得　　　　　$F_{By} = 75 \ \text{kN}$（↑）

由　　　　　$\sum F_y = 0$，

$F_{Ay} + F_{By} - 20 \times 4 - 40 - 20 = 0$

得　　　　　$F_{Ay} = 65 \ \text{kN}$（↑）

（2）作剪力图

作剪力图时，用截面法算出下列各控制截面的剪力值：

$F_{QA}^R = 65 \ \text{kN}$

$F_{QC} = 65 - 80 = -15 \ \text{kN}$

$F_{QD}^R = 20 - 75 = -55 \ \text{kN}$

$F_{QB}^R = 20 \ \text{kN}$

$F_{QE}^L = 20 \ \text{kN}$

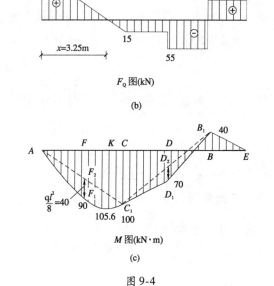

然后可作出剪力图，如图 9-4（b）所示。

（3）作弯矩图

作弯矩图时，用截面法算出下列各控制截面的弯矩值

$$M_A = 0$$
$$M_C = 65 \times 4 - 20 \times 4 \times 2 = 100 \ \text{kN} \cdot \text{m}$$
$$M_D = 75 \times 2 - 20 \times 4 = 70 \ \text{kN} \cdot \text{m}$$

$$M_B = -20 \times 2 = -40 \text{ kN} \cdot \text{m}$$
$$M_E = 0$$

在 CD，DB，BE 段上无荷载作用，弯矩图为直线，利用上面求出的弯矩值，可作出这三个区段的弯矩图。在 AC 段，其上有均布荷载作用，可按区段叠加法来作 M 图，以 AC_1 为基线（图 9-4（c）），叠加以 AC 为跨度的相应简支梁在均布荷载作用下的弯矩图，即作出抛物线 AF_1C_1，区段中点的竖标 F_1F_2 值为 $\frac{1}{8} \times 20 \times 4^2 = 40 \text{ kN} \cdot \text{m}$。截面 F 的最后弯矩值为

$$M_F = \frac{1}{2} \times 100 + 40 = 90 \text{ kN} \cdot \text{m}$$

为了确定最大弯矩值 $M_{\max}$，应将剪力为零处（截面 K）的位置求出。由 $\frac{65}{15} = \frac{x}{4-x}$，得 $x = 3.25 \text{ m}$，故

$$M_{\max} = 65 \times 3.25 - 20 \times 3.25 \times \frac{3.25}{2} = 105.6 \text{ kN} \cdot \text{m}$$

弯矩图如图 9-4（c）所示。

在划分区段时，可以不必限于无荷载区和均布荷载区这两种情况，凡便于按区段叠加法作弯矩图的杆段（例如只有一个集中力、一个集中力偶的杆段等），均可作为一个区段来处理，以减少区段的数目而简化计算。如可只取 AC，CB，BE 三个区段作弯矩图，其中 CB 段的弯矩图，可以虚线 B_1C_1 为基线叠加一个相应简支梁在跨中集中力作用下的弯矩图而得到，其计算结果如下：

$$D_1D_2 = \frac{F_p l}{4} = \frac{40 \times 4}{4} = 40 \text{ kN} \cdot \text{m}$$
$$M_D = \frac{100 - 40}{2} + 40 = 70 \text{ kN} \cdot \text{m}$$

与前述直接计算所得弯矩相同。

9.1.2 单跨斜梁

房屋建筑中的楼梯，如果采用梁式结构方案，则支承踏步板的边梁为一倾斜梁，如图 9-5（a）所示。实际工程计算中常将楼梯斜梁的两端按简支条件处理，其计算简图如图 9-5（b）所示。

这里需要指出的是，斜梁上的荷载有两种形式：一种是沿梁的轴线方向分布，如斜梁自重及扶手重，如图 9-6（a）所示；另一种沿水平方向分布，如踏步传来的荷载，如图 9-6（b）所示。为了计算方便，常需将沿轴线方向分布的荷载换算成沿水平方向分布的荷载。换算时，可认为沿轴线方向分布的荷载总量与对应的沿水平方向分布的荷载总量一样，列出等式 $q_1 l_1 = q l$（图 9-6），则可得出沿轴线方向分布的荷载集度 q_1 和沿水平方向分布的荷载集度 q 之间的关系：

$$q = \frac{q_1 l_1}{l} = \frac{q_1 l_1}{l_1 \cos\alpha} = \frac{q_1}{\cos\alpha}$$

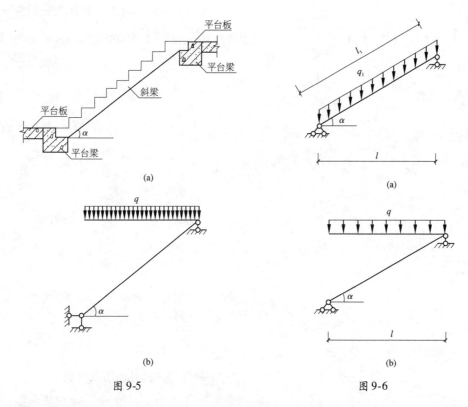

图 9-5　　　　　　　　　　　图 9-6

关于简支斜梁的内力计算原理和方法，与简支水平梁没有什么不同，只是其内力除有弯矩和剪力外，还有轴力。现以图 9-7（a）所示简支斜梁为例来说明。

（1）求支座反力。如图 9-7（b）所示，取整体为隔离体，利用平衡条件 $\sum F_x=0$，$\sum F_y=0$，$\sum M_A=0$，得

$$F_{Ax}=0,\ F_{Ay}=\frac{ql}{2}\ (\uparrow),\ F_{By}=\frac{ql}{2}\ (\uparrow)$$

可见，**简支斜梁的支座反力与相应水平简支梁的反力相同。**

（2）求斜梁的内力方程，并作内力图。以左支座 A 为坐标原点，任一截面 K 的位置以 x 表示。取截面左部分为隔离体，如图 9-7（b）所示。由隔离体的平衡条件可得：

$$M_K=\frac{ql}{2}x-\frac{1}{2}qx^2 \tag{9-1}$$

$$F_{QK}=\left(\frac{ql}{2}-qx\right)\cos\alpha \tag{9-2}$$

$$F_{NK}=-\left(\frac{ql}{2}-qx\right)\sin\alpha \tag{9-3}$$

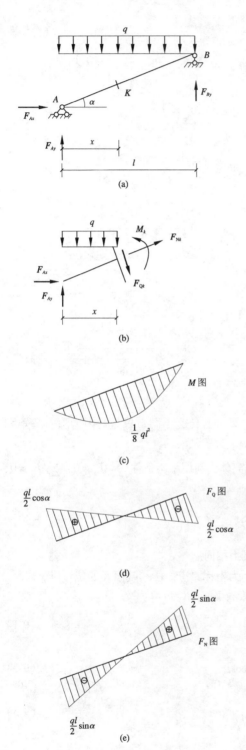

图 9-7

由式（9-1）可知，**斜梁的 M 图为一抛物线，中间最大弯矩为 $\dfrac{ql^2}{8}$，任一截面弯矩与相应水平梁弯矩相同。**

如果用 M_K^0 表示相应水平简支梁的弯矩，则

$$M_K = M_K^0$$

由式（9-2）得 F_Q 图为一斜直线，且由于相应水平简支梁的剪力 $F_{QK}^0 = \dfrac{ql}{2} - qx$，所以，式（9-2）可表示为

$$F_{QK} = F_{QK}^0 \cos\alpha$$

由式（9-3）得，F_N 图为一斜直线，且可以表示为

$$F_{NK} = -F_{QK}^0 \sin\alpha$$

据此可分别作出 M 图、F_Q 图和 F_N 图，如图 9-7（c），（d），（e）所示。

9.1.3 多跨静定梁

1. 多跨静定梁的几何组成特点

多跨静定梁（multi-spans beam）是由若干根梁用铰相连，并用若干支座与基础相连而组成的静定结构。在工程结构中，常用它来跨越几个相连的跨度。例如房屋建筑中的木檩条和公路桥梁的主要承重结构常采用这种结构形式，如图 9-8（a）、图 9-8（d）所示，图 9-8（b），（e）分别为其计算简图。

从多跨静定梁的几何组成来看，它们都可分为基本部分和附属部分。所谓**基本部分，是指不依赖于其他部分的存在、独立地与基础组成一个几何不变的部分，或者说本身就能独立地承受荷载并能维持平衡的部分。所谓附属部分，是指需要依赖基本部分才能保持其几何不变性的部分。**例如在图 9-8（e）中，①是外伸梁，它本身就是一个几何不变体系，可单独承受荷载并维持平衡，故为基本部分；而②，③，④只有依赖于①才能承受荷载、维持平衡，因而均为附属部分。显然，若附属部分被破坏或撤除，基本部分仍为几何不变；反之，若基本部分被破坏，则附属部分必随之连同倒塌。为了更清晰地表示各部分之间的支承

关系，可以把基本部分画在下层，而把附属部分画在上层，如图 9-8（f）所示，这称为**层次图**。对图 9-8（b）所示的梁，如果仅承受竖向荷载作用，则不但①能独立承受荷载维持平衡，②也能独立承受荷载维持平衡。①和②都可分别视为基本部分，③为附属部分，其层次图如图 9-8（c）所示。

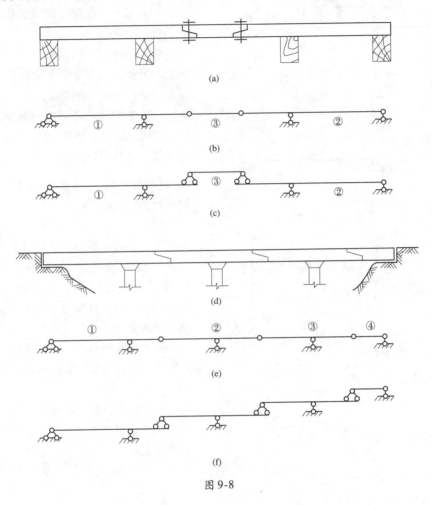

图 9-8

2. 分析多跨静定梁的原则和步骤

把多跨静定梁的基本部分和附属部分用层次图表示后，多跨静定梁就被拆成了若干单跨静定梁。从力的传递来看，荷载作用在基本部分时，将只有基本部分受力，附属部分不受力。当荷载作用于附属部分时，则不仅附属部分受力，而且由于它是支撑在基本部分上的，其反力将通过铰接处反方向传给基本部分，因而使基本部分也受力。因此，**多跨静定梁的计算顺序应该是先附属部分，后基本部分，**也就是说与几何组成的分析顺序相反。遵循这样的顺序进行计算，则每次的计算都与单跨静定梁相同，最后把各单跨静定梁的内力图连在一起，就得到了多跨静定梁的内力图。

这种先附属部分后基本部分的计算原则，也适用于由基本部分和附属部分组成的其他类型的结构。

由上述可知，分析多跨静定梁的步骤可归纳为：

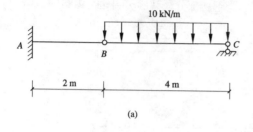

(a)

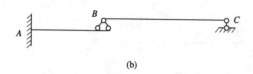

(b)

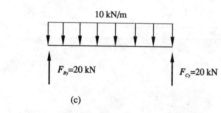

(c)

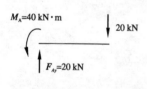

(d)

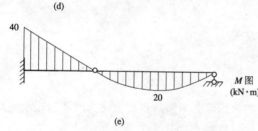

(e)

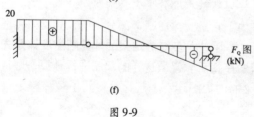

(f)

图 9-9

（1）先确定基本部分，再确定附属部分，然后按照附属部分依赖于基本部分的原则，作出层次图。

（2）根据所作层次图，先从最上层的附属部分开始，依次计算各梁的反力（包括支座反力和铰接处的约束反力）。

（3）按照作单跨梁内力图的方法，分别作出各根梁的内力图，然后再将其连在一起，即得多跨静定梁的内力图。

【例题 9-2】 作图 9-9（a）多跨静定梁的弯矩图和剪力图。

【解】 （1）AB 为基本部分，BC 为附属部分，作层次图如图 9-9（b）所示。计算时应从附属部分 BC 梁开始，然后再计算 AB 梁。

（2）按照上述顺序，依次计算各单跨梁的支座反力和约束反力，它们各自的隔离体图分别如图 9-9（c），（d）所示。整个计算过程不再详述，结果都表示在图 9-9（c），（d）中。

（3）作内力图。根据各梁的荷载及反力情况，分段画出各梁的弯矩图和剪力图，最后分别把它们连成一体，即得多跨静定梁的弯矩图和剪力图，如图 9-9（e），（f）所示。

【例题 9-3】 作图 9-10（a）所示多跨静定梁的内力图。

【解】 AC，DF 为基本部分，CD 为附属部分，层次图如图 9-10（b）所示。其反力计算如图 9-10（c），（d）所示，此多跨静定梁的内力图如图 9-10（e），（f）所示。

通过上述特例，可以理解以下两点：

（1）加于基本部分的荷载只使基本部分受力，而附属部分不受力，加于附属部分的荷载，可使基本部分和附属部分同时受力。

（2）集中力作用于基本部分与附属部分相连的铰上时，此外力只对该基本部分起作用，对附属部分不起作用，即可以把作用于铰结点上的集中力直接作用在基本部分上分析。

9.2　静定平面刚架的内力

刚架（rigid frame）**是由直杆组成具有刚结点的结构**。它的优点是梁柱形成一个刚性整体，增大了结构的刚度，并使内力分布比较均匀。此外，它还具有较大的净空，方便使用。

刚架中的所谓刚结点，就是在任何荷载作用下，杆件在该结点处的夹角保持不变，即在刚结点处，杆件既不能相对移动，也不能相对转动。如图 9-11（a）中的结点 B，图 9-11（b）中的结点 A，B，图 9-11（c）中的结点 D，E。

当刚架的各杆轴线与荷载均在同一平面时，称为平面刚架。凡由静力平衡条件，即可确定全部反力和内力的平面刚架，称为静定平面刚架。在工程中常见的静定平面刚架有：悬臂刚架如图 9-11（a）所示站台雨篷，简支刚架如图 9-11（b）所示渡槽的横向计算简图，三铰刚架如图 9-11（c）所示小型仓库结构；等等。不过，工程

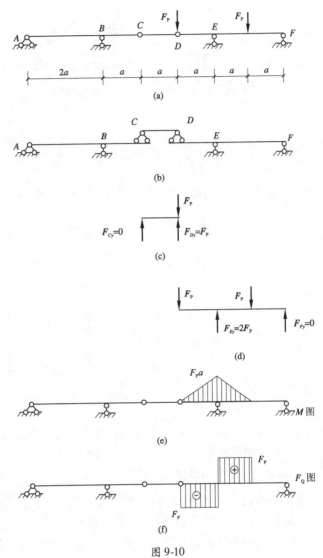

图 9-10

中大量采用的平面刚架大多数是超静定的，如图 9-12（a），（b）所示的门式刚架和多跨多层刚架等。而超静定平面刚架的分析又是以静定平面刚架分析为基础的，所以掌握静定平面刚架的内力分析方法具有十分重要的意义。

刚架的内力通常有弯矩、剪力和轴力。在计算静定平面刚架时，通常先由整体或某些部分的平衡条件，求出各支座反力和各铰接处的约束反力，然后再逐杆绘制内力图。

在刚架中，弯矩通常不规定正负，但应该明确哪侧受拉，弯矩图必须绘在杆轴的受拉侧，不注明正负号；其剪力和轴力正负号规定与前面的相同，剪力图和轴力图可绘在杆轴的任一侧，但需注明正负号。对于水平杆件，正剪力和轴力一般绘在杆轴的上侧。

为了明确表示汇交于同一结点的各杆端截面的内力，使之不混淆，可在内力符号右下角采用

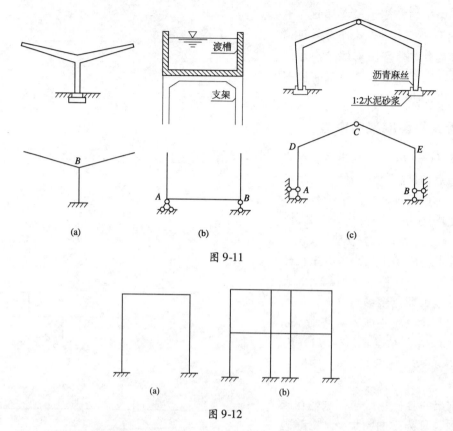

图 9-11

图 9-12

两个脚标：第一个脚标表示该内力所属截面；第二个脚标表示该截面所属杆件的另一端。例如 M_{AB} 表示 AB 杆 A 端截面的弯矩，M_{BA} 则表示 AB 杆 B 端截面的弯矩；F_{QCD} 表示 CD 杆 C 端的剪力，等等。下面通过例题介绍具体计算方法。

【例题 9-4】 作图 9-13（a）所示刚架的内力图。

【解】 悬臂刚架的内力计算与悬臂梁基本相同，一般从自由端开始，逐杆计算各杆段控制截面内力，结合杆上荷载即可作出内力图。对这种刚架可以不求支座反力。

（1）作弯矩图

首先用截面法计算各杆端弯矩。

AB 杆：截取图 9-13（e）所示隔离体可求得

$$M_{BA} = 10 \times 1 = 10 \text{ kN} \cdot \text{m （外侧受拉）}, \quad M_{AB} = 0$$

BC 杆：分别截取图 9-13（f）和图 9-13（g）所示隔离体可分别求得

$$M_{BC} = 10 \text{ kN} \cdot \text{m （外侧受拉）}, \quad M_{CB} = 10 \times 1 = -10 \text{ kN} \cdot \text{m （外侧受拉）}$$

CD 杆：分别截取图 9-13（h）和图 9-13（i）所示隔离体可分别求得

$$M_{CD} = 10 \times 1 = 10 \text{ kN} \cdot \text{m （外侧受拉）}, \quad M_{DC} = 10 \times 3 = 30 \text{ kN} \cdot \text{m （内侧受拉）}$$

杆端弯矩求得之后，即可仿照静定梁作 M 图的方法，先将求得的各杆端弯矩画在受拉一侧，对于两杆端之间无荷载的杆件，将两个杆端弯矩连以直线，即为弯矩图。对于两杆端之间有荷载的杆件，一般可以先将两个杆端弯矩连以虚线，然后再以此虚线为基线，叠加一个相应简支梁的弯矩图即构成此杆件的弯矩图。最后弯矩图如图9-13（b）所示。

（2）作剪力图

本例的三根杆件都为无荷载区段，故各杆件的剪力分别为一常数。只需求出其中某一截面的剪力值便可作出剪力图。

分别由图9-13（e），（g），（i）所示隔离体求得

$$F_{QBA} = -10 \text{ kN}, \qquad F_{QCB} = 0, \qquad F_{QDC} = 10 \text{ kN}$$

绘出剪力图，如图9-13（c）所示。

（3）作轴力图

本例中三根杆轴力都为常数，由图9-13（e），（g），（i）所示隔离体可分别求得

$$F_{NBA} = 0, \quad F_{NCB} = -10 \text{ kN（压力）}, \quad F_{NDC} = 0$$

绘出轴力图，如图9-13（d）所示。

（4）校核

因为刚架计算比较复杂，为了防止出错，应及时进行校核，至少在全部内力图作出后，要校核一次。校核时，可截取刚架的某一部分（计算杆端内力时没有用过的）为隔离体，检验它们是否满足平衡条件。

例如，取图9-13（j）为隔离体，由

$$\sum M_B = 10 - 10 = 0$$

$$\sum F_y = 0 - 0 = 0$$

$$\sum F_x = 10 - 10 = 0$$

可知计算无误。

值得指出的是，刚结点处力矩平衡，凡只有两杆汇交的刚结点，若结点上无外力偶作用，则两杆端弯矩必大小相等且同侧受拉（人们很形象地把这种情况叫刚结点处传递弯矩）。[例题9-5]刚架的结点 B 和 C 就属这种情况。在以后画刚架弯矩图时可利用这个特点，简化计算。

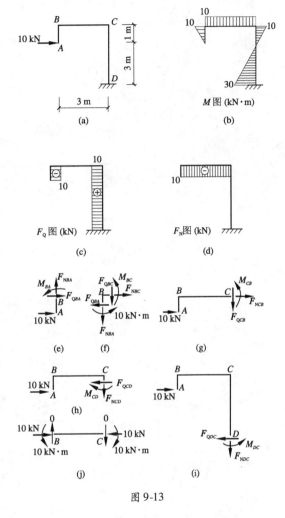

图 9-13

【例题9-5】 作图9-14（a）所示刚架的内力图。

【解】 （1）计算支座反力

此为一简支刚架，反力只有3个，由刚架的整体平衡方程可求得

$$F_{Ay} = 44 \text{ kN} (\uparrow), \quad F_{Bx} = 48 \text{ kN} (\rightarrow), \quad F_{By} = 28 \text{ kN} (\downarrow)$$

把反力的结果表示在计算简图上。

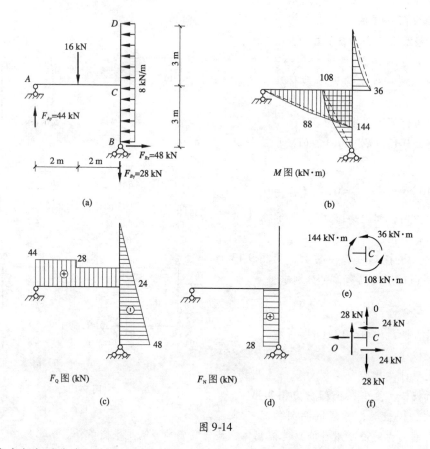

图 9-14

（2）求各杆杆端内力

求各杆端内力时，可以取隔离体由平衡条件求得，也可根据截面法的规律，由截面任一侧（外力少的一侧较好）的外力（包括支座反力）直接写出各控制截面的内力（不画受力图）。

确定 CD 杆 C 端内力，以 C 截面以上部分分析：

$$M_{CD} = 8 \times 3 \times \frac{3}{2} = 36 \text{ kN·m} （右侧受拉）$$

$$F_{QCD} = -8 \times 3 = -24 \text{ kN}$$

$$F_{NCD} = 0$$

确定 AC 杆件 C 端内力，以 C 截面左边分析：

$$M_{CA} = 44 \times 4 - 16 \times 2 = 144 \text{ kN} \cdot \text{m}（下侧受拉）$$
$$F_{QCA} = 44 - 16 = 28 \text{ kN}$$
$$F_{NCA} = 0$$

A 为铰支座，所以

$$M_{AC} = 0$$
$$F_{QAC} = 44 \text{ kN}$$
$$F_{NAC} = F_{NCA} = 0$$

确定 BC 杆端内力，以 C 截面以下分析：

$$M_{CB} = 48 \times 3 - 8 \times 3 \times \frac{3}{2} = 108 \text{ kN} \cdot \text{m}（左侧受拉）$$
$$F_{QCB} = 8 \times 3 - 48 = -24 \text{ kN}$$
$$F_{NCB} = 28 \text{ kN}（拉）$$

B 为铰支座

$$M_{BC} = 0$$
$$F_{QBC} = -48 \text{ kN}$$
$$F_{NBC} = F_{NCB} = 28 \text{ kN}（拉）$$

（3）作内力图

根据求得的各杆端控制截面的内力值，再结合所受荷载，分别绘制出弯矩图（图 9-14（b））、剪力图（9-14（c））和轴力图（图 9-14（d））。

（4）校核

图 9-14（e）所示为结点 C 各杆杆端弯矩，由

$$\sum M_C = 144 - 108 - 36 = 0$$

可知，它能满足结点 C 的力矩平衡条件。

图 9-14（f）所示为结点 C 各杆杆端的剪力和轴力，由

$$\sum F_x = 24 - 24 = 0$$
$$\sum F_y = 28 - 28 = 0$$

可知计算无误。

【例题 9-6】　试作图 9-15（a）所示三铰刚架的内力图。

【解】　（1）计算反力

由刚架整体平衡 $\sum M_A = 0$，$\sum F_y = 0$，$\sum F_x = 0$ 可得

$$F_{By} = 60 \text{ kN}（\uparrow），\quad F_{Ay} = 20 \text{ kN}（\uparrow），\quad F_{Ax} = F_{Bx}$$

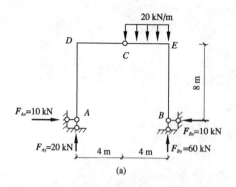

(a)

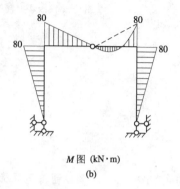

M 图 (kN·m)

(b)

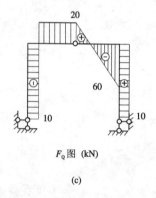

F_Q 图 (kN)

(c)

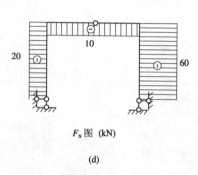

F_N 图 (kN)

(d)

图 9-15

取 AC 部分为隔离体，由 $\sum M_C = 0$ 得

$$F_{Ax} = 10 \text{ kN} \ (\rightarrow), \quad F_{Bx} = 10 \text{ kN} \ (\leftarrow)$$

（2）作弯矩图

各杆控制截面弯矩为

$$M_{AD} = 0, \quad M_{DA} = M_{DC} = 10 \times 8 = 80 \text{ kN·m （外侧受拉）（以 } AD \text{ 为隔离体）}$$

$$M_{CD} = 0, \quad M_{BE} = 0, \quad M_{CE} = 0$$

$$M_{EB} = M_{EC} = 10 \times 8 = 80 \text{ kN·m （外侧受拉）（以 } BE \text{ 为隔离体）}$$

作弯矩图，如图 9-15（b）所示。

（3）作剪力图

各杆控制截面剪力为（AD，DC，BE 杆上属无荷载区段，分别只需计算一个杆端剪力）

$$F_{QDA} = -10 \text{ kN （从 } AD \text{ 杆 } D \text{ 端截开以下分析）}$$

$$F_{QDC} = 20 \text{ kN} \quad \text{（从 } DC \text{ 杆 } D \text{ 端截开以左分析）}$$

$$F_{QEB} = 10 \text{ kN} \quad \text{（从 } BE \text{ 杆 } E \text{ 端截开以下分析）}$$

$$F_{QCE} = 20 \text{ kN}（从 CE 杆 C 端截开以左分析）$$

$$F_{QEC} = -60 \text{ kN}（从 CE 杆 E 端截开以右分析）$$

作剪力图，如图 9-15（c）所示。

（4）作轴力图

各杆控制截面轴力为

$$F_{NDA} = -20 \text{ kN}（压）$$

$$F_{NDC} = -10 \text{ kN}（压）$$

$$F_{NEC} = -10 \text{ kN}（压）$$

$$F_{NEB} = -60 \text{ kN}（压）$$

作轴力图，如图 9-15（d）所示。

静定刚架的内力计算不仅是静定刚架强度计算的依据，而且是分析超静定刚架内力和位移计算的基础。尤其作弯矩图，以后应用很广，读者务必通过足够的习题切实掌握。

作弯矩图时应注意：①刚结点处力矩应平衡；②铰结点处无力偶作用，弯矩必为零；③无荷载的区段，弯矩图为直线；④有均布荷载的区段，弯矩图为曲线，曲线的凸向与均布荷载的指向一致；⑤利用弯矩、剪力与荷载集度之间的微分关系；⑥运用叠加法。

熟练地应用上述几条可以在不求或少求支座反力情况下，迅速作出弯矩图。

【例题 9-7】　作图 9-16（a）所示刚架的弯矩图。

【分析】　这个刚架可以分解为三根杆 AC，CD，DB，由于 A 端与 B 端是铰支座（且无力偶作用），所以弯矩为零。如能求得 M_{CA} 和 M_{DB}，则可以把整个刚架的弯矩图作出来。而竖向支座反力不影响 M_{CA} 和 M_{DB}，所以该刚架只需求出水平支座反力即可。

【解】　由刚架的整体平衡条件得

$$F_{Ax} = 10 \text{ kN}（\rightarrow）$$

以 AC 为隔离体，得

$$M_{CA} = 10 \times 6 = 60 \text{ kN} \cdot \text{m}（外侧受拉）$$

以 BD 为隔离体，得

$$M_{DB} = 10 \times 3 = 30 \text{ kN} \cdot \text{m}（外侧受拉）$$

然后根据结点 C 的力矩平衡条件（图 9-16（c））可得

$$M_{CD} = 60 \text{ kN} \cdot \text{m}（上侧受拉）$$

根据结点 D 的力矩平衡条件（图 9-16（d））可得

$$M_{DC} = 30 - 16 = 14 \text{ kN} \cdot \text{m}（上侧受拉）$$

用叠加法作出弯矩图，如图 9-16（b）所示。

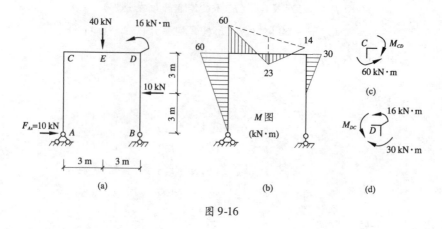

图 9-16

9.3 静定平面桁架的内力

9.3.1 桁架概述

桁架（trusses）**是指由若干直杆在其两端用铰联接而成的结构**。在平面桁架中，通常引用如下假定：

（1）各杆两端用绝对光滑而无摩擦的理想铰相互联接。

（2）各杆的轴线都是绝对平直，且在同一平面内并通过铰的几何中心。

（3）荷载和支座反力都作用在结点上并位于桁架平面内。

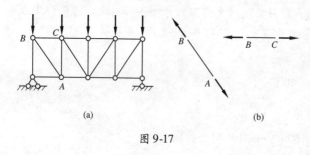

图 9-17

图 9-17（a）就是根据上述假定作出的一个桁架的计算简图，各杆均用轴线表示。显然桁架的各杆都是只承受轴力的二力杆（图 9-17（b）），称为理想桁架。由于各杆只受轴力，截面上应力是均匀分布的，可同时达到容许值，材料能得到充分利用。因而与梁相比，桁架用料较省，自重减轻，在大跨度结构中多被采用。如图 9-18（a）所示，长沙体育馆的屋盖承重结构和图 9-18（b）所示南京长江大桥的主体结构都是桁架结构。

随着高层刚结构的发展，桁架也成了建筑主体结构。图 9-19（a）为美国芝加哥的约翰·汉考克大楼，采用了锥形桁架筒承力结构；图 9-19（b）为上海锦江饭店新楼，采用了转换层桁架传力。

在实际工程中，对于在结点荷载作用下各杆主要承受轴力的结构，常采用上述理想桁架作为它的计算简图。这是因为根据理想桁架分析的结果，能比较好地反映出上述结构的主要受力特征。钢屋架如图 9-20（a）所示，钢筋混凝土屋架如图 9-20（b）所示，钢桁架桥如图 9-20（c）所示，其计算简图分别如图 9-21（a），（b），（c）所示。

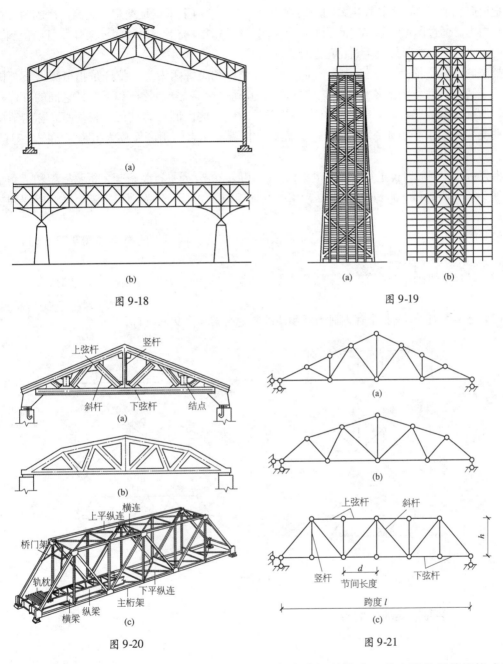

图 9-18

图 9-19

图 9-20

图 9-21

　　实际工程中的桁架并不完全符合上述理想情形。例如在钢结构中，结点通常都是铆接或焊接的，有些杆件在结点处可能连续不断，这就使得结点具有一定的刚性；在木结构中各杆是用榫接或螺栓连接，虽然它们在结点处可作某种相对转动，但其结点构造也不完全符合理想铰的情况；另外，各杆轴无法绝对平直，结点上各杆的轴线也不一定全交于一点，以及有时荷载不一定都作用在结点上，等等。由于以上种种原因，桁架在荷载作用下，杆件将发生弯曲而产生附加内力。

通常把桁架在理想情况下计算出来的内力称为主内力，把由于不满足理想假定而产生的附加内力称为次内力。通过理论计算和实际测量结果表明，在一般情况下，用理想桁架计算可以得到令人满意的结果，因此本节只限于讨论理想桁架的情况。

桁架的杆件，依其所在位置的不同，可分为**弦杆**和**腹杆**两大类。弦杆是指桁架上下外围的杆件，上边的杆件称为上弦杆，下边的杆件称为下弦杆。桁架上弦杆和下弦杆之间的杆件称为腹杆。腹杆又分为竖杆和斜杆。弦杆上两相邻结点之间的区间称为**节间**，其间距 d 称为**节间长度**。两支座间的水平距离 l 为跨度。支座连线至桁架最高点的距离 h 称为**桁高**，如图 9-21（c）所示。

桁架可按不同的特征进行分类：根据桁架的外形，可分为平行弦桁架、折弦桁架和三角形桁架（图 9-22（a），（b），（c））；根据桁架的几何组成方式，可分为简单桁架、联合桁架和复杂桁架。

（1）简单桁架：由一个基本铰接三角形依次增加二元体而组成的桁架（图 9-22（a），（b），（c））。

（2）联合桁架：由几个简单桁架按几何不变体系的简单组成规则而联合组成的桁架（图 9-22（d），（e））。

（3）复杂桁架：不是按上述两种方式组成的其他桁架（图 9-22（f））。

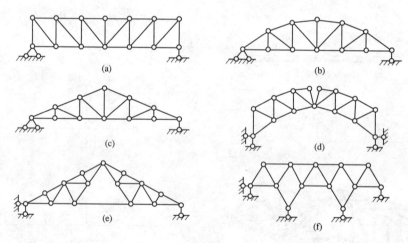

图 9-22

9.3.2 静定平面桁架的内力计算

1. 结点法

所谓**结点法**（method of joints）**就是取桁架的结点为隔离体，利用结点的静力平衡条件来计算杆件内力的方法。**因为桁架各杆件都只承受轴力，作用于任一结点的各力（包括荷载、反力和杆件轴力）组成一个平面汇交力系。平面汇交力系可以建立两个独立的平衡方程 $\sum F_x = 0$ 和 $\sum F_y = 0$，解算两个未知量。在实际计算中，为了避免解算联立方程，应从未知力不超过两个的结点开始，依次推算。由于简单桁架是从一个基本铰接三角形开始，依次增加二元体所组成的，其最后一个结点只包含两根杆件，显然简单桁架的组成方式保证我们能按上述要求进行计算。

在计算时，通常都先假定杆件内力为拉力，若所得结果为负值，则为压力。

【例题 9-8】　试用结点法求图 9-23（a）所示桁架各杆的内力。

【解】　（1）计算支座反力

由于结构和荷载均对称，故

$$F_{1y} = F_{8y} = 40 \text{ kN } (\uparrow)$$

（2）计算各杆的内力

从只含两个未知力的结点开始，这里有 1，8 两个结点，现在计算左半桁架，从结点 1 开始，然后依次分析其相邻结点。

取结点 1 为隔离体，如图 9-23（b）所示。

由　　$\sum F_y = 0$,　　$-F_{N13} \times \dfrac{3}{5} + 40 = 0$

得　　　　$F_{N13} = 66.67 \text{ kN }$（拉）

由　　$\sum F_x = 0$,　　$F_{N12} + F_{N13} \times \dfrac{4}{5} = 0$

得　　　　$F_{N12} = -53.33 \text{ kN }$（压）

取结点 2 为隔离体，如图 9-23（c）所示。

由　　$\sum F_x = 0$,　　$F_{N24} + 53.33 = 0$

得　　　　$F_{N24} = -53.33 \text{ kN }$（压）

由　　　　　$\sum F_y = 0$,

得　　　　　$F_{N23} = 0$

取结点 3 为隔离体，如图 9-23（d）所示。

由　　　　$\sum F_y = 0$,　　$F_{N34} \times \dfrac{3}{5} + 66.67 \times \dfrac{3}{5} - 30 = 0$

得　　　　　$F_{N34} = -16.67 \text{ kN }$（压）

由　　　　$\sum F_x = 0$,　　$F_{N35} + F_{N34} \times \dfrac{4}{5} - 66.67 \times \dfrac{4}{5} = 0$

得　　　　　$F_{N35} = 66.67 \text{ kN }$（拉）

取结点 5 为隔离体，如图 9-23（e）所示。

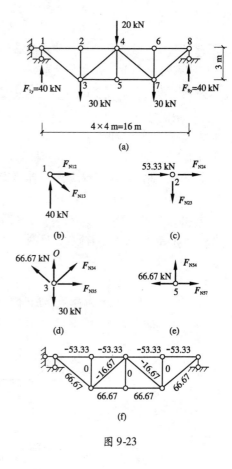

图 9-23

由
$$\sum F_y = 0$$

得
$$F_{N54} = 0$$

由
$$\sum F_x = 0, \quad F_{N57} - 66.67 = 0$$

得
$$F_{N57} = 66.67 \text{ kN （拉）}$$

至此桁架左半边各杆的内力均已求出。继续取 8，6，7 等结点为隔离体，可求得桁架右半边各杆的内力。各杆的轴力示于图 9-23 （f）。由该图可以看出，对称结构在对称荷载作用下，对称位置杆件的内力也是对称的。因此，今后在解算这类结构时，只需计算半边结构的内力即可。

值得指出，在桁架中常有一些特殊的结点，掌握了这些特殊结点的平衡规律，可给计算带来很大的方便。现列举几种特殊结点如下：

（1）L 形结点。或称不共线的两杆结点，如图 9-24 （a）所示，当结点上无荷载作用时，则两杆内力皆为零。桁架中内力为零的杆件称为**零杆**。

（2）T 形结点。这是有两杆共线的三杆结点，如图 9-24 （b）所示，当结点上无荷载作用时，则第三杆（又称单杆）必为零杆，而共线两杆内力大小相等且性质相同（同为拉力或压力）。

（3）X 形结点。这是四杆结点且两两共线如图 9-24 （c）所示，当结点上无荷载作用时，则共线两杆内力大小相等，且性质相同。

（4）K 形结点。这也是四杆结点，其中两杆共线，而另外两杆在此直线同侧且夹角相等如图 9-24 （d）所示，当结点上无荷载作用时，则非共线两杆内力大小相等而性质相反（一为拉力则另一为压力）。若结点位于桁架的左右对称轴上，则非共线两杆内力为零。

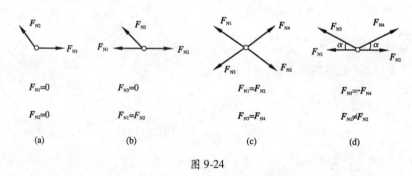

图 9-24

上述各条结论，均可根据结点适当的投影平衡方程得出，读者可自行证明。在分析桁架时，宜先通过观察，利用上述结论判定出零杆或某些杆的内力（或找出某些杆件内力之间的关系），这样就可减少未知量的数目，使计算得到简化。

如图 9-25 所示，图中虚线作出的各杆均为零杆。在图 9-25 （a）中有 $F_{N1} = F_{N2} = F_{N3}$，$F_{N4} = F_{N5} = F_{N6}$（T 形结点）；在图 9-25（b）中有 $F_{N1} = F_P$，$F_{N2} = -3F_P$，$F_{N3} = -2F_P$（X 形结点）。在此基础上计算工作大为简化。

2. 截面法

除结点法外，计算桁架内力的另一基本方法是截面法（method of sections）。所谓**截面法是通**

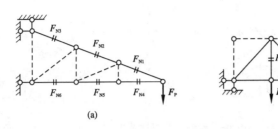

图 9-25

过需求内力的杆件作一适当的截面，将桁架截为两部分，然后任取一部分为隔离体（隔离体至少包含两个结点），根据平衡条件来计算所截杆件的内力的方法。在一般情况下，作用于隔离体上的诸力（包括荷载、反力和杆件轴力）构成平面一般力系，可建立 3 个独立平衡方程。因此，只要隔离体上的未知力数目不多于 3 个，则可直接把此截面上的全部未知力求出。

【例题 9-9】　试用截面法计算图 9-26（a）所示桁架中 a，b，c 三杆的内力。

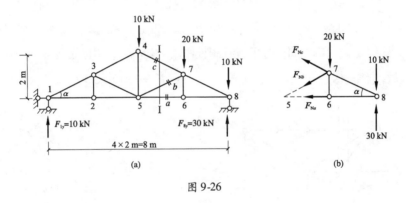

图 9-26

【解】　（1）求支座反力

由

$$\sum M_1 = 0, \quad F_{8y} \times 8 - 10 \times 4 - 20 \times 6 - 10 \times 8 = 0$$

得

$$F_{8y} = 30 \text{ kN } (\uparrow)$$

由

$$\sum F_y = 0, \quad F_{1y} + 30 - 10 - 20 - 10 = 0$$

得

$$F_{1y} = 10 \text{ kN } (\uparrow)$$

（2）求指定杆件内力

用截面 I—I 假想将 a，b，c 三杆截断，取截面右边部分为隔离体，如图 9-26（b）所示，其中只有 F_{Na}，F_{Nb}，F_{Nc} 三个未知量，从而可利用隔离体的三个平衡方程求解。

由

$$\sum M_7 = 0, \quad -F_{Na} \times 1 - 10 \times 2 + 30 \times 2 = 0$$

得

$$F_{Na} = 40 \text{ kN }（拉）$$

为了求得 F_{Nc}，可取 F_{Na}，F_{Nb} 两力的交点 5 为矩心，由

$$\sum M_5 = 0, \qquad F_{Nc}\sin\alpha \times 2 + F_{Nc}\cos\alpha \times 1 + 30 \times 4 - 20 \times 2 - 10 \times 4 = 0$$

得

$$F_{Nc} = -10\sqrt{5} \ \text{kN} = -22.36 \ \text{kN} \ （压）$$

为了求得 F_{Nb}，可取 F_{Na}，F_{Nc} 两力交点 8 为矩心，由

$$\sum M_8 = 0, \qquad F_{Nb}\sin\alpha \times 2 + F_{Nb}\cos\alpha \times 1 + 20 \times 2 = 0$$

得

$$F_{Nb} = -22.36 \ \text{kN} \ （压）$$

值得注意，用截面法求桁架内力时，应尽量使所截杆件不超过 3 根。这样就可直接利用隔离体的 3 个平衡方程将 3 根杆件的内力求出。然而，在某些特殊情况下，虽然截面所截断的杆件有 3 根以上，但只要在被截各杆中有特殊条件可以利用，仍可求得一些杆的内力。如图 9-27（a）所示的桁架中作截面 I—I，虽然截面上包含 4 个未知内力，但除 F_{Na} 外，其余 3 个未知内力均交于 D 点，故由隔离体图 9-27（b）的平衡条件 $\sum M_D = 0$，可求得 F_{Na}。又如图 9-27（c）所示桁架中，作截面 I—I，这时虽然截断 4 根杆件，但除 a 杆外，其余三杆互相平行，若取截面以上部分为隔离体，如图 9-27（d）所示，则由 $\sum F_x = 0$ 即可求得 F_{Na}；再作截面 II—II，截断 5 根杆件，其中 F_{Na} 已求出，除 b 杆外，其余 3 根互相平行，若取截面以右为隔离体如图 9-27（e）所示，则由 $\sum F_y = 0$ 即可求得 F_{Nb}。

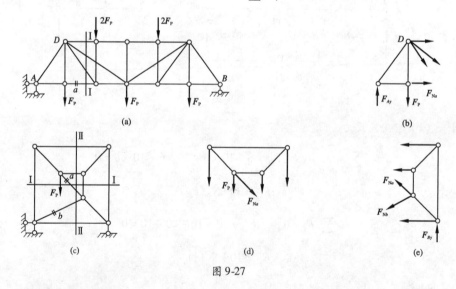

图 9-27

3. 结点法与截面法的联合应用

结点法和截面法是求解静定平面桁架内力的两种基本方法。其实，这两种方法没有什么本质的区别，只是用截面截取的研究对象不同而已。何时用结点法、何时用截面法没有一定规律，应视具体情况而定。而有时求杆件内力时，单一应用结点法或截面法都不能很快求出结果，或无法解决，如果把结点法和截面法联合起来应用，往往能收到良好的效果。在实际运算中，同一个题

目往往不必固定用一种方法将计算进行到底，计算过程中哪种方法计算简单就用哪种方法进行。

【例题 9-10】　试求图 9-28（a）所示桁架中 1，2 杆的内力。

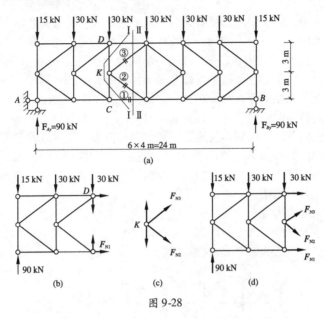

图 9-28

【解】　这是一简单桁架，用结点法可以求出全部杆件的内力，但现在只求杆 1，2 的内力，而用一次截面法也不能求出 1，2 杆内力，所以联合应用结点法和截面法求解更为方便。

（1）求支座反力

$$F_{Ay} = F_{By} = 90 \text{ kN}　(\uparrow)$$

（2）求杆 1，2 的内力

假想用 Ⅰ—Ⅰ 截面将桁架截开，取左边为隔离体，如图 9-28（b）所示。由于除了 F_{N1} 外，其余三杆未知内力都通过 D 点，故用力矩方程可求得 F_{N1}。

由　　　　　　　　　$$\sum M_D = 0,\quad 6F_{N1} + 30 \times 4 + 15 \times 8 - 90 \times 8 = 0$$

得　　　　　　　　　$$F_{N1} = 80 \text{ kN}　(拉)$$

取结点 K 为隔离体如图 9-28（c）所示，该结点正好是 K 形结点，所以 $F_{N2} = -F_{N3}$。

再用 Ⅱ—Ⅱ 截面假想将桁架截开，以左边为隔离体，如图 9-28（d）所示。

由　　　　　$$\sum F_y = 0,\quad -F_{N2} \times \frac{3}{5} + F_{N3} \times \frac{3}{5} - 30 - 30 - 15 + 90 = 0$$

得　　　　　　　　　$$F_{N2} = 12.5 \text{ kN}　(拉)$$

4. 几种常用平面桁架受力性能的比较

设计桁架结构时，应根据不同的情况和要求，先选定适当的桁架形式。这就必须明确桁架的形式对其内力分布和构造的影响，了解各类桁架的应用范围。

为分析比较几种常用桁架的内力分布规律,现将三种常用的简支梁式桁架:平行弦桁架、三角形桁架、抛物线形桁架,在上弦布满单位荷载情况下的内力分别表示如图9-29(a),(b),(c)所示。根据图示情况具体分析各桁架杆件的内力变化规律,由此了解桁架的形式与内力分布的关系,以便在设计、施工中,能正确地选择桁架形式。下面就对三种桁架的内力分布加以分析比较。

(1)平等弦桁架的内力分布很不均匀,上弦杆和下弦杆内力值均是靠支座处小,向跨中递增。腹杆则是靠近支座处内力大,向跨中减递,若每一节间改变截面,则增加拼接困难;如采用相同的截面,又浪费材料。但由于它在构造上有许多优点,如所有弦杆、斜杆、竖杆长度都分别相同,所有结点处相应各杆交角均相同等,利于标准化,因而仍得到广泛的应用。不过,多限于轻型桁架,这样便于采用相同截面的弦杆,而不致有很大浪费。厂房中多用于12 m以上的吊车梁。在铁路桥梁中,由于平行弦桁架给构件制作及施工拼装都带来很多方便,故较多采用。

(2)三角形桁架的内力亦很不均匀,端弦杆内力很大,向跨中减小较快,且端结点处夹角甚小,构造布置较为困难。但因其两面斜坡的外形符合屋顶构造要求,所以在跨度较小、坡度较大的屋盖结构中多采用三角形桁架。

(3)抛物线形桁架的内力分布均匀,在材料使用上最为经济。但其上弦杆在每一节间的倾角都不相同,结点构造较为复杂,施工不便。不过在大跨度桥梁(例如100~150 m)及大跨度屋架(18~30 m)中,节约材料意义较大,故常被采用。

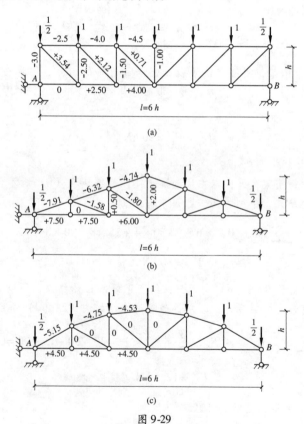

图 9-29

9.4　三铰拱的内力

9.4.1　拱的形式及特点

拱（arch）是工程中应用比较广泛的结构形式之一，在房屋建筑、桥涵建筑和水工建筑中常被采用。拱结构的计算简图通常有无铰拱（图9-30（a））、两铰拱（图9-30（b））和三铰拱（图9-30（c））三种，前二者为超静定结构，后者为静定结构。本节只分析三铰拱。

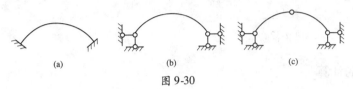

图 9-30

拱结构的特点是：**杆轴为曲线，而且在竖向荷载作用下支座将产生水平反力**。这种水平反力又称为**水平推力**，或简称为推力。拱结构与梁结构的区别，不仅在于外形的不同，更重要的还在于在竖向荷载作用下是否产生水平推力。如图9-31所示的两个结构，虽然杆轴都是曲线，但图9-31（a）结构在竖向荷载作用下不产生水平反力是曲梁。在图9-31（b）结构中，由于两端都有水平的支座链杆，在竖向荷载作用下将产生水平推力，所以它属于拱结构。

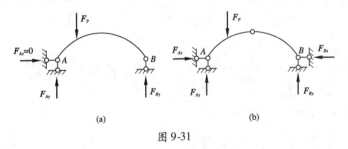

图 9-31

由于推力的存在，拱中各截面的弯矩比相应简支梁的弯矩要小得多，并且会使整个拱体主要承受压力。这使得拱截面上的应力分布较为均匀，因而更能充分发挥材料的作用，并可利用抗压性能好而抗拉性能差的材料（如砖、石、混凝土等）来建造，这是拱的主要优点。拱的主要缺点也是由于支座要承受水平推力，因而要求比梁具有更坚固的基础或支承结构，外形较梁复杂，施工困难些。可见，推力的存在与否是区别拱与梁的主要标志。凡在竖向荷载作用下会产生水平反力的结构都可称为拱式结构或推力结构。

拱的各部位名称如图9-32所示。拱高与跨度之比 $\dfrac{f}{l}$ 称为高跨比，它是影响拱的受力性能的主要几何参数，在实际工程中，其值一般在 $\dfrac{1}{10} \sim 1$ 之间。

在拱结构中，有时在拱的两支座间设置拉杆来代替支座承受水平推力，使在竖向荷载作用下，支座只产生竖向反力。但是这种结构内部的受力性能与拱并无区别，故称为带拉杆的拱，如图9-33（a）所示。它的优点在于消除了推力对支承结构的影响。为了使拱下获得较大的净空，有时也将拉杆做成折线形的，如图9-33（b）所示。

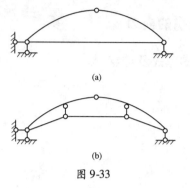

图 9-33

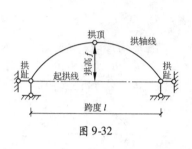

图 9-32

9.4.2 三铰拱的计算

三铰拱为静定结构，其全部支座反力和内力都可由平衡条件确定。现以图 9-34（a）所示在竖向荷载作用下的三铰拱为例，来说明它的反力和内力的计算方法。为了便于比较，同时给出了同跨度、同荷载的相应简支梁相对照，如图 9-34（b）所示。

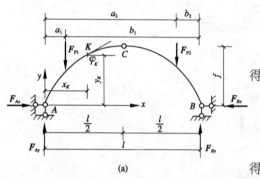

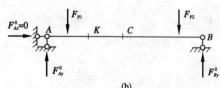

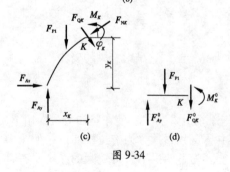

图 9-34

1. 支座反力的计算公式

首先考虑全拱的整体平衡如图 9-34（a）所示。

由
$$\sum M_B = 0$$

得
$$F_{Ay} = \frac{1}{l}\ (F_{P1}b_1 + F_{P2}b_2) \qquad (9\text{-}4)$$

由
$$\sum M_A = 0$$

得
$$F_{By} = \frac{1}{l}\ (F_{P1}a_1 + F_{P2}a_2) \qquad (9\text{-}5)$$

由
$$\sum F_x = 0$$

得
$$F_{Ax} = F_{Bx} = F_H\ （水平推力） \qquad (9\text{-}6)$$

再取左半拱为隔离体，

由
$$\sum M_C = 0,$$
$$F_{Ay} \cdot \frac{l}{2} - F_{P1} \cdot\ (\frac{l}{2} - a_1)\ - F_H \cdot f = 0$$

得
$$F_H = \frac{F_{Ay}\dfrac{l}{2} - F_{p1}\ (\dfrac{l}{2} - a_1)}{f} \qquad (9\text{-}7)$$

考察式（9-4）和式（9-5）的右边，其恰好等于相应简支梁（图9-34（b））的支座竖向反力 F_{Ay}^0 和 F_{By}^0，而式（9-7）右边的分子则等于相应简支梁上与拱的中间铰处对应的截面 C 的弯矩 M_C^0，因此可将这些公式写为

$$F_{Ay} = F_{Ay}^0, \quad F_{By} = F_{By}^0, \quad F_H = \frac{M_C^0}{f} \tag{9-8}$$

由式（9-8）可知，推力 F_H 等于相应简支梁截面 C 的弯矩 M_C^0 除以拱高 f。在一定荷载作用下，推力 F_H 只与三个铰的位置有关，而与各铰间的拱轴形状无关。当荷载及拱跨不变时，推力 F_H 将与拱高 f 成反比，f 愈大即拱愈陡时，F_H 愈小；f 愈小即拱愈平坦时，F_H 愈大。若 $f = 0$，则 $F_H = \infty$，此时三个铰已在一条直线上，属于瞬变体系。

2. 内力的计算公式

计算内力时，应注意到拱轴为曲线这一特点，所取截面应与拱轴正交。任一截面 K 的位置取决于截面的坐标 (x_K, y_K)，以及该处拱轴切线的倾角 φ_K。截面 K 的内力包括弯矩 M_K、剪力 F_{QK} 和轴力 F_{NK}，如图9-34（c）所示。下面分别研究这三种内力的计算。

1）弯矩的计算公式

规定使拱的内侧纤维受拉的弯矩为正，反之为负。于是由图9-34（c）所示隔离体求得

$$M_K = \left[F_{Ay}x_K - F_{p1}(x_K - a_1) \right] - F_H y_K$$

考虑到 $F_{Ay} = F_{Ay}^0$，可见上式中的前两项即为相应简支梁（图9-34（d））截面 K 的弯矩 M_K^0，故上式可写为

$$M_K = M_K^0 - F_H y_K \tag{9-9}$$

即拱内任一截面的弯矩 M_K 等于相应简支梁对应截面的弯矩 M_K^0 减去推力所引起的弯矩 $F_H y_K$。可见，由于**推力的存在，拱的弯矩比相应简支梁的弯矩要小很多**。

2）剪力的计算公式

剪力的符号仍然规定使隔离体有顺时针方向转动趋势者为正，反之为负。任一截面 K 的剪力 F_{QK} 等于该截面一侧所有外力在该截面方向上投影的代数和。由图9-34（c），可得

$$F_Q = F_{Ay}\cos\varphi_K - F_{P1}\cos\varphi_K - F_H\sin\varphi_K = (F_{Ay} - F_{P1})\cos\varphi_K - F_H\sin\varphi_K$$

式中，$(F_{Ay} - F_{P1})$ 为相应简支梁在截面 K 处的剪力 F_{QK}^0，于是上式可写为

$$F_{QK} = F_{QK}^0\cos\varphi_K - F_H\sin\varphi_K \tag{9-10}$$

式中，φ_K 为截面 K 处拱轴切线的倾角，在图示坐标系中，φ_K 在左半拱为正，而在右半拱为负。由式（9-10）知，**拱的剪力比相应简支梁的剪力也小很多**。

3）轴力的计算公式

因拱通常受压，所以规定使截面受压的轴力为正，反之为负。任一截面 K 的轴力等于该截面一侧所有外力在该截面法线方向上投影的代数和。由图9-34（c）可知

$$F_{NK} = (F_{Ay} - F_{P1})\sin\varphi_K + F_H\cos\varphi_K$$

即

$$F_{NK} = F_{QK}^0\sin\varphi_K + F_H\cos\varphi_K \tag{9-11}$$

由式（9-11）可以看出，**拱截面的轴力都比较大，且为压力**。

由式（9-9）—式（9-11）可知，三铰拱的内力值将不但与荷载及三个铰的位置有关，而且与各铰间拱轴线的形状有关。有了上述公式，不难求得任一截面的内力，从而作出三铰拱的内力图，具体作法见［例题9-11］。

【例题9-11】　试作图9-35（a）所示三铰拱的内力图。当坐标原点在左支座时，拱轴方程的表达式为

$$y = \frac{4f}{l^2}(l-x)x$$

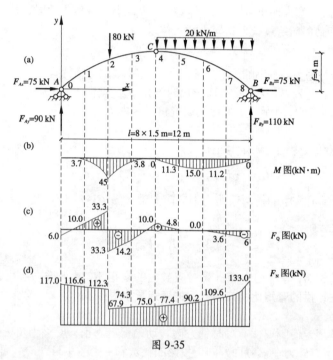

图 9-35

【解】　（1）求支座反力
根据公式（9-8）可得：

$$F_{Ay} = F_{Ay}^0 = \frac{80 \times 9 + 20 \times 6 \times 3}{12} = 90 \text{ kN } (\uparrow)$$

$$F_{By} = F_{By}^0 = \frac{80 \times 3 + 20 \times 6 \times 9}{12} = 110 \text{ kN } (\uparrow)$$

$$F_{H} = \frac{M_C^0}{f} = \frac{90 \times 6 - 80 \times 3}{4} = 75 \text{ kN } (\rightarrow \quad \leftarrow)$$

（2）求指定截面的内力
反力求出后，即可按式（9-9）—式（9-11）计算各截面的内力。为此，可将拱沿跨度分成8等分，然后计算各等分点截面的 M，F_Q，F_N 值。现以集中力作用处的截面2为例计算其内力。
当 $x_2 = 3$ m时，由拱轴方程可求得

$$y_2 = \frac{4f}{l^2}(l-x_2) \cdot x_2 = \frac{4 \times 4}{12^2} \times (12-3) \times 3 = 3 \text{ m}$$

$$\tan\varphi_2 = \frac{dy}{dx} = \frac{4f}{l^2}(l-2x_2) = \frac{4 \times 4}{12^2} \times (12-2 \times 3) = 0.667$$

故 $$\varphi_2 = 33.7°$$

于是 $$\sin\varphi_2 = 0.555, \quad \cos\varphi_2 = 0.832$$

根据式（9-9）—式（9-11）可得

$$M_2 = M_2^0 - F_H y_2 = 90 \times 3 - 75 \times 3 = 45 \text{ kN} \cdot \text{m}$$

在集中力作用处，F_Q^0 有突变，所以要分别计算 2 截面左右两侧的剪力和轴力：

$$F_{Q2}^L = F_{Q2}^{0L}\cos\varphi_2 - F_H\sin\varphi_2 = 90 \times 0.832 - 75 \times 0.555 = 33.26 \text{ kN}$$

$$F_{Q2}^R = F_{Q2}^{0R}\cos\varphi_2 - F_H\sin\varphi_2 = (90-80) \times 0.832 - 75 \times 0.555 = -33.31 \text{ kN}$$

$$F_{N2}^L = F_{Q2}^{0L}\sin\varphi_2 + F_H\cos\varphi_2 = 90 \times 0.555 + 75 \times 0.832 = 112.35 \text{ kN}$$

$$F_{N2}^R = F_{Q2}^{0R}\sin\varphi_2 + F_H\cos\varphi_2 = (90-80) \times 0.555 + 75 \times 0.832 = 67.95 \text{ kN}$$

其他各截面的计算与上相同，为清楚起见，计算通常列表进行，详见表 9-1。

表 9-1　　　　　　　　　　　　三铰拱的内力计算

截面	y/m	$\tan\varphi_K$	$\sin\varphi_K$	$\cos\varphi_K$	F_{QK}^0 /kN	M/（kN·m）			F_Q/kN			F_N/kN		
						M_K^0	$-F_H y_K$	M_K	$F_{QK}^0 \cdot \cos\varphi_K$	$-F_H \cdot \sin\varphi_K$	F_{QK}	$F_{QK}^0 \cdot \sin\varphi_K$	$F_H \cdot \cos\varphi_K$	F_{NK}
0	0	1.333	0.800	0.600	90.0	0	0	0	54.0	-60.0	-6.0	72.0	45.0	117.0
1	1.75	1.000	0.707	0.707	90.0	135.0	-131.3	3.7	63.6	-53.0	10.6	63.6	53.0	116.6
					90.0				74.9	-41.6	33.3	49.9		112.3
2_R^L	3.00	0.667	0.555	0.832		270.0	-225.4	45.0					62.4	
					10.0				8.3	-41.6	-33.3	5.5		67.9
3	3.75	0.333	0.316	0.948	10.0	285.0	-281.2	3.8	9.5	-23.7	-14.2	3.2	71.1	74.3
4	4.00	0.000	0.000	1.000	10.0	300.0	-300	0	10.0	0	10.0	0	75.0	75.0
5	3.75	-0.333	-0.316	0.948	-20.0	292.5	-281.2	11.3	-18.9	23.7	4.8	6.3	71.1	77.4
6	3.00	-0.667	-0.555	0.832	-50.0	240.0	-225.0	15.0	-41.6	41.6	0	27.8	62.4	90.2
7	1.75	1.000	-0.707	0.707	-80.0	142.5	-131.3	11.2	-56.6	53.0	-3.6	56.6	53.0	109.6
8	0	-1.333	-0.800	0.600	-110.0	0	0	0	-66.0	60.0	-6.0	88.0	45.0	133.0

（3）作内力图

根据表 9-1 算得的结果，以拱轴曲线的水平投影为基线，用描点法作出 M，F_Q，F_N 图，如图 9-35（b），（c），（d）所示。

下面再作其相应简支梁的 M^0 图和 F_Q^0 图，如图 9-36（a），（b）所示。比较图 9-35（b）和图 9-36（a）可知，拱式结构的弯矩值比相应梁的弯矩值减小很多。由图 9-35（c）与图 9-36（b）比较可知，拱的剪力也比相应梁小得多。值得注意的是，拱的轴力较大且全为压力，而梁的轴力为零。

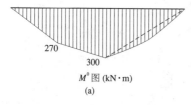

M^0 图 (kN·m)

(a)

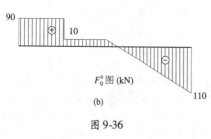

F_Q^0 图 (kN)

(b)

图 9-36

9.4.3　三铰拱的合理拱轴线

由前已知，当荷载及三个铰的位置给定时，三铰拱的反力就可确定，而与各铰间拱轴线形状无关；三铰拱的内力则与拱轴线形状有关。在一定荷载作用下，当拱所有截面的弯矩都等于零，而只有轴力时，截面上的正应力是均匀分布的，材料能得以最充分的利用。单从力学观点看，这是最经济的，故称这时的拱轴线为**合理拱轴线**。

合理拱轴线可根据弯矩为零的条件来确定。在竖向荷载作用下，三铰拱的合理拱轴线方程可由下式求得

$$M = M^0 - F_H y = 0$$

由此得

$$y = \frac{M^0}{F_H} \tag{9-12}$$

式（9-12）表明，在竖向荷载作用下，三铰拱合理拱轴线的纵坐标 y 与相应简支梁弯矩图的竖标成正比。当荷载已知时，只需求出相应的简支梁的弯矩方程，然后除以水平推力之值，便得到合理拱轴线方程。

【例题 9-12】　试求图 9-37（a）所示对称三铰拱在竖向均布荷载 q 作用下的合理拱轴线。

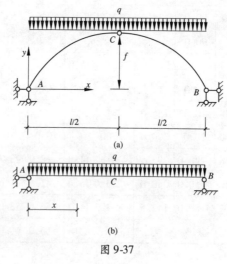

图 9-37

【解】　作出相应简支梁如图 9-37（b）所示，其弯矩方程为

$$M^0 = \frac{ql}{2}x - \frac{1}{2}qx^2 = \frac{1}{2}qx\,(l-x)$$

推力 F_H 由式（9-8）第三式求得，为

$$F_H = \frac{M_C^0}{f} = \frac{\frac{1}{8}ql^2}{f} = \frac{ql^2}{8f}$$

故由式（9-12）得到拱的合理拱轴线方程为

$$y = \frac{M^0}{F_H} = \frac{\frac{1}{2}qx\,(l-x)}{\frac{ql^2}{8f}} = \frac{4f}{l^2}\,(l-x)\,x$$

由此可见，**在竖向均布荷载作用下，对称三铰拱的合理拱轴线是一根二次抛物线**。因此，房屋建筑中拱的轴线常用抛物线。

关于静定平面组合结构的内力分析在本书中不作介绍。

9.5　结构位移计算的一般公式

9.5.1　杆系结构的位移

杆系结构在荷载作用下会产生应力和应变，以致结构原有的形状发生变化（简称变形），其上各点的位置将会移动，杆件的横截面也将发生转动。这些移动和转动统称为**位移**。此外，结构在其他因素如温度改变、支座位移等的影响下，也都会发生位移。

如图 9-38（a）所示刚架，在荷载作用下产生变形，其中截面 A 的形心由 A 点移动到 A' 点，线段 AA' 称为 A 点的**线位移**，用 Δ_A 表示。若将 Δ_A 沿水平和竖向分解，则其分量 Δ_{AH} 和 Δ_{AV} 分别称为 A 点的**水平线位移和竖向线位移**。同时，截面 A 还转动了一个角度，称为截面 A 的**角位移或转角**，用 φ_A 表示。又如图 9-38（b）所示刚架，在荷载作用下发生变形，截面 A 的角位移为 φ_A（顺时针方向），截面 B 的角位移为 φ_B（逆时针方向），这两个截面方向相反的角位移之和，就构成截面 A，B 的**相对角位移**，即 $\varphi_{AB} = \varphi_A + \varphi_B$。同样，$C$，$D$ 两点的水平线位移分别为 Δ_{CH}（向右）和 Δ_{DH}（向左），这两个指向相反的水平位移之和就称为 C，D 两点的水平**相对线位移**，即 $(\Delta_{CD})_H = \Delta_{CH} + \Delta_{DH}$。

我们将以上线位移、角位移及相对位移统称为**广义位移**。

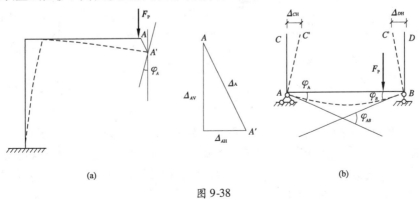

(a)　　　　　　　　　　　　　　　(b)

图 9-38

9.5.2 计算位移的目的

在工程设计和施工过程中，结构位移计算是很重要的，概括地说，它有如下三方面用途：

（1）验算结构的刚度，使结构的位移或变形不超出规定的范围，满足结构的功能和使用要求。例如，在设计吊车梁时，为了保证吊车能正常行驶，规范中对吊车梁产生的最大挠度限制为梁跨度的 $1/600 \sim 1/500$。

（2）在结构的制作、架设、养护过程中，常须预先知道结构变形后的位置，以便编制相应的施工措施。

（3）为超静定结构的弹性分析打下基础。在弹性范围内分析超静定结构时，除了需考虑平衡条件外，还需考虑变形条件。

本单元只讨论线性弹性变形体系的位移计算。

在建筑力学中，计算位移的一般方法是以虚功原理为基础。下面先介绍虚功原理，然后再讨论在荷载等外界因素的影响下静定结构的位移计算方法。

9.5.3 虚功原理

1. 功、广义力和广义位移

如图9-39（a）所示，在常力 F 的作用下物体从 A 移到 A'（即虚线位置），在力的方向上产生线位移 Δ，由物理学知，F 与 Δ 的乘积称为力 F 在位移 Δ 上做的功，即 $W = F \cdot \Delta$。图9-39（b）表示用力 F 拉一重物的过程，其中 s 为力作用点的实际位移称总位移，$\Delta = s \cdot \cos\theta$ 为作用点在力作用线方向的位移分量称为力 F 的相应位移。这时力 F 所做的功 W 仍可用 F 与 Δ 的乘积表示，即 $W = F \cdot \Delta$，其中 $\Delta = s \cdot \cos\theta$。

如图9-39（c）所示，有两个大小相等、方向相反的常力 F 作用在圆盘上，设圆盘转动时常力 F 的方向始终垂直于直径 AB，当圆盘转动一角度 θ 时，两个常力所做的功为 $W = 2FR\theta$，又因该两力组成一力偶，其力偶矩为 $M = 2FR$，则有 $W = M \cdot \theta$，这就是说，常力偶所做的功等于力偶矩与角位移的乘积。

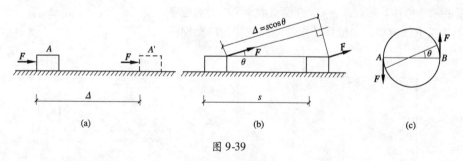

图 9-39

由此可知，功包含了两个要素——力和位移。做功的力可以是一个力，也可以是一个力偶，有时甚至可能是一对力或一个力系，统称为**广义力**；位移可以是线位移，也可以是角位移，即为**广义位移**。因此，功可以统一表示为广义力和广义位移的乘积，即 $W = F \cdot \Delta$，其中 F 为广义力，Δ

为广义位移，它与广义力相对应。例如 F 为集中力时，Δ 表示线位移；F 为力偶时，Δ 代表角位移。

由物理学还可知，当广义力 F 与相应广义位移 Δ 方向一致时，做功为正；二者方向相反时，做功为负。

2. 虚功

当作功的力与相应位移彼此相关时，即当位移是由做功的力本身引起时，此功称为实功。上述集中力 F 与力偶矩 M 所做的功均为实功。当做功的力与相应位移彼此独立无关时，就把这种功称为**虚功**。如图 9-40（a）所示直杆，受荷载 F_P 作用，杆轴温度为 t，若此时让杆轴温度升高 Δt，则杆件伸长 Δ_1，如图 9-40（b）所示，此时荷载 F_P 在其相应位移 Δ_1 上所做的功为 $W_1 = F_P \Delta_1$。由于位移 Δ_1 是由温度变化引起的，与力 F_P 无关，所以 W_1 是力 F_P 做的虚功。"虚"字在这里并不是虚无的意思，而是强调做功的力与位移无关这一特点。因此，在虚功中可将做功的力与位移看成是分别属于同一体系的两种彼此无关的状态，其中力系所属状态称为力状态或第一状态，位移所属状态称为位移状态或第二状态。

3. 变形体的虚功原理

图 9-41（a）所示简支梁在第一组荷载 F_{P1} 作用下，在 F_{P1} 作用点沿 F_{P1} 方向产生的位移用 Δ_{11} 表示。位移 Δ 的第一个下标表示位移的位置和方向，第二个下标表示引起位移的原因。图 9-41（b）所示为同一简支梁在第二组荷载 F_{P2} 作用下引起 F_{P1} 作用点沿 F_{P1} 方向产生的位移用 Δ_{12} 表示。如果把 F_{P1} 作用状态看作力状态，即第一状态，把 F_{P2} 作用状态看作位移状态，即第二状态，则第一状态的外力 F_{P1} 将在第二状态的位移 Δ_{12} 上做虚功，用 W_{12} 表示，即 $W_{12} = F_{P1} \cdot \Delta_{12}$，这种**外力在其他因素引起的位移上所做的功称为外力虚功**。

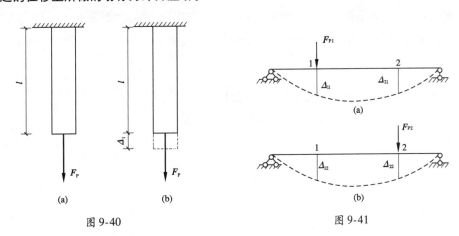

图 9-40　　　　　　　　　　　　图 9-41

同样，由于第一组荷载 F_{P1} 作用产生的内力亦将在第二组荷载 F_{P2} 作用产生的内力所引起的相应变形上做虚功，称为**内力虚功**，用 W'_{12} 表示。

变形体的虚功原理表明：**第一状态的外力（包括荷载和反力）在第二状态所引起的位移上所做的外力虚功，等于第一状态内力在第二状态内力所引起的变形上所做的内力虚功。**即：

$$W_{12}（外力虚功）= W'_{12}（内力虚功）\tag{9-13}$$

本节讨论的结构位移计算的一般公式，就是以变形体虚功原理作为理论依据的。

9.5.4 结构位移计算的一般公式

设图 9-42（a）所示平面杆系结构由于荷载、温度变化及支座移动等因素引起了如图虚线所示变形，现在要求任一指定点 K 沿任一指定方向 $k—k$ 上的位移 Δ_K。

利用虚功原理，就需要有两个状态：力状态和位移状态。如以图 9-42（a）的实际状态为位移状态，则还需要建立一个力状态。由于力状态与位移状态是彼此独立无关的，因而力状态完全可以根据计算的需要来假设。为了使力状态中的外力能在位移状态中所求位移 Δ_K 上作虚功，就在 K 点沿 $k—k$ 方向加一个单位集中力 $F_{PK}=1$，其箭头指向可随意假设，如图 9-42（b）所示，以此作为结构的力状态。这个力状态由于是虚设的，故称为虚拟状态。

下面分别计算虚拟状态的外力在实际状态相应的位移上所做的外力虚功 W 和虚拟状态的内力在实际状态相应的变形上所做的内力虚功 W'。外力虚功包括荷载和支座反力所做的虚功。设在虚拟状态中由单位荷载 $F_{PK}=1$ 引起的支座反力为 $\bar{F}_{R1}$，$\bar{F}_{R2}$，$\bar{F}_{R3}$，而在实际状态中相应的支座位移为 c_1，c_2，c_3，则外力虚功为

$$W = F_{PK}\Delta_K + \bar{F}_{R1}c_1 + \bar{F}_{R2}c_2 + \bar{F}_{R3}c_3 = \Delta_K + \sum \overline{F_R}c$$

式中　$\bar{F}_R$——表示虚拟状态中的支座反力；

　　　　c——表示实际状态中支座的位移；

　　　　$\sum\overline{F_R}c$——表示支座反力所做虚功之和。

这样，单位荷载 $F_{PK}=1$ 所做的虚功在数值上恰好就等于所要求的位移 Δ_K。

计算内力虚功时，设虚拟状态中由单位荷载 $F_{PK}=1$ 作用而引起的 ds 微段上的内力为 $\bar{M}$，$\bar{F}_Q$，$\bar{F}_N$，如图 9-42（d）所示，而实际状态中 ds 微段相应的变形为 $d\varphi$，dv，du，如图 9-42（c）所示，则内力虚功为

$$W' = \sum \int \bar{M}d\varphi + \sum \int \bar{F}_Q dv + \sum \int \bar{F}_N du$$

由虚功原理 $W=W'$ 有

$$\Delta_K + \sum \overline{F_R}c = \sum \int \bar{M}d\varphi + \sum \int \bar{F}_Q dv + \sum \int \bar{F}_N du$$

则

$$\Delta_K = \sum \int \bar{M}d\varphi + \sum \int \bar{F}_Q dv + \sum \int \bar{F}_N du - \sum \overline{F_R}c \tag{9-14}$$

这便是平面杆件结构位移计算的一般公式。

这种利用虚功原理，在所求位移处沿位移方向虚设单位荷载，求结构位移的方法，称为**单位荷载法**。应用这个方法每次只能求得一个位移。在虚设单位荷载时其指向可以任意假设，如计算结果为正，即表示位移方向与所虚设的单位荷载指向相同，否则相反。

单位荷载法不仅可用来计算结构的线位移，而且可用来计算任意的广义位移，只要虚拟状态中的单位荷载与所求位移相应即可。现举出几种典型的虚拟状态如下：

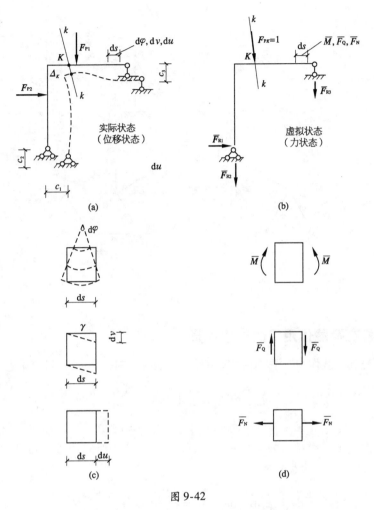

图 9-42

（1）当要求某点沿某方向的线位移时，应在该点沿所求位移方向加一个单位集中力。图 9-43（a）即为求 A 点水平位移时的虚拟状态。

（2）当要求结构某截面的角位移时，则应在该截面处加一个单位力偶，图 9-43（b）即为求 A 截面转角的虚拟状态。

（3）当要求结构上两点沿其连线方向上的相对线位移时，则应在两点沿其连线方向上加一对指向相反的单位力，图 9-43（c）即为求 A，B 相对线位移的虚拟状态。

（4）同理，若要求结构上两截面的相对角位移，就应在两截面处加一对方向相反的单位力偶，图 9-43（d）即为求 A，B 相对转角的虚拟状态。

（5）当要求桁架某杆的角位移时，则应加一单位力偶，构成这一力偶的两个集中力，各作用于该杆的两端，并与杆轴垂直，其值为 $1/d$，d 为该杆长度，图 9-43（e）即为求①杆转角时的虚拟状态。

（6）同理，若要求桁架中两根杆件的相对角位移，则应加两个方向相反的单位力偶，图 9-43（f）即为求①，②杆相对转角的虚拟状态。

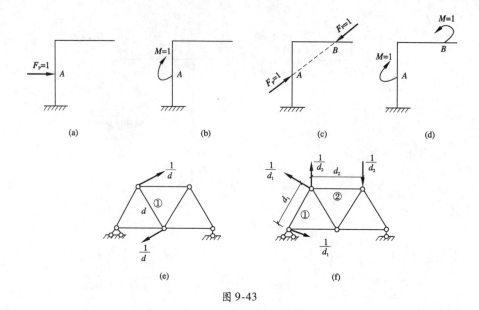

图 9-43

9.6　静定结构在荷载作用下的位移计算

如果结构只受到荷载作用，不考虑支座位移的影响时，则式（9-7）可简化为

$$\Delta_K = \sum \int \overline{M} \mathrm{d}\varphi + \sum \int \overline{F}_Q \mathrm{d}v + \sum \int \overline{F}_N \mathrm{d}u \tag{9-15}$$

设以 M_P，F_{QP}，F_{NP} 表示实际状态中微段 $\mathrm{d}s$ 上的弯矩、剪力和轴力，如图 9-44（a）所示。对于线弹性范围内的变形，由材料力学可知，M_P，F_{QP}，F_{NP} 分别对应的微段 $\mathrm{d}s$ 上的变形如图 9-44（b），（c），（d）所示，可以表示为

$$\mathrm{d}\varphi = \frac{M_P}{EI}\mathrm{d}s, \quad \mathrm{d}v = \gamma \mathrm{d}s = k\frac{F_{QP}}{GA}\mathrm{d}s, \quad \mathrm{d}u = \frac{F_{NP}}{EA}\mathrm{d}s \tag{9-16}$$

式中　EI，GA，EA——杆件的抗弯刚度、抗剪刚度、抗拉（压）刚度；

　　　k——截面的切应力分布不均匀系数，它只与截面的形状有关，对于矩形截面，$k = \dfrac{6}{5}$；对于圆形

截面，$k = \dfrac{10}{9}$；对于薄壁圆环截面，$k = 2$。

用 Δ_{KP} 表示由荷载引起的 K 截面的位移。把式（9-16）代入式（9-15），得：

$$\Delta_{KP} = \sum \int \frac{\overline{M} M_P}{EI}\mathrm{d}s + \sum \int k\frac{\overline{F}_Q F_{QP}}{GA}\mathrm{d}s + \sum \int \frac{\overline{F}_N F_{NP}}{EA}\mathrm{d}s \tag{9-17}$$

式中　$\overline{M}$，$\overline{F}_Q$，$\overline{F}_N$——虚拟状态中由于广义单位荷载所产生的内力；

　　　M_P，F_{QP}，F_{NP}——原结构由于实际荷载作用所产生的内力。

式（9-17）即为平面杆系结构在荷载作用下的位移计算公式。等号右边三项分别代表结构的弯曲变形、剪切变形和轴向变形对所求位移的影响。在实际计算中，根据结构的具体情况，常常

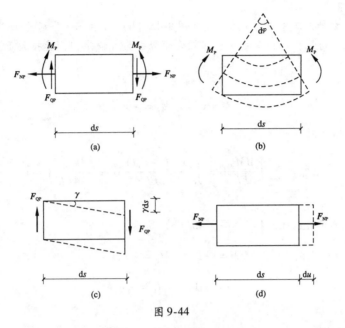

图 9-44

可以只考虑其中的一项（或两项），例如对于梁和刚架，位移主要是弯矩引起的，轴力和剪力的影响很小，一般可以略去，故式（9-17）可简化为

$$\Delta_{KP} = \sum \int \frac{\overline{M}M_P}{EI} ds \qquad (9\text{-}18)$$

在桁架中，因只有轴力作用，且同一杆件的轴力 $\overline{F_N}$，F_{NP} 及 EA 沿杆长 l 均为常数，故式（9-17）可简化为

$$\Delta_{KP} = \sum \int \frac{\overline{F_N}F_{NP}}{EA} ds = \sum \frac{\overline{F_N}F_{NP}l}{EA} \qquad (9\text{-}19)$$

在曲梁和一般拱结构中，杆件的曲率对结构变形的影响都很小，可以略去不计，其位移仍可近似地按式（9-17）计算，通常只需考虑弯曲变形一项的影响也足够精确。但在扁平拱中，除弯矩外，有时尚需考虑轴力对位移的影响。

【例题 9-13】　试求图 9-45（a）所示结构 C 端的水平位移 Δ_{CH} 和角位移 φ_C。

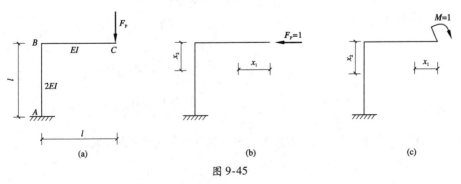

图 9-45

【解】 （1）求 Δ_{CH}

在 C 截面加一水平方向单位力 $F_P = 1$，如图 9-45（b）所示，并分别设 AB 段以 B 为原点，BC 段以 C 为原点，实际荷载和单位荷载所引起的弯矩分别为（假定内侧受拉为正）

BC 段 $\qquad\qquad\qquad\qquad \overline{M} = 0, \qquad M_P = -F_P x_1$

AB 段 $\qquad\qquad\qquad\qquad \overline{M} = x_2, \qquad M_P = -F_P l$

代入式（9-18），得：

$$\Delta_{CH} = \sum \int \frac{\overline{M} M_P}{EI} \mathrm{d}s = \int_0^l \frac{x_2 \ (-F_P l)}{2EI} \mathrm{d}x_2 = -\frac{F_P l^3}{4EI} \ (\rightarrow)$$

（2）求 φ_C

在 C 截面加一单位力偶 $M = 1$，如图 9-45（c）所示。

BC 段 $\qquad\qquad\qquad\qquad \overline{M} = -1, \qquad M_P = -F_P x_1$

AB 段 $\qquad\qquad\qquad\qquad \overline{M} = -1, \qquad M_P = -F_P l$

代入式（9-18），得

$$\varphi_C = \sum \int \frac{\overline{M} M_P}{EI} \mathrm{d}s = \int_0^l \frac{(-1)\ (-F_P x_1)}{EI} \mathrm{d}x_1 + \int_0^l \frac{(-1)\ (-F_P l)}{2EI} \mathrm{d}x_2 = \frac{F_P l^2}{EI} \ (\curvearrowleft)$$

【例题 9-14】 求如图 9-46（a）所示简支梁中点，C 的竖向位移 Δ_{CV}，已知 EI 为常数。

【解】 （1）在 C 点加一竖向单位荷载作为虚拟状态，分段求出单位荷载作用下梁的弯矩方程如图 9-46（b）所示

以 A 为坐标原点，则当 $0 \leqslant x \leqslant \dfrac{l}{2}$ 时，有

$$\overline{M} = \frac{1}{2}x$$

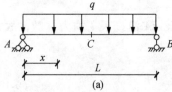

（a）

（2）在实际状态下，杆相应的弯矩方程如图 9-46（a）所示

$$M_P = \frac{1}{2}q(lx - x^2) \qquad (0 \leqslant x \leqslant \frac{l}{2})$$

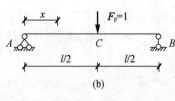

（b）

图 9-46

（3）因为结构对称，所以有

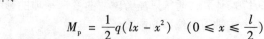

$$\Delta_{CV} = 2\int_0^{\frac{l}{2}} \frac{1}{EI} \cdot \frac{x}{2} \cdot \frac{q}{2}(lx - x^2) \mathrm{d}x$$

$$= \frac{q}{2EI} \int_0^{\frac{l}{2}} (lx - x^2) \mathrm{d}x$$

$$= \frac{5ql^4}{384EI} (\downarrow)$$

计算结果为正，说明 C 点竖向位移的方向与虚拟单位荷载的方向相同。

9.7　图乘法

由前述可见，计算梁和刚架在荷载作用下的位移时，先要分段列出$\overline{M}$和M_P的方程式，然后代入式（9-18），可得：

$$\Delta_{KP} = \sum \int \frac{\overline{M}M_P}{EI}ds$$

进行积分运算，这个运算过程在荷载比较复杂或者杆件数目较多时，是很麻烦的，且易出错。但是，当结构的各杆段符合下列条件时：①杆轴为直线；②EI = 常数；③$\overline{M}$和M_P两个弯矩图中至少有一个是直线图形，则可用下述图乘法来代替积分运算，从而使计算得以简化。

若结构上AB段为等截面直杆，EI为常数，$\overline{M}$图为一段直线，而M_P图为任意形状，如图9-47所示，以杆轴为x轴，以$\overline{M}$图的延长线与x轴的交点O为原点，建立xOy坐标系，则积分式$\int \frac{\overline{M}M_P}{EI}ds$中的$ds$可用$dx$代替，$EI$可提到积分号外面，并且因$\overline{M}$为一直线图形，其上的任一纵坐标$\overline{M} = x\tan\alpha$，且$\tan\alpha$为常数，故上面的积分式可演变为

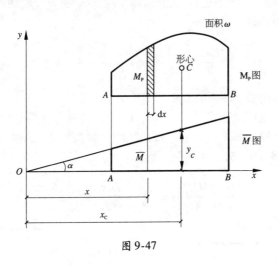

图 9-47

$$\int \frac{\overline{M}M_P}{EI}ds = \frac{\tan\alpha}{EI}\int xM_P dx = \frac{\tan\alpha}{EI}\int xd\omega \tag{9-20}$$

式中，$d\omega = M_P dx$是M_P图中有阴影线的微面积，故$xd\omega$是该微面积对y轴的静矩；$\int xd\omega$即为整个M_P图的面积对y轴的静矩，它应等于M_P图的面积ω乘以其形心C到y轴的距离x_c，即

$$\int xd\omega = \omega x_c$$

代入式（9-13），则有

$$\int \frac{\overline{M}M_{\mathrm{P}}}{EI}\mathrm{d}s = \frac{\tan\alpha}{EI}\omega x_c = \frac{\omega y_c}{EI} \tag{9-21}$$

式中，y_c 是 M_{P} 图的形心 C 处所对应的 $\overline{M}$ 图的竖标。

可见上述积分式等于一个弯矩图的面积 ω 乘以其形心处所对应的另一个直线弯矩图上的竖标 y_c，再除以 EI，称为**图乘法**。它将积分运算简化为图形的面积、形心和竖标的计算。

如果结构上所有各杆段均可图乘，则位移计算公式（9-18）可写为

$$\Delta_{KP} = \sum \int \frac{\overline{M}M_{\mathrm{P}}}{EI}\mathrm{d}s = \sum \frac{\omega y_c}{EI} \tag{9-22}$$

应用图乘法时，应注意以下几点：

（1）图乘法的应用条件是积分段内为同材料等截面（EI = 常数）的直杆，且 M_{P} 图和 $\overline{M}$ 图中至少有一个是直线图形。

（2）竖标 y_c 必须取自直线图形（α 为常数），而不能从折线和曲线中取值。若 $\overline{M}$ 图与 M_{P} 图都是直线图形，则 y_c 可以取自其中任一图形。

（3）当 $\overline{M}$ 图与 M_{P} 图在杆轴同一侧时，其乘积 ωy_c 取正号；异侧时，其乘积 ωy_c 取负号。

（4）若 M_{P} 图是曲线图形，$\overline{M}$ 图是折线图形，则应当从转折点分段图乘，然后叠加。如图 9-48（a）所示，就应当分三段图乘，得

$$\int \frac{\overline{M}M_{\mathrm{P}}}{EI}\mathrm{d}s = \frac{1}{EI}(\omega_1 y_1 + \omega_2 y_2 + \omega_3 y_3)$$

式中 ω_1，ω_2，ω_3——各段曲线图形的面积；

y_1，y_2，y_3——各段曲线图形形心 C_1，C_2，C_3 对应各段直线图形的竖标。

（5）若为阶形杆（各段截面不同，而在每段范围内截面不变），则应当从截面变化点分段图乘，然后叠加。如图 9-48（b）分三段图乘，得：

$$\int \frac{\overline{M}M_{\mathrm{P}}}{EI}\mathrm{d}x = \frac{\omega_1 y_1}{EI_1} + \frac{\omega_2 y_2}{EI_2} + \frac{\omega_3 y_3}{EI_3}$$

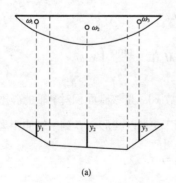 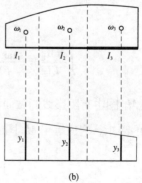

(a)　　　　　　　　　　(b)

图 9-48

现将常用的几种图形的面积及形心的位置列于图 9-49 中以备查用。需要指出的是，图 9-49 所示的抛物线均为标准抛物线。所谓标准抛物线是指顶点在中点或端点的抛物线，而顶点是指其切线平行于底边的点。

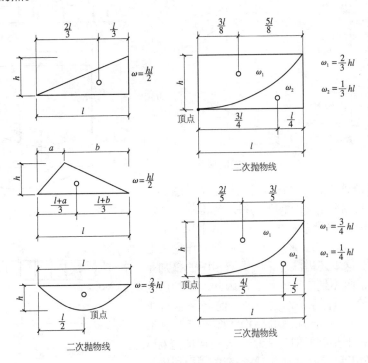

图 9-49

当图形比较复杂，面积或形心位置不易直接确定时，则可将该图形分解为几个易于确定形心位置和面积的简单图形，将它们分别与另一图形相乘，然后将所得结果叠加。举例如下：

图 9-50 所示两个梯形相乘时，可把它分解成两个三角形（也可分为一个矩形和一个三角形）。此时

$$\frac{1}{EI}\int \overline{M}M_{\mathrm{P}}\mathrm{d}x = \frac{1}{EI}\ (\omega_1 y_1 + \omega_2 y_2)$$

式中，
$$\omega_1 = \frac{1}{2}al, \qquad y_1 = \frac{1}{3}d + \frac{2}{3}c$$

$$\omega_2 = \frac{1}{2}bl, \qquad y_2 = \frac{2}{3}d + \frac{1}{3}c$$

如图 9-51 所示，M_{P} 图或 $\overline{M}$ 图的竖标 a，b 或 c，d 不在基线的同一侧，这时三角形 AOC 和 BOD 的面积及形心下对应的竖标计算均较麻烦，为此可将 M_{P} 图看作三角形 ABC 和三角形 ABD 的叠加，这样可将两个三角形面积分别乘以 $\overline{M}$ 图中相应竖标后再叠加（应注意正、负号）。

$$\frac{1}{EI}\int \overline{M}M_{\mathrm{P}}\mathrm{d}x = \frac{1}{EI}\ (\omega_1 y_1 + \omega_2 y_2)$$

式中，
$$\omega_1 = \frac{1}{2}al, \qquad y_1 = \frac{2}{3}c - \frac{1}{3}d$$

$$\omega_2 = \frac{1}{2}bl, \qquad y_2 = \frac{2}{3}d - \frac{1}{3}c$$

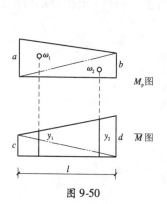

图 9-50

图 9-51

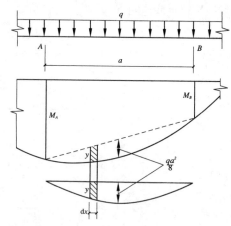

(a)

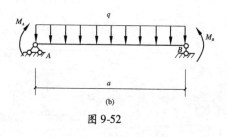

(b)

图 9-52

对于在均布荷载作用下的任何一段直杆（图 9-52（a）），其弯矩图可划分为一个梯形与一个标准抛物线图形的叠加，这是因为这段直杆的弯矩图与图 9-52（b）相应简支梁在两端力矩 M_A，M_B 和均布荷载 q 作用下的弯矩图是相同的。这里还需注意，所谓弯矩图的叠加是指其竖标的叠加，而不是图形的拼合。因此，叠加后的抛物线图形的所有竖标仍应为竖向的，而不是垂直于 M_A，M_B 连线的。这样，叠加后的抛物线图形与原标准抛物线在形状上并不相同，但二者任一处对应的竖标 y 和微段长度 $\mathrm{d}x$ 仍相等，因而对应的每一窄条微面积仍相等。由此可知，两个图形总的面积大小和形心位置仍然是相同的。因此，可将非标准抛物线划分为一个直线图形与一个标准抛物线叠加。

图乘法的解题步骤是：

（1）画出结构在实际荷载作用下的弯矩图 M_P 图。

（2）在所求位移处沿所求位移的方向虚设广义单位力，并画出其单位弯矩图 $\overline{M}$ 图。

（3）分段计算 M_P（或 $\overline{M}$）图面积 ω 及其形心所对应的 $\overline{M}$（或 M_P）图形的竖标值 y_C。

（4）将 ω，y_C 代入图乘公式计算所求位移。

【例题 9-15】 求图 9-53（a）所示简支梁中点 C 的竖向位移 Δ_{CV} 及 A 截面转角 φ_A。$EI =$ 常数。

【解】（1）求 Δ_{CV}

作 M_P 图，如图 9-53（b）所示。设虚拟状态并作 $\overline{M}$ 图，如图 9-53（c）所示。由于 $\overline{M}$ 图是折线图形，应当从转折点分开，分段图乘，然后叠加。由于图形对称，只在左半部分图

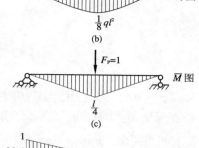

(a)

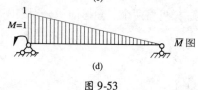

(b)

(c)

(d)

图 9-53

乘, 再乘以 2 即可。左半部的 M_P 图仍然为标准抛物线, 于是由图乘法得

$$\Delta_{CV} = \frac{1}{EI}\left(\frac{2}{3}\times\frac{l}{2}\times\frac{ql^2}{8}\right)\times\left(\frac{5}{8}\times\frac{l}{4}\right)\times 2 = \frac{5ql^4}{384EI} \;(\downarrow)$$

结果为正, 表明实际位移的方向与所设单位力指向一致。

（2）求 φ_A

其虚拟状态及 $\overline{M}$ 图, 如图 9-53 (d) 所示, 与 M_P 图图乘得

$$\varphi_A = -\frac{1}{EI}\left(\frac{2}{3}\times l\times\frac{ql^2}{8}\right)\times\frac{1}{2} = -\frac{ql^3}{24EI} \;(\curvearrowleft)$$

结果为负, 表明实际转角方向与所设单位荷载方向相反, 即 A 截面产生顺时针转角。

【例题 9-16】 试求图 9-54 (a) 所示梁在已知荷载下, A 截面的角位移 φ_A 及 C 点的竖向位移 Δ_{CV}。EI 为常数。

【解】 作 M_P 图和 $\overline{M}_1$ 图 $\overline{M}_2$ 图, 如图 9-54 (b), (c), (d) 所示, 应用图乘法求得

$$\varphi_A = -\frac{a}{2}\left(Fa+\frac{1}{2}qa^2\right)\times\frac{1}{3}\times\frac{1}{EI}$$
$$= -\frac{1}{EI}\left(\frac{1}{6}Fa^2+\frac{1}{2}qa^2\right)(\curvearrowleft)$$

结果为负, 表明实际位移方向与所设单位力偶方向相反。

$$\Delta_{CN} = \frac{1}{EI}\left[\frac{1}{2}\times a\times\left(Fa+\frac{1}{2}qa^2\right)\times\frac{2}{3}a+\frac{1}{2}\times a\times\right.$$
$$\left(Fa+\frac{1}{2}qa^2\right)\times\frac{2}{3}a-\frac{2}{3}\times a\times\frac{1}{8}qa^2\times\frac{1}{2}a\right]$$
$$= \frac{1}{EI}\left(\frac{2}{3}Fa^3+\frac{7}{24}qa^4\right)(\downarrow)$$

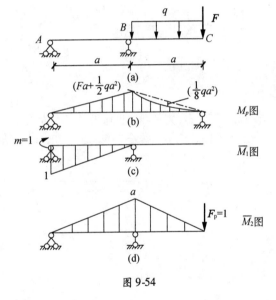

图 9-54

注意: BC 段的 M_P 图是非标准抛物线, 所以图乘时, 应将此部分分解为两部分再进行叠加。

【例题 9-17】 试求图 9-55 所示刚架 C, D 两点之间的相对水平位移 Δ_{CDH}。各杆抗弯刚度均为 EI。

【解】 实际状态的 M_P 图如图 9-55 (b) 所示。虚拟状态是在 C, D 两点沿其连线方向加一对指向相反的单位力, $\overline{M}$ 图如图 9-55 (c) 所示。图乘时需分 AC, AB, BD 三段计算, 由于 AC, BD 两段的 $M_P=0$, 所以图乘结果为零。AB 段的 M_P 图为一标准抛物线, 故图乘结果为

$$\Delta_{CDH} = \sum\frac{\omega y_C}{EI} = -\frac{1}{EI}\left(\frac{2}{3}\cdot l\cdot\frac{ql^2}{8}\right)\times h = -\frac{ql^3h}{12EI} \;(\rightarrow\;\leftarrow)$$

结果为负, 表示相对水平位移与所设一对单位力指向相反, 即 C, D 两点是相互靠拢的。

239

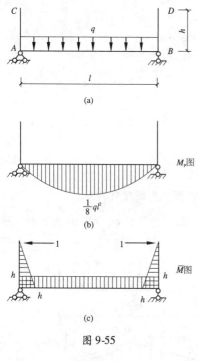

图 9-55

9.8 静定结构的特性

前面几节讨论了几种静定结构的典型形式,虽然这些结构形式各异,但是有其共同的特性。

1. 静力解答的唯一性

静定结构的几何组成特征是无多余约束的几何不变体系,故全部反力和内力由平衡条件完全确定,在任何给定荷载下,满足平衡条件的反力和内力的解答只有一种,这就是静定结构静力解答的唯一性,它是静定结构的基本特性。前面几节通过不同类型静定结构的计算可以证明这一点。

2. 外因的影响性

在静定结构中,除荷载外,任何其他外因,如温度改变、支座位移、材料收缩、制造误差等均不产生任何反力和内力。

如图 9-56(a)所示简支梁,其支座 B 发生了沉降,因而梁随之产生位移,如图中虚线所示。但因没有荷载作用,由平衡条件可知,梁的反力和内力均为零。又如图 9-56(b)所示悬臂梁,若其上、下侧温度分别升高 t_1 和 t_2(设 $t_2 > t_1$),则梁将变形即产生伸长和弯曲,如图中虚线所示。同样由于荷载为零,其反力及内力也均为零。因为当没有荷载作用时,零反力和零内力必能满足各部分的静力平衡条件,故根据解答的唯一性可知,以上结论是正确的。

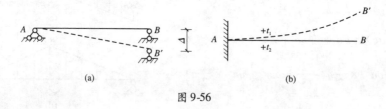

图 9-56

3. 平衡力系的影响

当平衡力系作用在静定结构的某一本身为几何不变的部分上时,则只有此部分受力,其余部分的反力和内力均为零。

如图 9-57(a)所示静定结构,有平衡力系作用于本身为几何不变的部分 BD 上,若依次取 BC 和 AB 为隔离体计算,则可得知支座 C 的支反力、铰 B 处的约束反力及支座 A 处的支反力均为零。由此可知除 BD 部分外其余部分的内力均为零。又如图 9-57(b)所示的桁架,平衡力系作用于 CDEF 几何不变部分上及 GH 杆上,同上分析可知除 CDEF 部分(图中阴影线范围的杆件)和 GH 杆外其余各杆内力和支座反力均等于零。这种情形实际上具有普遍性。因为当平衡力系作用于静定的任何本身几何不变部分上时,若设想其余部分均不受力而将它们撤去,则所剩部分由于本身是几何不变的,在平衡力系作用下仍能独立的维持平衡。而所去部分的零反力和零内力状态也与其零荷载相平衡。这样,结构上各部分的平衡条件都能得到满足。根据静力解答的唯一性可知,这样的内力状态就是唯一的解答。

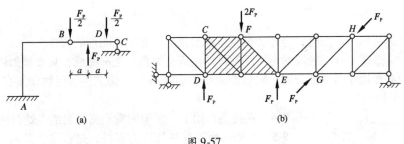

图 9-57

4. 荷载等效变换的影响

具有同一合力的各种荷载，称为静力等效荷载。所谓荷载的等效变换，就是将一种荷载变换为另一种与其静力等效的荷载。对作用于静定结构某一几何不变部分上的荷载进行等效变换时，则只有该部分的内力发生变化，而其余部分的反力和内力均保持不变，这一结论可用平衡力系影响来证明，这里不细述。如图 9-58（a）桁架所示，若将作用于上弦结点 C 的外力 F_P 移到下弦结点 D，则只影响 CD 杆内力。对于图 9-58（b）所示三铰拱，若以合力 F 代替 F_{P1}，F_{P2}，F_{P3} 的作用，则仅在 DE 部分的拱段上内力发生变化，其余部分的内力及支座 A，B 的反力均不受影响。

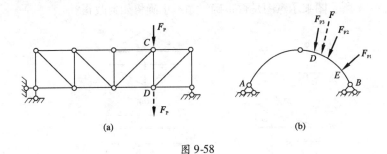

图 9-58

5. 结构等效替换的影响

静定结构某一几何不变部分，用其他的几何不变部分替换时，仅被替换部分内力发生变化，其他部分的反力和内力均不变。桁架如图 9-59（a）所示，若把 CD 杆换成图 9-59（b）所示的小桁架，则除 CD 杆部分内力发生变化外，其余部分的内力和反力均保持不变。

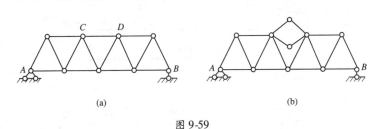

图 9-59

6. 静定结构的内力与结构的材料性质和构件的截面尺寸无关

因为静定结构内力由静力平衡方程唯一确定，未使用到结构材料性质及截面尺寸。

思考题

9-1 用叠加法作弯矩图时,为什么是纵坐标的叠加,而不是图形的拼合?

9-2 为什么直杆上任一区段的弯矩图都可以用简支梁叠加法来完成?其步骤如何?

9-3 当荷载作用在基本部分时,附属部分是否引起内力;反之,当荷载作用在附属部分时,基本部分是否引起内力?

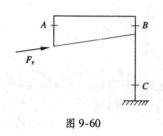

图 9-60

9-4 在荷载作用下,刚架的弯矩图在刚结点处有何特点?

9-5 桁架中既然有些杆件为零杆,是否可将其从实际结构中撤去?为什么?

9-6 试判断如图 9-60 所示刚架中截面 A,B,C 的弯矩受拉边和剪力、轴力的正负号。

9-7 什么是线位移?什么是角位移?什么是相应位移?

9-8 在应用单位荷载法求位移时,所求位移方向最终是如何确定的?

9-9 图乘法的应用条件是什么?怎样确定图乘结果的正负号?求连续变截面梁和拱的位移时,是否可以用图乘法?

9-10 如图 9-61 所示图乘示意图是否正确?如不正确将如何改正?

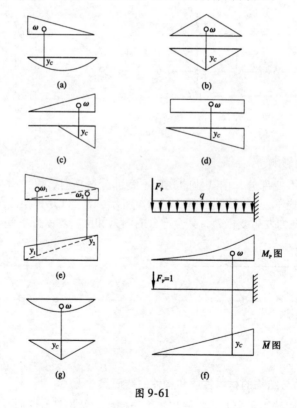

图 9-61

习题

9-1 快速作出如图 9-62 所示各梁的弯矩图。

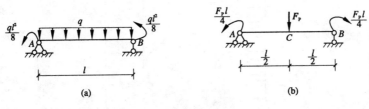

(a)   (b)

图 9-62

9-2 试作如图 9-63 所示多跨静定梁的内力图。

9-3 试作如图 9-64 所示刚架的内力图。

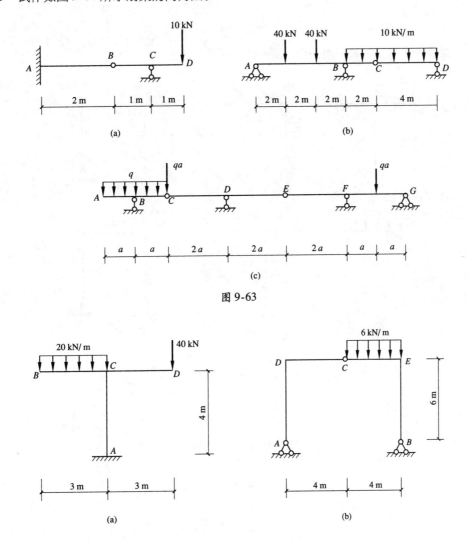

(a)   (b)

(c)

图 9-63

(a)   (b)

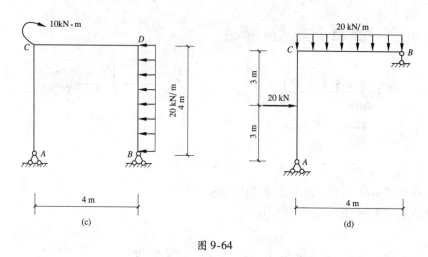

图 9-64

9-4 如图 9-65 所示各弯矩图是否正确？如有错误请加以改正。

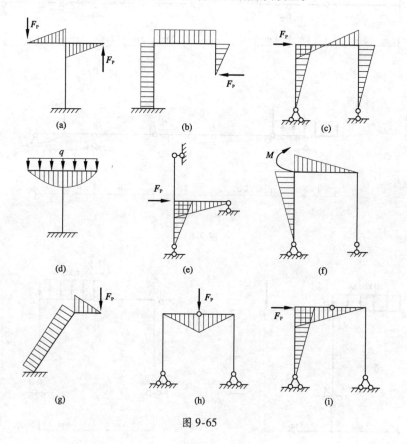

图 9-65

9-5　判定如图 9-66 所示桁架中的零杆。

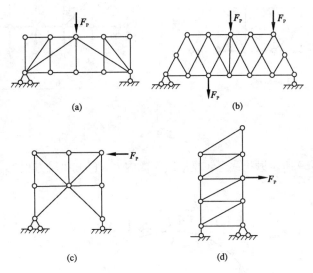

图 9-66

9-6　用结点法计算如图 9-67 所示各杆的内力。

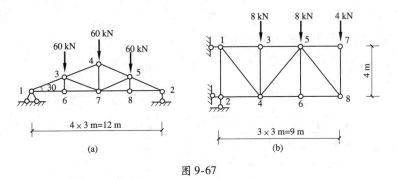

图 9-67

9-7　用较简捷的方法计算如图 9-68 所示桁架中指定杆件的内力。

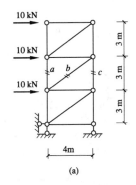
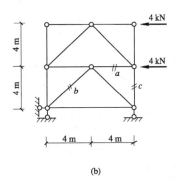

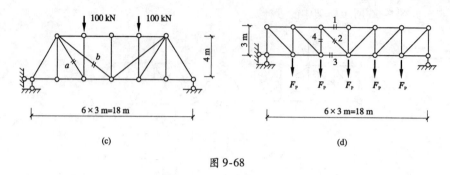

图 9-68

9-8 试求如图 9-69 所示抛物线三铰拱截面 K 的内力。已知拱轴方程为 $y = \dfrac{4f}{l^2}x\ (l - \dot{x})$。

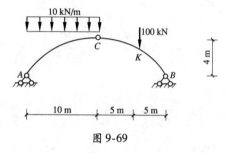

图 9-69

9-9 用单位荷载法计算如图 9-70 所示结构的位移。

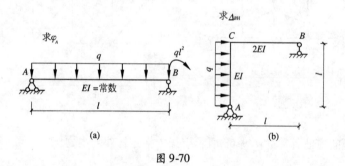

图 9-70

9-10 计算如图 9-71 所示桁架 B 点的竖向位移 Δ_{BV}。设各杆的 $A = 10\ \mathrm{cm}^2$，$E = 2.1 \times 10^4\ \mathrm{kN/cm}^2$。

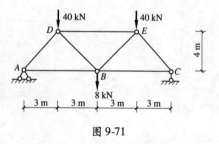

图 9-71

9-11　用图乘法计算如图 9-72 所示等截面梁 C 点的竖向位移 Δ_{CV}。EI = 常数。

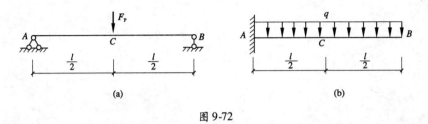

图 9-72

9-12　用图乘法计算如图 9-73 所示刚架的指定位移。

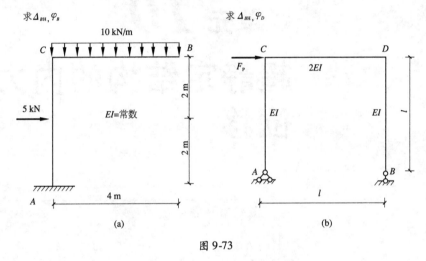

图 9-73

9-13　求如图 9-74 所示三铰刚架 C 点竖向位移及 B 截面转角（已知 $EI = 2.1 \times 10^8$ kN/cm²）。

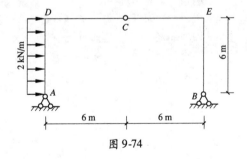

图 9-74

◎单元 *10*

超静定结构的内力和位移

单元概述：本单元讨论超静定结构的内力和位移计算，其中主要是力法、位移法的基本原理及简单的计算，以及用力矩分配法解算连续梁。

学习目标：

1. 掌握力法、位移法的基本原理、基本未知量的确定、基本结构、典型方程，并能用力法、位移法解算简单的超静定结构，最后画出弯矩图。
2. 熟练掌握用力矩分配法解算连续梁。
3. 理解并记忆表 10-1 中的常用值。

教学建议：应用比较法展开教学。

关键词：超静定结构（statically indeterminate structure）；力法（force method）；位移法（displacement method）；力矩分配法（moment coefficient-method）

　　本单元将讨论超静定结构（statically indeterminate structure）的内力和位移。超静定结构是指由静力平衡条件是不能确定全部反力和内力的结构，如图 10-1 所示，分别是超静定梁（图 10-1（a））、超静定桁架（图 10-1（b））、超静定刚架（图 10-1（c））、超静定组合结构（图 10-1（d））、铰接排架（图 10-1（e））和超静定拱（图 10-1（f））。

　　解算超静定结构的方法有很多，本单元主要学习力法（force method）、位移法（displacement method）和力矩分配法（moment coefficient-method）。

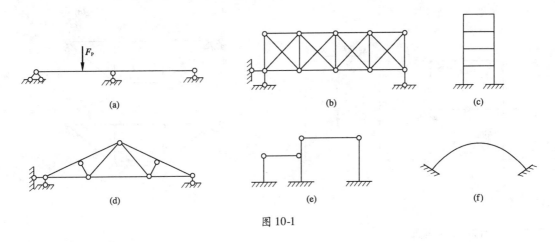

图 10-1

10.1　力法

10.1.1　超静定次数的确定

　　由单元 4 可知，超静定结构的几何构造特征是几何不变且有多余约束，**多余约束中的未知力称为多余未知力**。在超静定结构中，由于具有多余未知力使平衡方程的数目少于未知力的数目，故单靠平衡条件无法确定其全部反力和内力，还必须考虑位移条件以建立补充方程。一个超静定结构有多少个多余约束，相应的就有多少个多余未知力，也就需要建立同样数目的补充方程才能求解。力法就是以多余未知力为基本未知量，以位移协调条件建立基本方程求解超静定结构内力的方法。因此，用力法计算超静定结构时，首先必须确定多余约束或多余未知力的数目。**多余约**

束的数目或多余未知力的数目称为超静定结构的超静定次数。确定超静定次数最直接的方法，就是去掉多余约束，使原结构变成一个静定结构，而所去多余约束的数目就是原结构的超静定次数。

在超静定结构中去掉多余约束的方式通常有以下几种：

（1）去掉一根支座链杆或切断一根链杆，相当于去掉 1 个约束。

（2）拆除一个单铰或去掉一个铰支座，相当于去掉 2 个约束。

（3）切断一根梁式杆或去掉一个固定端支座，相当于去掉 3 个约束。

（4）在梁式杆中插入一个单铰或把固定端支座改为固定铰支座，相当于去掉 1 个约束。

应用这些去掉多余约束的基本方式，可以确定结构的超静定次数。例如图 10-2（a），（c），（e），（g）所示超静定结构，在去掉或切断多余约束后，即变为图 10-2（b），（d），（f），（h）所示的静定结构，其中 X_i 表示相应的多余未知力。因此，原结构的超静定次数分别为 2，3，5，1。需要指出的是，对于同一结构，可用各种不同方式去掉多余约束而得到不同的静定结构。但是，无论哪种方式，所去掉的多余约束的个数必然是相等的。

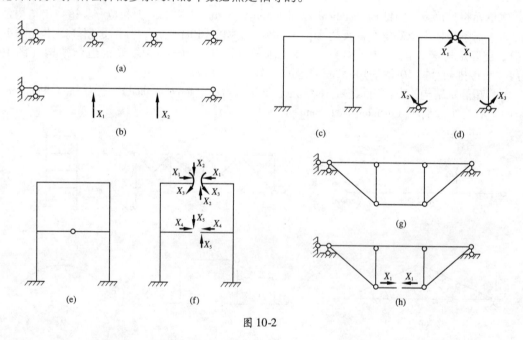

图 10-2

10.1.2 力法基本原理

现以图 10-3（a）所示一次超静定梁为例说明力法的基本原理。

若将支座 B 作为多余约束去掉，用多余未知力代替，则得到图 10-3（b）所示的静定结构，称为力法的**基本结构**。如果设法求出多余未知力 X_1，则原结构就等同于基本结构在多余未知力和荷载共同作用下的情况，即转化为静定问题。因此，多余未知力是最基本的未知力，称为力法的基本未知量。为了确定 X_1，必须考虑位移条件。注意到原结构的支座 B 处，由于受竖向支座链杆约束，所以 B 点竖向位移为零。因此，基本结构在原有荷载和多余未知力共同作用下，在去掉多余约束处的位移 Δ_1（即沿 X_1 方向上的位移）应与原结构中相应的位移相等，即

$$\Delta_1 = 0$$

设以 Δ_{11} 和 Δ_{1P} 分别表示多余未知力 X_1 和荷载 F_P 分别单独作用于基本结构时点 B 沿 X_1 方向上的位移（图 10-3（c），（d）），根据叠加原理，有

$$\Delta_1 = \Delta_{11} + \Delta_{1P} = 0$$

再令 δ_{11} 表示 X_1 为单位力（即 $X_1 = 1$）时，点 B 沿 X_1 方向上的位移，则有 $\Delta_{11} = \delta_{11} X_1$，于是上式可写为

$$\delta_{11} X_1 + \Delta_{1P} = 0 \tag{10-1}$$

这就是一次超静定结构的力法基本方程。由于 δ_{11} 和 Δ_{1P} 都是静定结构在已知外力作用下的位移，故均可按单元 9 所述方法求得。

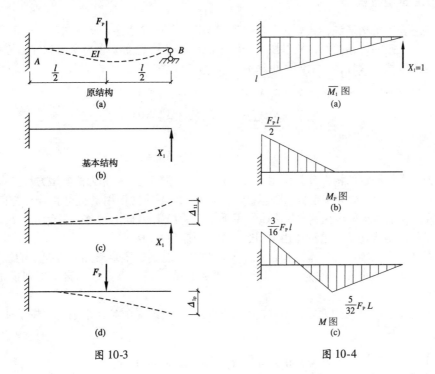

图 10-3　　　　　　　图 10-4

现用图乘法计算位移 δ_{11} 和 Δ_{1P}。首先，分别绘出 $X_1 = 1$ 及荷载 F_P 单独作用于基本结构时的弯矩图 $\overline{M}_1$ 和 M_P（图 10-4（a），（b））。由图乘法求得

$$\delta_{11} = \frac{1}{EI} \cdot \frac{l^2}{2} \cdot \frac{2l}{3} = \frac{l^3}{3EI}$$

$$\Delta_{1P} = -\frac{1}{EI} \left(\frac{1}{2} \cdot \frac{F_P l}{2} \cdot \frac{l}{2} \right) \left(-\frac{5l}{6} \right) = -\frac{5F_P l^3}{48EI}$$

将 δ_{11} 和 Δ_{1P} 代入力法方程式（10-1），得

$$\frac{l^3}{3EI} X_1 - \frac{5F_P l^3}{48EI} = 0$$

由此求出 $X_1 = \dfrac{5}{16}F_P$。求得的 X_1 为正，表明 X_1 的实际方向与假设方向相同。

多余未知力求出以后，即可按静力平衡条件求得其反力及内力。最后的弯矩图（图 10-4（c））可按叠加原理由下式求得：

$$M = \overline{M}_1 X_1 + M_P$$

综上所述可知，力法是以多余未知力作为基本未知量，并根据基本结构在多余未知力和已知荷载共同作用下沿多余未知力方向的位移应与原结构一致的条件建立力法方程，将多余未知力首先求出，而以后的计算即与静定结构无异。这种方法可用来分析任何类型的超静定结构。

10.1.3　力法典型方程

对于 n 次超静定结构来说，共有 n 个多余未知力，而每一个多余未知力对应着一个多余约束，也就对应着一个已知的位移条件，故可按 n 个已知的位移条件建立 n 个力法方程。当原结构在去掉多余约束处的位移为零时，力法方程可写为

$$\left.\begin{aligned}
\delta_{11}X_1 + \delta_{12}X_2 + \cdots + \delta_{1n}X_n + \Delta_{1P} &= 0\\
\delta_{21}X_1 + \delta_{22}X_2 + \cdots + \delta_{2n}X_n + \Delta_{2P} &= 0\\
&\vdots\\
\delta_{n1}X_1 + \delta_{n2}X_2 + \cdots + \delta_{nn}X_n + \Delta_{nP} &= 0
\end{aligned}\right\} \tag{10-2}$$

式（10-2）为 n 次超静定结构在荷载作用下力法方程的一般形式，称为**力法典型方程**。

在式（10-2）中，δ_{ii} 称为**主系数**，表示基本结构在 $x_i = 1$ 单独作用下引起的沿 x_i 方向的位移；δ_{ij} 称为**副系数**，表示基本结构在 $x_j = 1$ 单独作用下引起的沿 x_i 方向的位移，显然 $\delta_{ij} = \delta_{ji}$；$\Delta_{iP}$ 称为**自由项**，表示基本结构在荷载单独作用下引起的沿 x_i 方向的位移。

所有的系数和自由项都是基本结构在去掉多余约束处沿某一多余未知力方向上的位移，并规定与所设多余未知力方向一致的为正。显然，主系数恒为正值；副系数和自由项则可正、可负、也可为零。

解力法方程得到多余未知力后，超静定结构的内力可根据平衡条件求出，或按下述叠加原理求出弯矩

$$M = \overline{M}_1 X_1 + \overline{M}_2 X_2 + \cdots + \overline{M}_n X_n + M_P \tag{10-3}$$

式中，$\overline{M}_i$ 是基本结构由于 $X_i = 1$ 作用而产生的弯矩；M_P 是由于荷载作用于基本结构而产生的弯矩。

在应用式（10-3）求出弯矩后，也可以直接应用平衡条件求其剪力 F_Q 和轴力 F_N。

10.1.4　力法解题步骤

力法解题的基本步骤如下：

（1）确定超静定次数，选取基本结构。

（2）根据基本结构在多余未知力和原荷载的共同作用下，在去掉多余约束处的位移应与原结构中相应的位移有相同的位移条件，建立力法典型方程。

（3）计算力法方程中的系数和自由项。

（4）解方程，求解多余未知力。

（5）按分析静定结构的方法，由平衡条件或叠加法求得最后内力。

【**例题 10-1**】　试计算如图 10-5（a）所示刚架，作出弯矩图。

【**解**】　（1）确定超静定次数，取基本结构

该刚架为一次超静定结构，选基本结构如图 10-5（b）所示。

（2）建立力法典型方程

$$\delta_{11}X_1 + \Delta_{1P} = 0$$

（3）求系数和自由项

作出 $\overline{M}_1$ 及 M_P 图，如图 10-5（c），（d）所示。应用图乘法，可得

$$\delta_{11} = \frac{1}{EI}\left(\frac{l^2}{2} \times \frac{2}{3}l + l^3\right) = \frac{4l^3}{3EI}$$

$$\Delta_{1P} = -\frac{1}{EI}\left(\frac{Fl^2}{2} \times l\right) = -\frac{Fl^3}{2EI}$$

（4）求多余未知力

将系数和自由项代入力法的典型方程，得

$$x_1 = \frac{3F}{8}$$

（5）绘制弯矩图，如图 10-5（e）所示

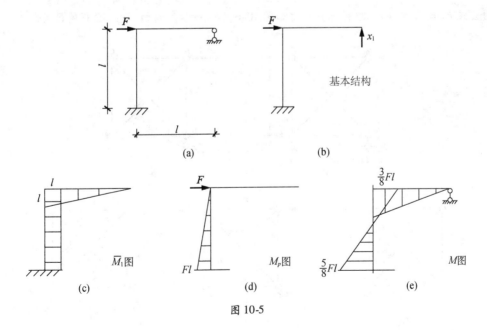

图 10-5

【**例题 10-2**】 试计算如图 10-6（a）所示桁架各杆的轴力。已知各杆的 EA 为常数。

【**解**】 （1）确定超静定次数，选取基本体系

此桁架为一次超静定结构。将杆 BD 切断并代以多余未知力 X_1，其基本结构如图 10-6（b）所示。

（2）建立力法典型方程

根据切口两侧截面沿杆轴向的相对线位移应等于零的位移条件，建立力法典型方程如下：

$$\delta_{11} X_1 + \Delta_{1P} = 0$$

（3）求系数和自由项

分别求出单位力 $X_1 = 1$ 和荷载单独作用于基本结构时所产生的轴力，如图 10-6（c），（d）所示。计算各系数和自由项如下：

$$\delta_{11} = \sum \frac{\overline{F}_{N1}^2 l}{EA} = \frac{1}{EA}\left[\left(-\frac{1}{\sqrt{2}}\right)^2 \cdot l \times 4 + 1^2 \cdot \sqrt{2} l \times 2\right] = \frac{2 \times (1+\sqrt{2})l}{EA}$$

$$\Delta_{1P} = \sum \frac{\overline{F}_{N1} F_{NP} l}{EA} = \frac{1}{EA}\left[\left(-\frac{1}{\sqrt{2}}\right) \cdot (-F_P) \cdot l \times 2 + 1^2 \cdot \sqrt{2} F_P \cdot \sqrt{2} l\right] = \frac{(2+\sqrt{2})F_P l}{EA}$$

（4）求多余未知力

将系数和自由项代入典型方程求解，得

$$X_1 = -\frac{\Delta_{1P}}{\delta_{11}} = \frac{-(2+\sqrt{2})F_P l}{EA} \times \frac{EA}{2 \times (1+\sqrt{2})\ l} = -\frac{\sqrt{2}}{2}F_P$$

（5）求各杆的最后轴力

由公式 $F_N = \overline{F}_{N1} X_1 + F_{NP}$ 求得各杆轴力如图 10-6（e）所示。例如，求 BC 杆的最后轴力：

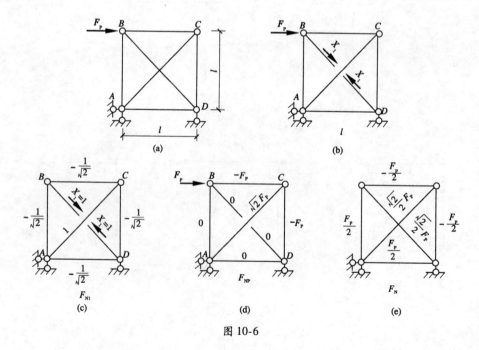

图 10-6

$$F_{NBC} = \left(-\frac{1}{\sqrt{2}} \right) \times \left(-\frac{\sqrt{2}}{2}F_P \right) - F_P = -\frac{F_P}{2}$$

10.1.5　对称性的利用

在工程中，很多结构是对称的。所谓**对称结构**就是指：①结构的几何形状和支承情况对某轴对称；②杆件的截面和材料性质也对此轴对称。如图 10-7 所示的结构都是对称结构。

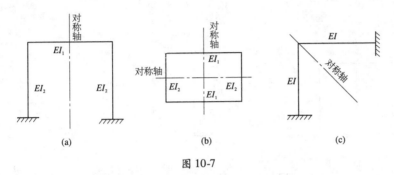

图 10-7

作用在对称结构上的荷载有两种特殊情况：一种是**对称荷载**（图 10-8（a）），另一种是**反对称荷载**（图 10-8（b））。对称荷载绕对称轴对折后，左右两部分的荷载作用线重合，且大小相等、方向相同；反对称荷载绕对称轴对折后，左右两部分的荷载作用线重合，大小相等而方向相反。

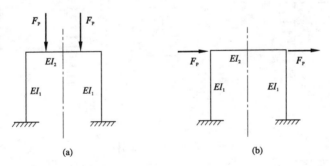

图 10-8

在用力法计算对称结构时，选取对称的基本结构，并取对称的或反对称的多余未知力为基本未知量，则会使力法方程中尽可能多的副系数和自由项等于零，从而简化了系数的计算工作，也简化了联立方程的求解过程，达到简化计算的目的。

利用对称性，通过力法分析可得出如下结论：**对称结构在对称荷载作用下，只有对称的多余未知力存在，而反对称的多余未知力必为零。也就是说，基本结构上的荷载和多余未知力都是对称的，故原结构的内力和变形也必是对称的。对称结构在反对称荷载作用下，只有反对称的多余未知力存在，而正对称的多余未知力必为零。也就是说，基本结构上的荷载和多余未知力都是反对称的，故原结构的内力和变形也必是反对称的。**利用以上结论，在结构对称轴切口处按原结构的受力和变形特点设置相应的支承，得到原结构的等效半边结构，取半边结构代替原结构的计算能降低超静定次数，简化计算。图 10-9 为对称结构作用对称荷载的奇数跨和偶数跨的半边结构，图 10-10 为对称结构作用反对称荷载的奇数跨和偶数跨的半边结构。

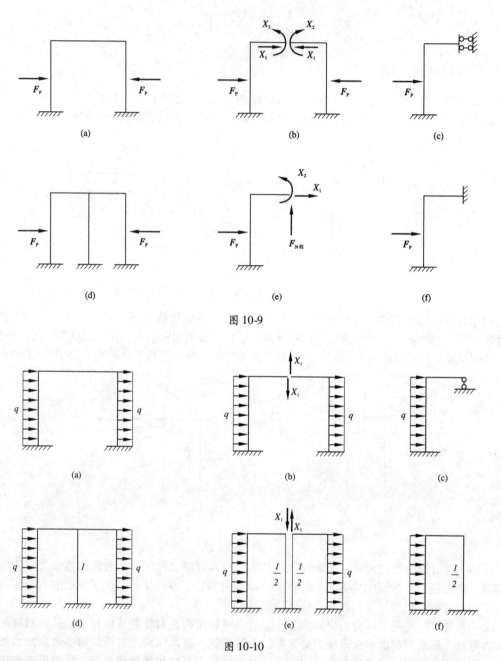

图 10-9

图 10-10

【例题 10-3】 利用对称性计算图 10-11（a）所示刚架，并绘最后弯矩图。各杆的 EI 均为常数。

【解】 此刚架为对称的四次超静定结构，且荷载为反对称，半结构如图 10-11（b）所示。

（1）选取基本结构

半结构为一次超静定结构，取图 10-11（c）为基本结构。

（2）建立力法典型方程

$$\delta_{11}X_1 + \Delta_{1P} = 0$$

（3）求系数和自由项

绘出单位弯矩图 $\overline{M}_1$ 和荷载弯矩图 M_P，如图 10-11（d），（e）所示。计算各系数和自由项如下：

$$\delta_{11} = \frac{1}{EI}\left(\frac{1}{2}\times4\times4\times\frac{2}{3}\times4\times2 + 4\times4\times4\right) = \frac{320}{3EI}$$

$$\Delta_{1P} = \frac{1}{EI}\left(\frac{1}{2}\times20\times4\times4 + \frac{1}{2}\times40\times4\times\frac{2}{3}\times4\right) = \frac{1\,120}{3EI}$$

（4）求多余未知力

代入力法方程，得

$$X_1 = -\frac{\Delta_{1P}}{\delta_{11}} = -3.5\text{ kN}$$

（5）绘制最后弯矩图

半结构中各杆杆端弯矩可按 $M = \overline{M}_1 X_1 + M_P$ 计算，根据对称性，最后弯矩图如图 10-11（f）所示。

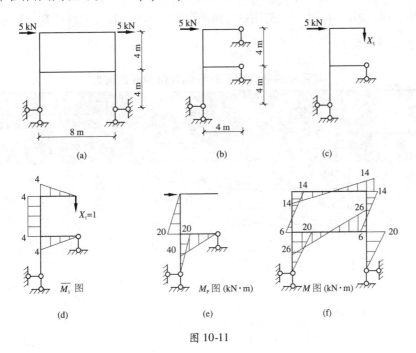

图 10-11

10.1.6　等截面单跨超静定梁的杆端内力

在以后位移法和力矩分配法等的计算过程中，需要用到单跨超静定梁在荷载作用下以及杆端发生位移时所引起的杆端内力，而这些内力可用力法求得。

1. 杆端位移和杆端内力的正负号规定

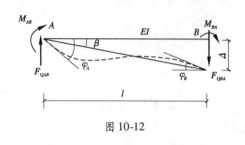

图 10-12

如图 10-12 所示，为一等截面直杆 AB 的隔离体，杆件的 EI 为常数，杆端 A 和 B 的角位移分别为 φ_A 和 φ_B，杆端 A 和 B 在垂直于杆轴 AB 方向的相对线位移为 Δ。杆端 A 和 B 的弯矩及剪力分别为 M_{AB}，M_{BA}，F_{QAB} 和 F_{QBA}。在位移法中，采用以下正负号规定。

（1）杆端位移——杆端角位移 φ_A，φ_B 以顺时针转向为正；杆两端相对线位移 Δ（或弦转角 $\beta = \dfrac{\Delta}{l}$）以

使杆产生顺时针转向为正，相反为负。

（2）杆端内力——杆端弯矩 M_{AB}，M_{BA} 对杆端而言以顺时针转向为正，对结点或支座而言以逆时针转向为正；杆端剪力 F_{QAB}，F_{QBA} 的正负规定同前。

在图 10-12 中，杆端位移和杆端内力均以正向标出。

2. 荷载引起的杆端内力

对于单跨超静定梁仅由荷载作用而产生的杆端内力，称为**固端内力**。M^F 表示固端弯矩，F_Q^F 表示固端剪力。

为了应用方便，将用力法求得的常用单跨超静定梁在不同情况下的杆端弯矩和杆端剪力列于表 10-1 中。其中**线刚度** $i = \dfrac{EI}{l}$。

表 10-1　　　　　　　　常用单跨超静定梁的杆端弯矩和杆端剪力

编号	简图及弯矩图	杆端弯矩		杆端剪力	
		M_{AB}	M_{BA}	F_{QAB}	F_{QBA}
1		$4i$	$2i$	$-\dfrac{6i}{l}$	$-\dfrac{6i}{l}$
2		$-\dfrac{6i}{l}$	$-\dfrac{6i}{l}$	$\dfrac{12i}{l^2}$	$\dfrac{12i}{l^2}$
3		$-\dfrac{1}{12}ql^2$	$\dfrac{1}{12}ql^2$	$\dfrac{1}{2}ql$	$-\dfrac{1}{2}ql$

（续表）

编号	简图及弯矩图	杆端弯矩		杆端剪力	
		M_{AB}	M_{BA}	F_{QAB}	F_{QBA}
4		$-\dfrac{1}{8}F_P l$	$\dfrac{1}{8}F_P l$	$\dfrac{1}{2}F_P$	$-\dfrac{1}{2}F_P$
5		$3i$	0	$-\dfrac{3i}{l}$	$-\dfrac{3i}{l}$
6		$-\dfrac{3i}{l}$	0	$\dfrac{3i}{l^2}$	$\dfrac{3i}{l^2}$
7		$-\dfrac{1}{8}ql^2$	0	$\dfrac{5}{8}ql$	$-\dfrac{3}{8}ql$
8		$-\dfrac{3}{16}F_P l$	0	$\dfrac{11}{16}F_P$	$-\dfrac{5}{16}F_P$
9		i	$-i$	0	0
10		$-\dfrac{1}{3}ql^2$	$-\dfrac{1}{6}ql^2$	ql	0

（续表）

编号	简图及弯矩图	杆端弯矩		杆端剪力	
		M_{AB}	M_{BA}	F_{QAB}	F_{QBA}
11	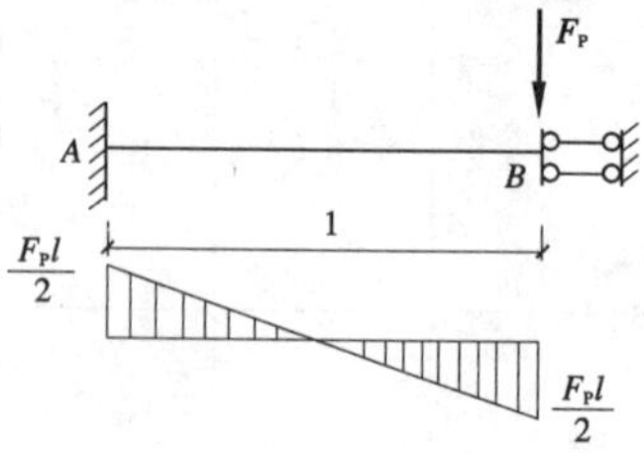	$-\dfrac{1}{2}F_{P}l$	$-\dfrac{1}{2}F_{P}l$	F_{P}	F_{P}
12	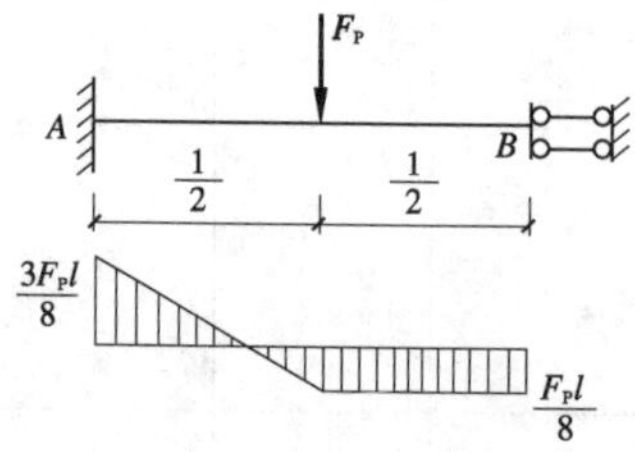	$-\dfrac{3}{8}F_{P}l$	$-\dfrac{1}{8}F_{P}l$	F_{P}	0

10.2 位移法

位移法也是求解超静定结构内力的基本方法之一，它是以独立的结点位移作为基本未知量。位移法不仅可以直接用以计算超静定结构，同时还是力矩分配法的基础。

10.2.1 位移法的基本原理

为了说明位移法的基本原理，我们来分析图10-13（a）所示的刚架。在荷载 F_P 作用下，刚架将产生如图10-13所示虚线变形曲线，其中固定端 A，C 处均无任何位移，结点 B 是一个刚结点，汇交于该结点的 AB，AC 杆的杆端应有相同的转角 θ_B。在忽略轴向变形影响的情况下，当实际变形很微小时，BA 杆和 BC 杆的长度可看成保持不变，即 B 结点处无线位移，只发生转角 θ_B，如果将 B 结点看成是固定端支座，则 BA 杆和 BC 杆均可看作是两端固定的单跨超静定梁，如图10-13（b），（c）所示。这样由表10-1可分别查得由 θ_B 使 BA 杆和 BC 杆产生的杆端弯矩为

$$M_{BA} = 4\frac{EI}{h}\theta_B, \qquad M_{BC} = 4\frac{EI}{l}\theta_B$$

同样可查得由于荷载作用使杆 BA 产生的杆端弯矩为

$$M_{BA} = \frac{1}{8}F_{P}h$$

于是在荷载和结点转角共同作用下，其杆端弯矩的计算公式为

$$M_{BA} = 4\frac{EI}{h}\theta_B + \frac{1}{8}F_{\mathrm{p}}h \left.\right\}$$
$$M_{BC} = 4\frac{EI}{l}\theta_B \tag{10-4}$$

为了求得 θ_B，可以取结点 B 为脱离体如图 10-13（d）所示，由结点 B 的力矩平衡条件 $\sum M_B = 0$ 得

$$M_{BA} + M_{BC} = 0 \tag{10-5}$$

将式（10-4）代入式（10-5），得

$$4EI\left(\frac{1}{l} + \frac{1}{h}\right)\theta_B + \frac{1}{8}F_{\mathrm{p}}h = 0$$

则

$$\theta_B = \frac{-F_{\mathrm{p}}h^2 l}{32(l+h)EI}$$

将此值代入式（10-4）便可求得各杆的杆端弯矩值为

$$M_{BA} = \frac{F_{\mathrm{p}}h^2}{8(l+h)}, \qquad M_{BC} = \frac{-F_{\mathrm{p}}h^2}{8(l+h)}$$

最后可根据杆端弯矩和荷载画弯矩图。

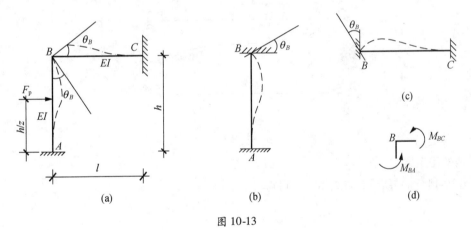

图 10-13

10.2.2 位移法的基本未知量和基本结构的确定

位移法的基本未知量为**结点角位移和独立结点线位移**。结点角位移未知量的数目等于刚结点的数目。确定独立结点线位移未知量的数目时，假定受弯直杆两端之间的距离在变形后仍保持不变，具体方法是"铰化结点，增设链杆"，即将结构各刚性结点改为铰结点，并将固定支座改为固定铰支座，使原结构变成铰接体系，使该铰接体系成为几何不变体系，**所需增加的最少链杆数就等于原结构独立结点线位移数目**。位移法的基本未知量确定后，在每个结点角位移处加入附加刚臂，沿每个独立结点线位移方向加入附加链杆，所形成的单跨超静定梁的组合体即为位移法的基本结构。

10.2.3 等截面直杆的转角位移方程及简单的计算实例

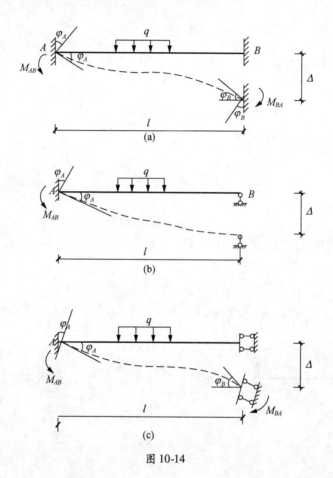

图 10-14

1. 两端固定梁

如图 10-14（a）所示，查表 10-1，可得

$$
\left.
\begin{aligned}
M_{AB} &= 4i\varphi_A + 2i\varphi_B - 6i\frac{\Delta}{l} + M_{AB}^F \\
M_{BA} &= 4i\varphi_B + 2i\varphi_A - 6i\frac{\Delta}{l} + M_{BA}^F
\end{aligned}
\right\}
\tag{10-6}
$$

2. 一端固定一端铰支梁

如图 10-14（b）所示，查表 10-1，可得

$$
M_{AB} = 3i\varphi_A - 3i\frac{\Delta}{l} + M_{AB}^F
\tag{10-7}
$$

3. 一端固定一端定向支承梁

如图 10-14（c）所示，查表 10-1，可得

$$M_{AB} = i\varphi_A - i\varphi_B + M_{AB}^F$$

$$M_{BA} = i\varphi_B - i\varphi_A + M_{BA}^F$$

【**例题 10-4**】 用位移法试作图 10-15（a）所示连续梁的弯矩图。各杆 EI = 常数。

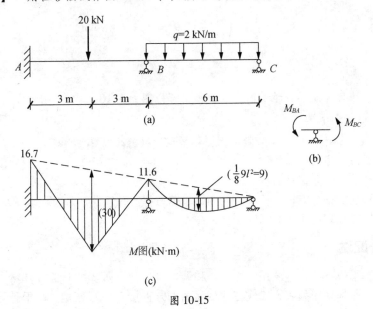

(a)

(b)

(c)

图 10-15

【**解**】 （1）确定基本未知量

只有结点 B 是刚结点，故取 θ_B 为基本未知量。

（2）建立转角位移方程

查表 10-1，可得

$$\left.\begin{aligned}
M_{AB} &= 2i\theta_B - \frac{1}{8}F_P l = \frac{1}{3}EI\theta_B - \frac{1}{8} \times 20 \times 6 = \frac{1}{3}EI\theta_B - 15 \\
M_{BA} &= 4i\theta_B + \frac{1}{8}F_P l = \frac{2}{3}EI\theta_B + \frac{1}{8} \times 20 \times 6 = \frac{2}{3}EI\theta_B + 15 \\
M_{BC} &= 3i\theta_B - \frac{1}{8}q l^2 = \frac{1}{2}EI\theta_B - \frac{1}{8} \times 2 \times 6^2 = \frac{1}{2}EI\theta_B - 9 \\
M_{CB} &= 0
\end{aligned}\right\}
\qquad (\text{a})$$

（3）建立位移法基本方程求结点位移

取结点 B 为脱离体，画受力图如图 10-15（b）所示。

由 $\sum M_B = 0$ 得 $M_{BA} + M_{BC} = 0$ 将式（a）相应的值代入得

$$\frac{2}{3}EI\theta_B + 15 + \frac{1}{2}EI\theta_B - 9 = 0$$

$$EI\theta_B = -\frac{36}{7}$$

（4）计算各杆的杆端弯矩

将 $EI\theta_B$ 的数值代入转角位移方程得各杆端弯矩为

$$M_{AB} = \frac{1}{3} \times \left(-\frac{36}{7}\right) - 15 = -16.7 \text{ kN} \cdot \text{m}$$

$$M_{BA} = \frac{2}{3} \times \left(-\frac{36}{7}\right) + 15 = 11.6 \text{ kN} \cdot \text{m}$$

$$M_{BC} = \frac{1}{2} \times \left(-\frac{36}{7}\right) - 9 = -11.6 \text{ kN} \cdot \text{m}$$

$$M_{CB} = 0$$

（5）画弯矩图

根据求得的杆端弯矩及各杆承受的荷载，画出弯矩图如图10-15（c）所示。

4. 位移法计算步骤小结

根据［例题10-4］中位移法的解题过程，将位移法计算步骤归纳如下：

（1）确定基本未知量。

（2）建立各杆端的转角位移方程。

（3）建立位移法的基本方程——结点的力矩平衡方程。并以此基本方程求解基本未知量。

（4）计算各杆的杆端弯矩，画弯矩图。

10.3 力矩分配法

力矩分配法源于位移法，主要用于连续梁和无结点线位移刚架的计算，其特点是不需要建立和解算联立方程，而是采用列表方式或在计算简图下方直接求杆端弯矩。由于计算过程按照重复步骤进行，结果逐渐接近真实解答，所以属渐近法。力矩分配法物理意义清楚，便于掌握且适用手算，故仍是工程计算的常用方法。

力矩分配法中杆端内力的符号规定仍与位移法相同。

10.3.1 力矩分配法的基本概念

1. 转动刚度 S

对于任意支承形式的单跨超静定梁 AB，为使某一端（设为 A 端）产生单位转角 $\varphi = 1$ 所需施加的力矩，称为 AB 杆在 A 端的**转动刚度**，并用 S_{AB} 表示，其中杆件的转动端 A 端称为**近端**，而另一端 B 端则称为**远端**，如图10-16所示。

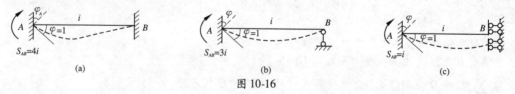

图 10-16

杆件的转动刚度 S_{AB} 除与杆件的线刚度 i 有关外，还与杆件的远端的支承情况有关。图10-16中分别给出不同远端支承情况下的杆端转动刚度 S_{AB} 的表达式。

当近端转角为 φ_A 时，则 $M_{AB} = S_{AB} \cdot \varphi_A$。

2. 分配系数 μ

下面以具有结点外力矩的单结点结构为例，说明力矩分配法的基本原理。

如图 10-17（a）所示刚架，各杆均为等截面直杆，设各杆的线刚度分别为 i_{A1}，i_{A2} 和 i_{A3}，在结点力矩 M 作用下，各杆在刚结点 A 处将产生相同的转角 φ_A，各杆发生的变形如图 10-17 中虚线所示。

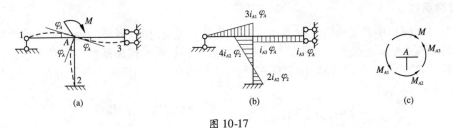

图 10-17

由转动刚度的定义可知（图 10-17（b））：

$$\left.\begin{array}{l} M_{A1} = S_{A1}\varphi_A = 3i_{A1}\varphi_A \\ M_{A2} = S_{A2}\varphi_A = 4i_{A2}\varphi_A \\ M_{A3} = S_{A3}\varphi_A = i_{A3}\varphi_A \end{array}\right\} \qquad (10\text{-}8)$$

利用结点 A（图 10-17（c））的力矩平衡条件，得

$$M = M_{A1} + M_{A2} + M_{A3} = （S_{A1} + S_{A2} + S_{A3}）\varphi_A$$

所以

$$\varphi_A = \frac{M}{\sum S_{Ak}} \qquad (k = 1,\ 2,\ 3)$$

式中，$\sum S_{Ak}$ 为汇交于结点 A 的各杆件在 A 端的转动刚度之和。

将所求得的 φ_A 代入式（10-8），得

$$\left.\begin{array}{l} M_{A1} = \dfrac{S_{A1}}{\sum S_{Ak}}M \\[2ex] M_{A2} = \dfrac{S_{A2}}{\sum S_{Ak}}M \\[2ex] M_{A3} = \dfrac{S_{A3}}{\sum S_{Ak}}M \end{array}\right\}$$

即

$$M_{Ak} = \frac{S_{Ak}}{\sum S_{Ak}}M \qquad (10\text{-}9)$$

令

$$\mu_{Ak} = \frac{S_{Ak}}{\sum S_{Ak}} \qquad (10\text{-}10)$$

式中，μ_{Ak} 称为各杆在 A 端的**分配系数**。汇交于同一结点的各杆杆端的分配系数之和应等于 1，即

$$\sum \mu_{Ak} = \mu_{A1} + \mu_{A2} + \mu_{A3} = 1$$

于是，式（10-9）可写成

$$M_{Ak} = \mu_{Ak}M \qquad (10\text{-}11)$$

由上述可见，加于结点 A 的外力矩 M，按各杆杆端的分配系数分配给各杆的近端，所得近端弯矩 M_{Ak} 称为**分配弯矩**。

3. 传递系数 C

在图 10-17（a）中，当外力矩 M 加于 A 点并发生转角 φ_A 时，各杆的近端和远端都将产生弯矩。通常将远端弯矩同近端弯矩的比值称为杆件由近端向远端的**传递系数**，用 C 表示，而将远端弯矩称为**传递弯矩**。图 10-17（a）中对杆 $A2$ 而言，其传递系数和传递弯矩分别为

$$C_{A2} = \frac{M_{2A}}{M_{A2}} = \frac{2i\varphi_A}{4i\varphi_A} = \frac{1}{2}, \qquad M_{2A} = C_{A2}M_{A2} = \frac{1}{2}M_{A2}$$

即**传递弯矩等于分配弯矩乘以传递系数**

$$M_{kA} = C_{Ak}M_{Ak} \tag{10-12}$$

传递系数 C 随远端的支承情况而异。远端固定，$C = \frac{1}{2}$；远端铰支，$C = 0$；远端定向支承，$C = -1$。

综上所述，对于图 10-17（a）只有一个刚结点的结构，刚结点受一力偶 M 作用产生角位移，则其解算过程分为两步：首先，按各杆的分配系数求出近端的分配弯矩，称为分配过程；其次，将近端的分配弯矩乘以传递系数便得到远端的传递弯矩，称为传递过程。经过分配和传递求出各杆的杆端弯矩，这就是力矩分配法。

承受一般荷载作用且只有一个刚结点的结构，也可用力矩分配法进行计算。如图 10-18（a）所示连续梁，在荷载作用下变形曲线如图中虚线所示。计算时首先在结点 B 加附加刚臂，使其不能转动，于是梁 ABC 被转化为两个单跨超静定梁，然后将荷载加于该梁上，杆件 AB 的杆端产生固端弯矩 M_{AB}^{F} 和 M_{BA}^{F}，BC 跨因无荷载作用，故 $M_{BC}^{\mathrm{F}} = 0$。显然在结点 B 处，各杆的固端弯矩不能平衡，故附加刚臂上必产生约束力矩 M_B^{F}，其值可由图 10-18（b）所示结点 B 的力矩平衡方程求得

$$M_B^{\mathrm{F}} = M_{BA}^{\mathrm{F}} + M_{BC}^{\mathrm{F}} = \sum M_{BK}^{\mathrm{F}}$$

(a)

(b)

(c)

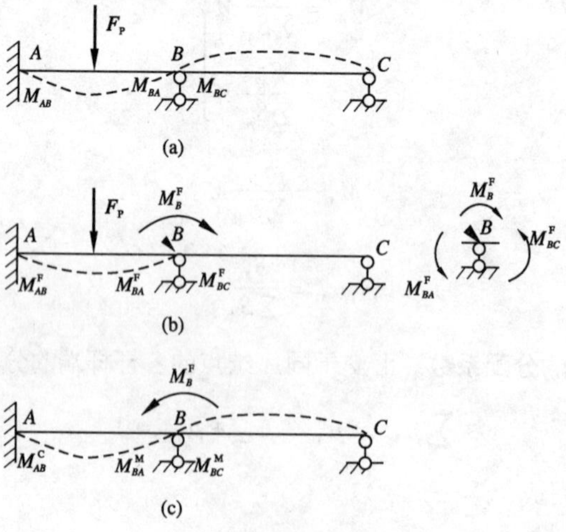

图 10-18

式中，约束力矩 M_B^F 称为结点 B 上的**不平衡力矩**，它等于汇交于该结点上各杆端的固端弯矩之代数和，以顺时针方向为正。

连续梁的结点 B 原来并没有附加刚臂，也不存在约束力矩 M_B^F。因此，图 10-18(b) 的杆端弯矩并不是结构实际的弯矩，必须对此结果修正。为此须放松结点 B 处的附加刚臂，以消除约束力矩 M_B^F 的作用，使梁回复到原来状态。这一过程相当于在结点 B 施加一个与约束力矩 M_B^F 等值反向的力矩 M_B^F（图 10-18（c））。将图 10-18（b）和图 10-18（c）所示两种情况叠加，就消除了附加刚臂的约束作用，回到图 10-18（a）所示原来结构的实际状态。

图 10-18（c）中各杆端弯矩可按前述方法求得，即近端的分配弯矩按式（10-11）计算，远端的传递弯矩按式（10-12）计算。但应注意，在计算时须将式中的 M 代之以 $-M_B^F$，即 M 值等于不平衡力矩的反号。

【例题 10-5】　试用力矩分配法计算图 10-19（a）所示的连续梁，并绘制 M 图。

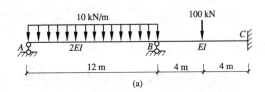

(a)

分配系数		0.5	0.5	弯矩单位 kN·m
固端弯矩	0	180	-100	100
分配与传递	0	← -40	-40 →	-20
最后弯矩	0	140	-140	80

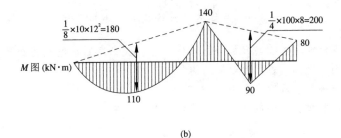

(b)

图 10-19

【解】　计算过程通常在梁的正下方列表进行。先对相关内容作如下说明：

（1）计算结点 B 处各杆端的分配系数

$$\mu_{BA} = \frac{s_{BA}}{s_{BA} + s_{BC}} = \frac{3 \times \dfrac{2EI}{12}}{3 \times \dfrac{2EI}{12} + 4 \times \dfrac{EI}{8}} = 0.5$$

$$\mu_{BC} = \frac{s_{BC}}{s_{BC} + s_{BA}} = \frac{4 \times \dfrac{EI}{8}}{4 \times \dfrac{EI}{8} + 3 \times \dfrac{2EI}{12}} = 0.5$$

且

$$\mu_{BA} + \mu_{BC} = 0.5 + 0.5 = 1$$

将计算无误的分配系数记在表的第 1 栏的方框内。

（2）计算固端弯矩

查表 10-1，得

$$M_{AB}^{F} = 0$$

$$M_{BA}^{F} = \frac{ql^2}{8} = \frac{10 \times 12^2}{8} = 180 \text{ kN} \cdot \text{m}$$

$$M_{BC}^{F} = -M_{CB}^{F} = -\frac{F_{\mathrm{P}}l}{8} = -\frac{100 \times 8}{8} = -100 \text{ kN} \cdot \text{m}$$

将固端弯矩记在表的第 2 栏内，并得出结点 B 的不平衡力矩为

$$M_{B}^{F} = M_{BA}^{F} + M_{BC}^{F} = 180 - 100 = 80 \text{ kN} \cdot \text{m}$$

（3）计算分配弯矩和传递弯矩

分配弯矩为

$$M_{BA}^{\mu} = 0.5 \times (-80) = -40 \text{ kN} \cdot \text{m}$$

$$M_{BC}^{\mu} = 0.5 \times (-80) = -40 \text{ kN} \cdot \text{m}$$

传递弯矩为

$$M_{AB}^{C} = 0 \times (-40) = 0$$

$$M_{CB}^{C} = \frac{1}{2} \times (-40) = -20 \text{ kN} \cdot \text{m}$$

将它们记在表的第 3 栏内。在结点 B 的分配弯矩下划横线，表明该结点已经达到平衡；在分配弯矩和传递弯矩之间划一箭头，表示弯矩传递的方向。

（4）计算各杆杆端最后弯矩

将以上结果代数相加，即得最后弯矩，并记在表的第 4 栏内。

$$M_{AB} = 0$$

$$M_{BA} = 180 - 40 = 140 \text{ kN} \cdot \text{m}$$

$$M_{BC} = -100 - 40 = -140 \text{ kN} \cdot \text{m}$$

$$M_{CB} = 100 - 20 = 80 \text{ kN} \cdot \text{m}$$

（5）作 M 图

M 图如图 10-19（b）所示。

10.3.2　力矩分配法计算连续梁

前面通过对单结点结构的分析，了解了力矩分配法的基本原理和解题思路。由于单结点结构只有一个不平衡力矩，所以计算时只需对其进行一次分配和传递，就能使结点上各杆的力矩获得平衡。而对于具有多个刚结点的连续梁和无侧移刚架，只需依次对各结点使用上述方法便可求解，即先将所有刚结点固定，然后将各刚结点轮流放松，具体每次只放松一个结点，其他结点暂时固定。为了缩短计算过程，一般先放松不平衡力矩绝对值大的结点。这个过程也就是把各刚结点的不平衡力矩轮流进行分配与传递，直到传递弯矩小到可略去时为止。最后把各杆端的固端弯矩、分配弯矩和传递弯矩代数相加即为最后杆端弯矩。最后弯矩值下面可画两横道表示最终结果。

【**例题 10-6**】　试用力矩分配法计算图 10-20（a）所示的连续梁，并绘制 M 图。

【**解**】　首先求出汇交于结点 B 和 C 的各杆端的分配系数，将结果记入图 10-20 所示表格第一行。

$$\mu_{BA} = \frac{4 \times 2}{4 \times 2 + 4 \times 3} = 0.4 , \quad \mu_{BC} = \frac{4 \times 3}{4 \times 2 + 4 \times 3} = 0.6$$

$$\mu_{CB} = \frac{4 \times 3}{4 \times 3 + 3 \times 4} = 0.5 , \quad \mu_{CD} = \frac{3 \times 4}{4 \times 3 + 3 \times 4} = 0.5$$

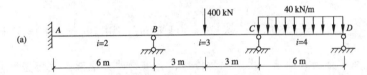

弯矩单位 kN·m

分配系数			0.4	0.6	0.5	0.5	0
固定弯矩		0		0	−300	300	−180
分配与传递	B 一次分配传递	60 ←	120	180 →	90		
	C 一次分配传递			−52.5 ←	−105	−105 →	0
	B 二次分配传递	10.5 ←	21.0	31.5 →	15.75		
	C 二次分配传递			−3.94 ←	−7.88	−7.88 →	0
	B 三次分配传递	0.79 ←	1.58	2.63 →	1.18		
	C 三次分配传递			−0.30 ←	−0.59	−0.59 →	0
	B 四次分配传递	0.06 ←	0.12	0.18 →	0.09		
	C 四次分配传递				−0.04	−0.04	
最后弯矩		71.35	142.7	−142.7	293.5	−293.5	0

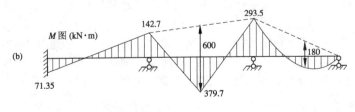

图 10-20

再计算三个单跨超静定梁各杆端的固端弯矩，将结果记入图 10-20 所示表格第二行。

$$M_{AB}^{\mathrm{F}} = 0, \qquad M_{AB}^{\mathrm{F}} = 0$$

$$M_{BC}^{\mathrm{F}} = -M_{CB}^{\mathrm{F}} = -\frac{F_{\mathrm{P}}l}{8} = -\frac{400 \times 6}{8} = -300 \ \mathrm{kN \cdot m}$$

$$M_{CD}^{\mathrm{F}} = -\frac{ql^2}{8} = \frac{40 \times 6^2}{8} = -180 \ \mathrm{kN \cdot m}, \qquad M_{DC}^{\mathrm{F}} = 0$$

B，C 两点处的不平衡力矩分别为

$$M_{B}^{\mathrm{F}} = M_{BA}^{\mathrm{F}} + M_{BC}^{\mathrm{F}} = 0 - 300 = -300 \ \mathrm{kN \cdot m}$$

$$M_{C}^{\mathrm{F}} = M_{CB}^{\mathrm{F}} + M_{CD}^{\mathrm{F}} = 300 - 180 = 120 \ \mathrm{kN \cdot m}$$

为了消除这两处不平衡力矩，设先放松不平衡力矩绝对值大的结点 B，结点 C 仍被固定，此时对 ABC 部分可利用上述的力矩分配法进行计算，即将不平衡力矩 M_{B}^{F} 反号后进行分配，求得结点 B 各杆近端的分配弯矩

$$M_{BA}^{\mu} = 0.4 \times 300 = 120 \ \mathrm{kN \cdot m}$$

$$M_{BC}^{\mu} = 0.6 \times 300 = 180 \ \mathrm{kN \cdot m}$$

再求出远端 A，C 的传递弯矩

$$M_{AB}^{\mathrm{C}} = \frac{1}{2} \times 120 = 60 \ \mathrm{kN \cdot m}, \qquad M_{CB}^{\mathrm{C}} = \frac{1}{2} \times 180 = 90 \ \mathrm{kN \cdot m}$$

这样就完成了结点 B 的第一次分配和传递，将求得的分配弯矩及传递弯矩分别记入图 10-20 所示表格的第三行。在分配弯矩下面绘一横线，表示结点 B 暂时得到平衡。但结点 C 仍存在着不平衡力矩，其数值已不再是开始求得的值，而应在此基础上增加结点 B 传来的弯矩，即结点 C 的不平衡力矩为 $120 + 90 = 210 \ \mathrm{kN \cdot m}$。为了消除这一不平衡力矩，需将结点 B 重新固定，并放松结点 C，在 BCD 部分进行力矩的分配和传递。汇交于结点 C 的各杆近端的分配弯矩为

$$M_{CB}^{\mu} = 0.5 \times (-210) = -105 \ \mathrm{kN \cdot m}, \qquad M_{CD}^{\mu} = 0.5 \times (-210) = -105 \ \mathrm{kN \cdot m}$$

远端的传递弯矩为

$$M_{BC}^{\mathrm{C}} = \frac{1}{2} \times (-105) = -52.5 \ \mathrm{kN \cdot m}, \qquad M_{DC}^{\mathrm{C}} = 0 \times (-105) = 0$$

将上述计算结果记入图 10-20 的表格中的第四行，在分配弯矩值的下面绘一横线，表明此时结点 C 也得到暂时平衡。至此，结构的第一轮的计算结束。然而结点 B 上又有了新的不平衡力矩（$-52.5 \ \mathrm{kN \cdot m}$），也需要反号进行分配与传递，不过其绝对值已比前一次小了许多。依次继续在结点 B 和 C 间进行计算，则传递弯矩会愈来愈小。经过若干轮后小到可以忽略不计时，便可停止进行，结构已经非常接近真实的平衡状态了。将各次的计算结果一一记在图 10-20 的表格中，再把每一杆端历次的分配弯矩、传递弯矩和固端弯矩代数相加便得到各杆端的最后弯矩。根据最后杆端弯矩作出 M 图，如图 10-20 (b) 所示，这一计算方法同样可用于无侧移的刚架（可参考其他书籍）。

综上所述，力矩分配法的计算过程，是依次放松各结点，以消去其上的不平衡力矩，使其逐渐接近真实的弯矩值，所以它是一种渐近计算法。现将多结点结构的力矩分配法计算步骤归纳

如下：

（1）求出汇交于各结点每一杆端的力矩分配系数 μ，并确定其传递系数 C。

（2）计算各杆杆端的固端弯矩 M^F。

（3）进行第一轮次的分配与传递，从不平衡力矩绝对值较大的结点开始，依次放松各结点，对相应的不平衡力矩进行分配与传递。

（4）循环步骤（3），直到最后一个节点的传递弯矩小到可以略去为止（结束在分配上）。

（5）求最后杆端弯矩，将各杆杆端的固端弯矩与历次的分配弯矩和历次的传递弯矩代数和即为最后弯距。

（6）作弯矩图（叠加法）。

10.4　超静定结构的位移计算

单元 9 介绍的应用单位荷载法计算结构的位移是一个普遍性的方法，它不仅适用于静定结构，也适用于超静定结构。

从力法的基本原理可知，基本结构在荷载和多余未知力共同作用下产生的内力和位移与原结构完全一致。当多余未知力被确定之后，基本结构就完全代表了原结构，不仅求结构的内力如此，求结构的位移也如此。也就是说，求原结构的位移问题可归结为求基本结构的位移问题。

下面以图 10-21（a）所示超静定刚架为例，求结点 C 的转角 φ_c。

此刚架的最后弯矩图可用力法求出，如图 10-21（b）所示，它即相当于单元 9 计算位移时的实际弯矩图 M_P。现欲求结点 C 的转角 φ_c，可在基本结构的 C 点加一单位力偶 $M=1$，作出单位弯矩图 $\bar{M}$（图 10-21（c））。利用图乘法，得

$$\varphi_c = \frac{1}{EI}\left(\frac{1}{2}l \times \frac{ql^2}{14} - \frac{1}{2}l \times \frac{ql^2}{28} \right) = \frac{ql^3}{56EI} \ (\circlearrowleft)$$

特别指出的是：由于原结构的内力和位移并不因所取的基本结构不同而改变，因此，可把其最后内力看作是由任意一种基本结构求得。这样，在计算超静定结构位移时，也可以将所虚拟的单位力加于任一基本结构作为虚拟状态。如求结点 C 的转角 φ_c 时，也可采用如图 10-21（d）所示的基本结构，相应地作出单位弯矩图 $\bar{M}$，则

$$\varphi_c = \frac{1}{EI}\left(-\frac{1}{2}l \cdot \frac{ql^2}{14} \times \frac{2}{3} + \frac{21}{3}l \cdot \frac{ql^2}{8} \times \frac{1}{2} \right) = \frac{ql^3}{56EI} \ (\circlearrowleft)$$

二者计算结果完全相同。但选前者，计算较简便一些。

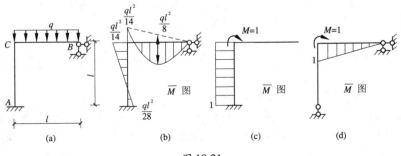

图 10-21

10.5　超静定结构的特性

与静定结构比较，超静定结构具有以下重要特性：

（1）在静定结构中，除了荷载以外，其他任何因素，如温度改变、支座移动、制造误差、材料收缩等，都不会引起内力。但是在超静定结构中，任何因素都可能引起内力。这是因为任何因素引起的超静定结构的变形，在其发生过程中，受得多余约束的作用，因而相应地产生了内力。

（2）静定结构的内力只要利用静力平衡条件就可以确定，其值与结构的材料性质和截面尺寸无关；而超静定结构内力只由静力平衡条件无法完全确定，还必须考虑位移条件才能得出解答，故与结构的材料性质和截面尺寸有关。

（3）超静定结构由于具有多余约束，一般地说，其内力分布比较均匀，变形较小，刚度比相应的静定结构要大些。例如图 10-22（a）为两跨连续梁，图 10-22（b）为相应的两跨静定梁，在相同荷载作用下，前者的最大挠度及弯矩峰值都较后者为小。

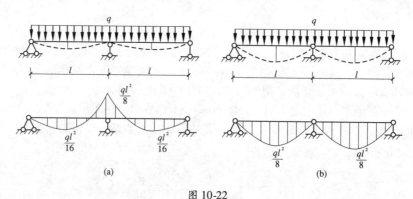

图 10-22

（4）从军事及抗震方面来看，超静定结构具有较好的抵抗破坏的能力。因为超静定结构在多余约束被破坏后，仍能维持几何不变性，但静定结构在任一约束被破坏后，即变成可变体系而失去承载能力。

思考题

10-1　用力法解超静定结构的思路是什么？力法基本未知量如何确定？

10-2　在力法中，能否采用超静定结构作为基本结构？

10-3　力法典型方程的物理意义是什么？

10-4　位移法中对杆端角位移、杆端相对线位移、杆端弯矩和杆端剪力的正负号是怎样规定的？

10-5　位移法的基本未知量有哪些？怎样确定？

10-6　用位移法计算超静定结构时，怎样得到基本结构？与力法计算时所选取基本结构的思路有什么根本的不同？对于同一结构，力法计算时可以选择不同的基本结构，位移法可能有几种不同的基本结构吗？

10-7 简述位移法方程的物理意义。

10-8 转动刚度的物理意义是什么？与哪些因素有关？

10-9 分配系数如何确定？传递系数如何确定？常见的传递系数各是多少？

10-10 如何确定结点不平衡力矩？

10-11 用力矩分配法计算多结点结构时应先从哪个结点开始？能否同时放松两个或两个以上的结点？

10-12 为什么说力矩分配法是一种渐近计算方法？

习题

10-1 试确定如图 10-23 所示各结构的超静定次数。

10-2 试用力法计算如图 10-24 所示各超静定梁，并绘制弯矩图。

10-3 试用力法计算如图 10-25 所示各超静定刚架，并绘制弯矩图。

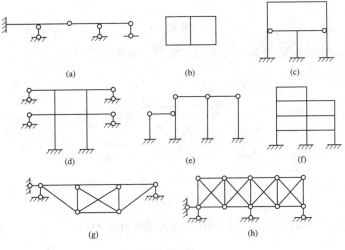

图 10-23

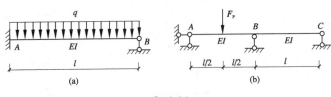

图 10-24

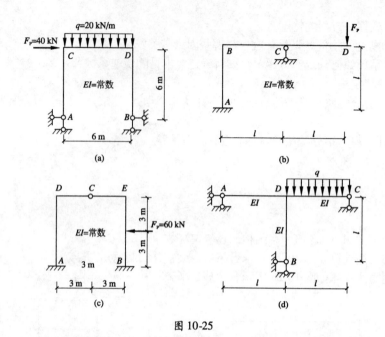

图 10-25

10-4 试用力法计算如图 10-26 所示桁架的轴力。设各杆 *EA* 相同。

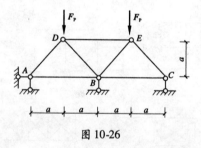

图 10-26

10-5 试确定如图 10-27 所示各结构的位移法基本未知量数目。

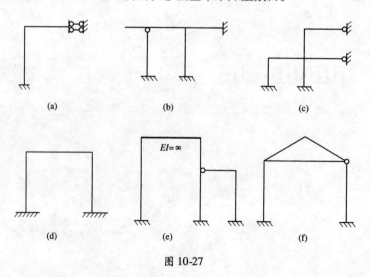

图 10-27

10-6 绘出如图 10-28 所示各结构的位移法基本结构。

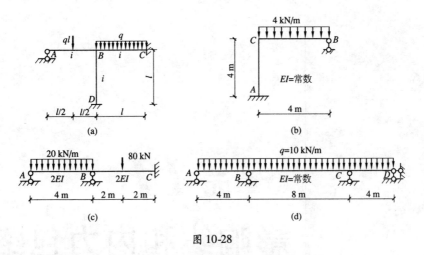

图 10-28

10-7 用位移法计算如图 10-28（a），（c）所示结构，并作 *M* 图。

10-8 用力矩分配法计算如图 10-29 所示结构，并作 *M* 图。

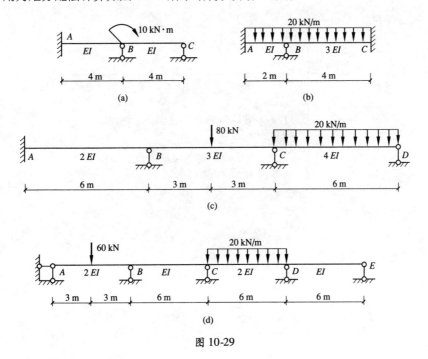

图 10-29

◎单元 *11*
影响线和内力包络图

276

单元概述：本单元介绍了影响线的概念、静力法作单跨静定梁的影响线以及利用影响线求移动荷载作用下的最大量值和最不利荷载位置。最后还有绘制简支梁和连续梁的内力包络图。

学习目标：

1. 了解影响线的概念，会用静力法作简支梁的影响线。
2. 能利用影响线求移动荷载作用下的最大量值和最不利荷载位置。
3. 能绘制简支梁和连续梁的内力包络图。

教学建议：配合多媒体演示及现场讲解。

关键词：移动荷载（moving load）；影响线（influence line）；最不利荷载位置（the most unfavorable load position）；内力包络图（envelop of internal force）

11.1　用静力法作简支梁的影响线

11.1.1　影响线的概念

在工程实际中，结构除了承受固定荷载以外，还承受移动荷载（moving load）的作用。例如，在桥梁上行驶的汽车、火车荷载，在吊车梁上移动的荷载等。在移动荷载作用下，结构的反力、内力、位移等量值将随荷载的移动而变化。在结构设计时需研究这些量值的变化规律，特别是这些量值的最大值以及产生最大量值时荷载的位置。

移动荷载的类型很多，但一般都简化为一组间距保持不变的平行集中荷载。为简便起见，先研究一个单位集中荷载 $F_P = 1$ 的影响，然后根据叠加原理，进一步研究其他移动荷载的影响。

如图 11-1（a）所示的简支梁，当荷载 $F_P = 1$ 分别移动到 A，C，D，E，B 各点时，反力 F_{Ay} 分别为 1，$\frac{3}{4}$，$\frac{1}{2}$，$\frac{1}{4}$，0。如果以横坐标表示荷载 $F_P = 1$ 的位置，以纵坐标表示反力 F_{Ay} 的数值，将各数值对应的竖标连接起来。这样的图形表示了 $F_P = 1$ 在梁上移动时，反力 F_{Ay} 的变化规律，称为反力 F_{Ay} 的影响线（influence line），如图 11-1（b）所示。

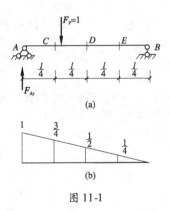

图 11-1

影响线定义如下：**当一个指向不变的单位集中荷载在结构上移动时，表示结构某指定截面的某一量值变化规律的图形，称为该量值的影响线。** 我们可以利用影响线来确定某一量值最不利荷载位置，并求出最大值。本节先介绍影响线的绘制方法。

11.1.2　用静力法作静定梁的影响线

静力法是以荷载 $F_P = 1$ 的作用位置 x 为变量，利用静力平衡条件，列出表示某量值与 x 关系的影响线方程，然后作出该量值的影响线。现以图 11-2 简支梁为例说明。

1. 反力的影响线

以梁的左端 A 为坐标原点，x 为 $F_P = 1$ 至原点 A 的距离，假定反力向上为正。

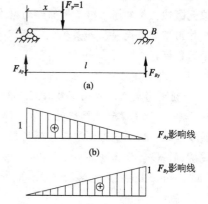

由 $$\sum M_B = 0, \quad F_{Ay} l - 1 \ (l - x) = 0$$

得 $$F_{Ay} = \frac{l - x}{l} \ (0 \leqslant x \leqslant l)$$

这个方程即为 F_{Ay} 的影响线方程。由方程可知，F_{Ay} 是 x 的一次函数，F_{Ay} 的影响线为直线，如图 11-2 （b）所示。

同理，F_{By} 的影响线方程为

$$F_{By} = \frac{x}{l} \ (0 \leqslant x \leqslant l)$$

图 11-2

F_{By} 的影响线也是一条直线，如图 11-2 （c）所示。

影响线规定：正值画上方，负值画下方，并注明正负。$F_P = 1$ 无单位，反力影响线也无单位。

2. 弯矩的影响线

现在作指定截面 C 的弯矩 M_C 的影响线，如图 11-3 （a）所示。当 $F_P = 1$ 在截面 C 以左或 C 以右移动时，M_C 的影响线方程具有不同的表示式，应当分别考虑。

当 $F_P = 1$ 在截面 C 以左移动时，取截面 C 以右部分，仍以下侧受拉弯矩为正，有

$$M_C = F_{By} \cdot b = \frac{x}{l} \cdot b \ (0 \leqslant x \leqslant a)$$

当 $F_P = 1$ 在截面 C 以右移动时，取截面 C 以左部分，有

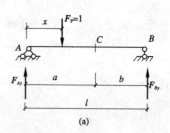

$$M_C = F_{Ay} \cdot a = \frac{l - x}{l} \cdot a \ (a \leqslant x \leqslant l)$$

M_C 的影响线在截面 C 两侧都是直线。据此，可绘出 M_C 的影响线，如图 11-3 （b）所示。通常称截面以左的直线为左直线，截面以右为右直线。

由以上弯矩影响线方程可以看出：左直线可由反力 F_{By} 的影响线竖标放大 b 倍而得；右直线可由反力 F_{Ay} 的影响线竖标放大 a 倍而得。因此，可以利用反力 F_{Ay} 和 F_{By} 的影响线作 M_C 的影响线。弯矩影响线的单位为长度。

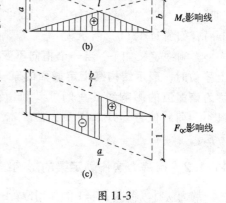

3. 剪力的影响线

现在作指定截面 C 的剪力 F_{QC} 的影响线，仍需分两段考虑。

当 $F_P = 1$ 在截面 C 以左移动时，取截面 C 以右部分，

图 11-3

仍以顺转剪力为正，有

$$F_{QC} = -F_{By} = -\frac{x}{l}\ (0 \leqslant x \leqslant a)$$

当 $F_P = 1$ 在截面 C 以右移动时，取截面 C 以左部分，有

$$F_{QC} = F_{Ay} = \frac{(l-x)}{l}\ (a < x \leqslant l)$$

由以上两式可知：F_{QC} 的左直线与反力 F_{By} 的影响线竖标相同，但符号相反；其右直线与反力 F_{Ay} 的影响线相同。据此，可作出 F_{QC} 的影响线，如图 11-3（c）所示。其左直线与右直线互相平行，在截面 C 处发生突变，突变值为 1。剪力影响线也无单位。

需特别注意：影响线的图形和内力图形状有些相似，但其含义截然不同。例如，在图 11-4（a）所示 M_C 的影响线中，D 点的竖标代表移动荷载 $F_P = 1$ 作用在 D 处时 M_C 的大小；而在图 11-4（b）的弯矩图中，D 点的竖标则代表固定荷载 F_P 作用在点 C 时，截面 D 的弯矩值。

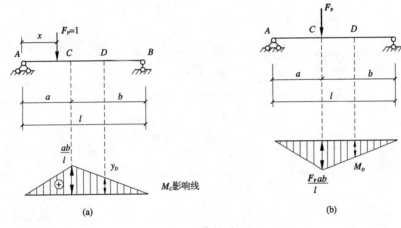

图 11-4

【例题 11-1】　试作图 11-5（a）所示外伸梁的反力影响线，以及截面 C，D 的弯矩和剪力影响线。

【解】　（1）反力影响线

取 A 为坐标原点，列出反力 F_{Ay} 和 F_{By} 的影响线方程为

$$F_{Ay} = \frac{(l-x)}{l}, \qquad F_{By} = \frac{x}{l}\ (-d \leqslant x \leqslant l+d)$$

上述方程与简支梁的反力影响线方程相同，只是 F_P 的作用范围变为（$-d \leqslant x \leqslant l+d$）。因此，只需将简支梁的反力影响线向两侧延长即可，如图 11-5（b），（c）所示。

（2）截面 C 的弯矩和剪力影响线

当 $F_P = 1$ 在 C 左时，取 C 右，则 M_C 和 F_{QC} 的影响线方程分别为

$$M_C = F_{By}b,\ F_{QC} = -F_{By}$$

当 $F_P = 1$ 在 C 右时，取 C 左，则 M_C 和 F_{QC} 的影响线方程分别为

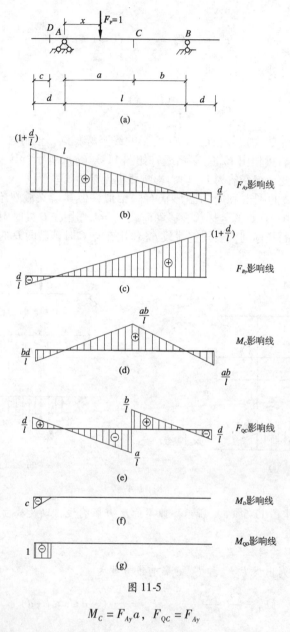

图 11-5

$$M_C = F_{Ay}a, \quad F_{QC} = F_{Ay}$$

M_C 和 F_{QC} 的影响线方程仍与简支梁相同。因而，与作反力影响线一样，只需将简支梁上截面 C 的弯矩和剪力影响线向两侧延长即可，如图 11-5（d），（e）所示。

（3）截面 D 的弯矩和剪力影响线

为计算简便，取 D 为坐标原点，且 x 以向左为正。取 D 左，可得

当 $F_P = 1$ 位于 D 左时，有

$$M_D = -x_1, \quad F_{QD} = -1$$

当 $F_P = 1$ 位于 D 右时，有

$$M_D = 0 , \quad F_{QD} = 0$$

据此作出 M_D 和 F_{QD} 的影响线，如图 11-5 (f)，(g) 所示。

11.2　影响线的应用

影响线是研究移动荷载作用下结构计算的基本工具，主要用于确定最不利荷载位置，从而求得该量值的最大值。一般解决两方面的问题：一是当荷载固定时，如何利用影响线求出该量值；二是当荷载移动时，如何利用影响线确定其最不利荷载位置。下面分别讨论。

11.2.1　利用影响线求荷载作用下的量值

1. 集中荷载作用时

设有一组移动集中荷载作用于简支梁上，如图 11-6 (a) 所示。现求当荷载移动到图示位置时梁上截面 C 的剪力。

图 11-6 (b) 为 F_{QC} 的影响线。在各集中荷载作用点处，影响线的竖标分别为 y_1，y_2，y_3。因此，由 F_{P1} 产生的 F_{QC} 等于 $F_{P1}y_1$，F_{P2} 产生的 F_{QC} 等于 $F_{P2}y_2$，F_{P3} 产生的 F_{QC} 等于 $F_{P3}y_3$。根据叠加原理，有

$$F_{QC} = F_{P1}y_1 + F_{P2}y_2 + F_{P3}y_3$$

将上述结果推广到多个集中荷载 F_{Pi} 作用于结构，某量值 S 的影响线在各荷载作用点处的竖标分别为 y_i，则

$$S = F_{P1}y_1 + F_{P2}y_2 + \cdots + F_{Pn}y_n = \sum_{i=1}^{n} F_{Pi}y_i \qquad (11\text{-}1)$$

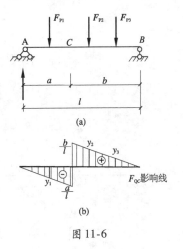

图 11-6

应用式 (11-1) 时，需注意竖标 y_i 的正、负号。

2. 均布荷载作用时

如果梁在 AB 段承受均布荷载 q 作用（图 11-7 (a)），可将均布荷载沿其长度方向分成无数微段 $\mathrm{d}x$，而每一微段上的荷载 $q\mathrm{d}x$ 可视为集中荷载（图 11-7 (b)），它所引起的 S 值为 $yq\mathrm{d}x$。因此，在 AB 段均布荷载作用下的 S 值为

$$S = \int_A^B qy\mathrm{d}x = q \int_A^B y\mathrm{d}x = qA \qquad (11\text{-}2)$$

式中，A 表示影响线在荷载范围内的面积，在计算面积 A 时，同样须注意正、负号。

【例题 11-2】　利用影响线求外伸梁（图 11-8 (a)）在图示荷载作用下的 F_{QC} 值。

【解】　先作出 F_{QC} 的影响线，如图 11-8 (b) 所示。

在均布荷载范围内的面积为（分别为三角形和梯形）

$$A_1 = \frac{1}{2} \times \left(-\frac{1}{2}\right) \times 4 = -1 \text{ m}, \quad A_2 = \frac{1}{2} \times \left(\frac{1}{2} + \frac{1}{4}\right) \times 2 = \frac{3}{4} \text{ m}$$

集中荷载作用下的竖标为 $y = \dfrac{1}{4}$。

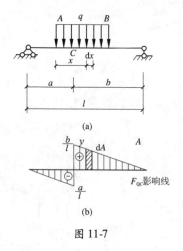

图 11-7

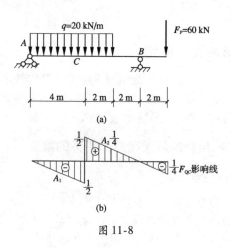

图 11-8

由式 (11-1) 和式 (11-2) 得

$$F_{QC} = F_P y + q \ (A_1 + A_2) \ = 60 \times \left(-\frac{1}{4} \right) + 20 \times \left(-1 + \frac{3}{4} \right) = -20 \text{ kN}$$

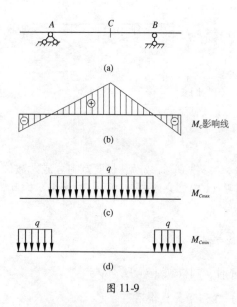

图 11-9

11.2.2 最不利荷载位置

在结构设计中，需要求出量值 S 的最大值（包括最大正值 S_{max} 和最大负值 S_{min}，后者又称为最小值）作为设计的依据。对于移动荷载，必须先确定使量值达到最大值时的最不利荷载位置（the most unfavourable load position）。

1. 可动均布荷载

可动均布荷载一般指均布活载，可在任意段连续布置。由式 (11-2) 可知：当均布活载布满对应于影响线正号面积的范围时，则量值 S 将产生最大正值 S_{max}；反之，当均布活载布满对应于影响线负号面积的范围时，则量值 S 将产生最小值 S_{min}。例如，如图 11-9 (a) 所示外伸梁，欲求截面 C 的最大正弯矩 M_{max} 和最大负弯矩 M_{min} 时，对应的最不利荷载位置分别为图 11-9 (c)，(d) 所示。

2. 移动集中荷载

对于移动集中荷载，由 $S = \sum F_{Pi} y_i$ 可知：最不利荷载位置必然发生在荷载密集于影响线竖标最大处，并且必有一个集中荷载作用在影响线的顶点。通常采用试算法来确定最不利荷载位置及相应量值的最大值。

【例题 11-3】 试求如图 11-10 (a) 所示简支梁在两台吊车荷载作用下截面 C 的最大正剪力。已知 $F_{P1} = F_{P2} = F_{P3} = F_{P4} = 280 \text{ kN}$。

【**解**】　先作 F_{QC} 的影响线，如图 11-10 (b) 所示。

欲求 $F_{QC\max}$，首先，应尽可能多地使荷载位于影响线正号面积的范围内；其次，应使排列密的荷载位于影响线竖标较大的部位。图 11-10 (c) 所示为最不利荷载位置。由此求得

$$F_{QC\max} = 280 \times (0.4 + 0.28 - 0.2) = 134.4 \text{ kN}$$

【**例题 11-4**】　试求图 11-11 (a) 所示简支梁在吊车荷载作用下截面 C 的最大弯矩。已知 $F_{P1} = F_{P2} = 478.5 \text{ kN}$，$F_{P3} = F_{P4} = 324.5 \text{ kN}$。

【**解**】　先作 M_C 的影响线，如图 11-11 (b) 所示。

M_C 的最不利荷载位置可能有图 11-11 (c)，(d) 所示两种情况。现分别计算对应的 M_C 值，并加以比较，即可得出 M_C 的最大值。对于图 11-11 (c) 所示情况有

$$M_C = 478.5 \times (0.375 + 3) + 324.5 \times 2.275 = 2353.2 \text{ kN} \cdot \text{m}$$

对于图 11-11 (d) 所示情况有

$$M_C = 478.5 \times 2.275 + 324.5 \times (3 + 0.6) = 2256.8 \text{ kN} \cdot \text{m}$$

可见，图 11-11 (c) 所示为 M_C 的最不利荷载位置，此时

$$M_{C\max} = 2353.2 \text{ kN} \cdot \text{m}$$

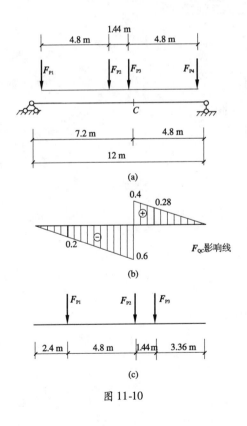

图 11-10

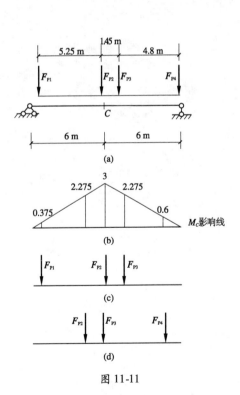

图 11-11

11.3　简支梁和连续梁的内力包络图

所谓**内力包络图**（envelope of internal force），**是指结构在移动荷载作用下，表示各截面内力最大值（最大正值和最大负值）的图形。**内力包络图是结构设计的重要依据。例如，在钢筋混凝土结构设计时，需要根据内力包络图来确定纵向和横向受力钢筋的布置。梁的内力包络图包括弯矩包络图和剪力包络图。

11.3.1　简支梁的内力包络图

下面以图 11-12（a）所示吊车梁在吊车荷载作用下的内力包络图为例加以说明。

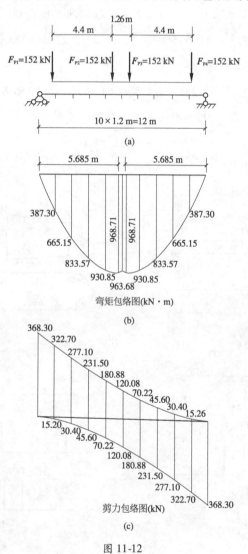

图 11-12

在绘制梁的弯矩包络图时，一般先将梁分成若干等分（通常分为 10 等分），利用影响线求出各等分点所在截面的最大弯矩值，再按同一比例绘出，连成曲线，便可得到图 11-12（b）的弯矩包络图。弯矩包络图表示各截面弯矩可能变化的范围，最大的竖标称为绝对最大弯矩。绝对最大弯矩代表在移动荷载作用下梁各截面最大弯矩中的最大值。

同理，可绘出剪力包络图如图 11-12（c）所示。由于每一截面的剪力可能发生最大正值和最大负值，故剪力包络图有两条曲线。

11.3.2　连续梁的内力包络图

连续梁的荷载包括恒载和活载两部分。恒载布满全跨，它所产生的内力是固定不变的；活载不经常存在且可按任意长度分布，所产生的内力则将随活载分布的不同而改变。

首先讨论连续梁的弯矩包络图的作法。连续梁在恒载和活载作用下不仅会产生正弯矩，而且还会产生负弯矩。因此，它的弯矩包络图将由两条曲线组成：其中一条曲线表示各截面可能出现的最大弯矩值，另一条曲线则表示各截面可能出现的最小弯矩值。表示梁在恒载和活载的共同作用下各截面可能产生的弯矩的极限范围。

当连续梁在均布活载作用时，其各截面弯矩的最不利荷载位置是在若干跨内布满活载。于是，连续梁的弯矩最大值（或最小值）可由某几跨单独布满活载时的弯矩值叠加求得。也就是说，只需按每跨单独布满活载的情况逐一作出其弯矩图，然后对于任一截面，将这些弯矩图中对应的所有正弯矩值相加，便得到该截面在活载下的最大正弯矩。同样，若将对应的所有负弯矩值相加，便可得到该截面在活载下的最大负弯矩。

作弯矩包络图的步骤可总结如下：

（1）绘出恒载作用下的弯矩图。

（2）依次按每一跨单独布满活载的情况，逐一绘出其弯矩图。

（3）将各跨分为若干等分，对每一等分点处，将恒载弯矩图中该处的竖标值与所有各个活载弯矩图中对应的正（负）竖标值之和相叠加，便得到各分点处截面的最大（小）弯矩值。

（4）将上述各最大（小）弯矩值在同一图中按同一比例尺用竖标标出，并以曲线相连，即得所求的弯矩包络图。

有时还需作出表明连续梁在恒载和活载共同作用下的最大剪力和最小剪力变化情形的剪力包络图，其绘图步骤与弯矩包络图相同。由于设计中用到的主要是各支座附近截面上的剪力值，因此，实际绘制剪力包络图时，通常只将各跨两端靠近支座截面处的最大剪力值和最小剪力值求出，而在每跨中以直线相连，近似地作为所求的剪力包络图。

【例题 11-5】　试绘制图 11-13（a）所示三跨等截面连续梁的弯矩包络图和剪力包络图。梁上承受的恒载 $q = 20$ kN/m，均布活载 $p = 40$ kN/m。

【解】　首先作出恒载作用下的弯矩图（图 11-13（b））和各跨分别承受活载时的弯矩图（图 11-13（c），（d），（e））。将梁的每一跨分为 4 等分，求出各弯矩图中各等分点的竖标值。然后将图 11-13（b）中各截面的竖标值和图 11-13（c），（d），（e）中对应的正（负）竖标值相加，即得最大（小）弯矩值。例如在支座 1 处：

$$M_{1max} = -72 + 24 = -48 \text{ kN} \cdot \text{m}$$
$$M_{1min} = -72 + (-96) + (-72) = -240 \text{ kN} \cdot \text{m}$$

把各个最大弯矩值和最小弯矩值分别用曲线相连，即得弯矩包络图，如图 11-13（f）所示。

同理，为了绘制剪力包络图，需先作出恒载作用下的剪力图（图 11-14（a））和各跨分别承受活载时的剪力图（图 11-14（b），（c），（d））。然后将图 11-14（b）中各支座左、右两侧截面处的竖标值和图 11-14（c），（d）中对应的正（负）竖标值相加，便得到各支座截面的最大

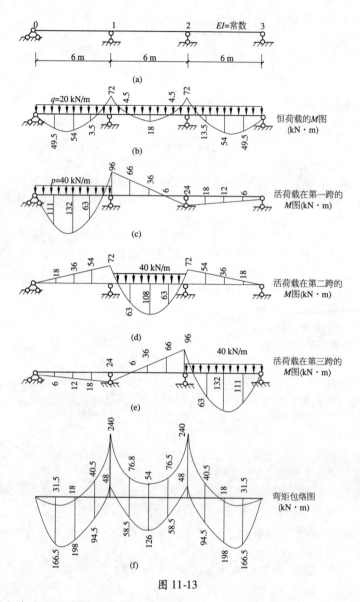

图 11-13

(小)剪力值。例如在支座 2 右侧截面处：

$$F_{Q2max} = 72 + 12 + 136 = 220 \text{ kN}$$

$$F_{Q2min} = 72 + (-4) = 68 \text{ kN}$$

最后，把各支座两侧截面上的最大剪力值和最小剪力值分别用直线相连，即得近似的剪力包络图，如图 11-14（e）所示。

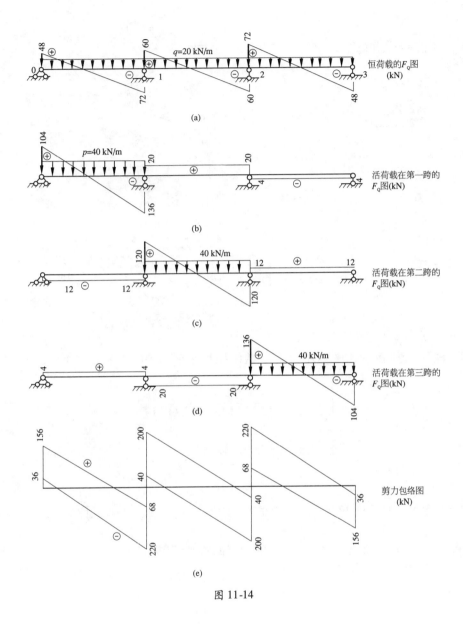

图 11-14

思考题

11-1　影响线的含义是什么？为什么取单位移动荷载 $F_P = 1$ 的作用作为绘制影响线的基础？它的 x 和 y 坐标各代表什么物理意义？

11-2　静力法作影响线的步骤如何？在什么情况下，影响线的方程必须分段求出？

11-3　何谓最不利荷载位置？

11-4　试问内力包络图与内力图、影响线有何区别？三者各有何用途？

习题

11-1　试用静力法作如图 11-15 所示结构中指定量值的影响线。

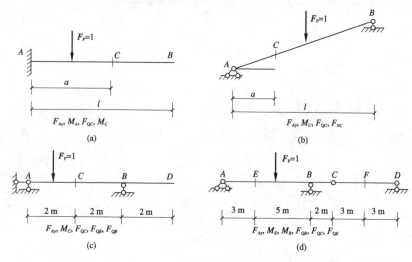

图 11-15

11-2　试利用影响线，求图 11-16 所示荷载作用下的指定量值。

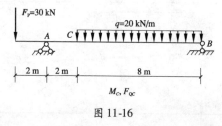

图 11-16

11-3　两台吊车如图 11-17 所示，试求吊车梁的 M_C，F_{QC} 的最不利荷载位置，并计算其最大值和最小值。

11-4　如图 11-18 所示连续梁各跨承受的均布恒载 $g = 10 \ \text{kN/m}$，，均布活载 $p = 20 \ \text{kN/m}$，EI 为常数。试绘制其弯矩包络图和剪力包络图。

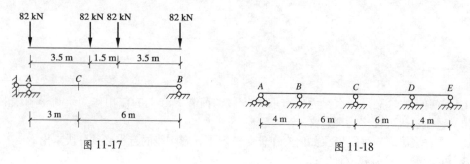

图 11-17

图 11-18

◎ 附　　录

附录 A 型钢表

表 A-1

热轧等边边角钢(GB/T 9787—1988)

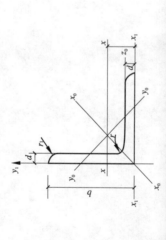

符号意义：

b—— 边宽度
d—— 边厚度
r—— 内圆弧半径
r₁—— 边端内圆弧半径

l—— 惯性矩
i—— 惯性半径
w—— 截面系数
z₀—— 重心距离

角钢号数	尺寸/mm b	d	r	截面面积/cm²	理论质量/(kg·m⁻¹)	外表面积/(m²·m⁻¹)	参考数值 x—x I_x/cm⁴	i_x/cm	W_x/cm³	x₀—x₀ I_{x0}/cm⁴	i_{x0}/cm	W_{x0}/cm³	y₀—y₀ I_{y0}/cm⁴	i_{y0}/cm	W_{y0}/cm³	x₁—x₁ I_{x1}/cm⁴	z_0/cm
2	20	3	3.5	1.132	0.889	0.078	0.40	0.59	0.29	0.63	0.75	0.45	0.17	0.39	0.20	0.81	0.60
		4		1.459	1.445	0.077	0.50	0.58	0.36	0.78	0.73	0.55	0.22	0.38	0.24	1.09	0.64
2.5	25	3		1.432	1.124	0.098	0.82	0.76	0.46	1.29	0.95	0.73	0.34	0.49	0.33	1.57	0.73
		4		1.859	1.459	0.097	1.03	0.74	0.59	1.62	0.93	0.92	0.43	0.48	0.40	2.11	0.76
3.0	30	3	4.5	1.749	1.373	0.117	1.46	0.91	0.68	2.31	1.15	1.09	0.61	0.59	0.51	2.71	0.85
		4		2.276	1.786	0.117	1.84	0.90	0.87	2.92	1.13	1.37	0.77	0.58	0.62	3.63	0.89
3.6	36	3	4.5	2.109	1.656	0.141	2.58	1.11	0.99	4.09	1.39	1.61	1.07	0.71	0.76	4.68	1.00
		4		2.756	2.163	0.141	3.29	1.09	1.28	5.22	1.38	2.05	1.37	0.70	0.93	6.25	1.04
		5		3.382	2.654	0.141	3.95	1.08	1.56	6.24	1.36	2.45	1.65	0.70	1.09	7.84	1.07

（续表）

角钢号数	b	d	r	截面面积/cm²	理论质量/(kg·m⁻¹)	外表面积/(m²·m⁻¹)	I_x/cm⁴	i_x/cm	W_x/cm³	I_{x0}/cm⁴	i_{x0}/cm	W_{x0}/cm³	I_{y0}/cm⁴	i_{y0}/cm	W_{y0}/cm³	I_{x1}/cm⁴	z_0/cm
							$x-x$			x_0-x_0			y_0-y_0			x_1-x_1	
4.0	40	3	5	2.359	1.852	0.157	3.59	1.23	1.23	5.69	1.55	2.01	1.49	0.79	0.96	6.41	1.09
		4		3.086	2.422	0.157	4.60	1.22	1.60	7.29	1.54	2.58	1.91	0.79	1.19	8.56	1.13
		5		3.791	2.976	0.156	5.53	1.21	1.96	8.76	1.52	3.01	2.30	0.78	1.39	10.74	1.17
4.5	45	3	5	2.659	2.088	0.177	5.17	1.40	1.58	8.20	1.76	2.58	2.14	0.90	1.24	9.12	1.22
		4		3.486	2.736	0.177	6.65	1.38	2.05	10.56	1.74	3.32	2.75	0.89	1.54	12.18	1.26
		5		4.292	3.369	0.176	8.04	1.37	2.51	12.74	1.72	4.00	3.33	0.88	1.81	15.25	1.30
		6		5.076	3.985	0.176	9.33	1.36	2.95	14.76	1.70	4.64	3.89	0.88	2.06	18.36	1.33
5	50	3	5.5	2.971	2.332	0.197	7.18	1.55	1.96	11.37	1.96	3.22	2.98	1.00	1.57	12.50	1.34
		4		3.897	3.059	0.197	9.26	1.54	2.56	14.70	1.94	4.16	3.82	0.99	1.96	16.69	1.38
		5		4.803	3.770	0.196	11.21	1.53	3.13	17.79	1.92	5.03	4.64	0.98	2.31	20.90	1.42
		6		5.688	4.465	0.196	13.05	1.52	3.68	20.68	1.91	5.58	5.42	0.98	2.63	25.14	1.46
5.6	56	3	6	3.343	2.624	0.221	10.19	1.75	2.48	16.14	2.20	4.08	4.24	1.13	2.02	17.56	1.48
		4		4.390	3.446	0.220	13.18	1.73	3.24	20.92	2.18	5.28	5.46	1.11	2.52	23.43	1.53
		5		5.415	4.251	0.220	16.02	1.72	3.97	25.42	2.17	6.42	6.61	1.10	2.98	29.33	1.57
		8		8.367	6.568	0.219	23.03	1.68	6.03	37.37	2.11	9.44	9.89	1.09	4.16	47.24	1.68
6.3	63	4	7	4.978	3.907	0.248	19.03	1.96	4.13	30.17	2.46	6.78	7.89	1.26	3.29	33.34	1.70
		5		6.143	4.822	0.248	23.97	1.94	5.08	36.77	2.45	8.25	9.57	1.25	2.90	41.73	1.74
		6		7.288	5.721	0.247	27.12	1.93	6.00	43.03	2.43	9.66	11.20	1.24	4.46	50.14	1.78
		8		9.515	7.469	0.247	34.46	1.90	7.75	54.56	2.40	12.25	14.33	1.23	5.47	67.11	1.85
		10		11.657	9.151	0.246	44.09	1.88	9.39	64.85	3.36	14.56	17.33	1.22	6.36	84.31	1.93
7	70	4	8	5.570	4.372	0.275	26.39	2.18	5.14	41.80	2.74	8.44	10.99	1.40	4.17	45.74	1.86
		5		6.875	5.394	0.275	32.21	2.16	6.32	51.08	2.73	10.32	13.34	1.39	4.95	57.21	1.91
		6		8.160	6.406	0.275	37.77	2.15	7.48	59.93	2.71	12.11	15.61	1.38	5.67	58.73	1.95
		7		9.424	7.398	0.275	43.09	2.14	8.59	68.35	2.69	13.81	17.82	1.38	6.34	80.29	1.99
		8		10.667	8.373	0.274	48.17	2.12	9.68	76.37	2.68	15.43	19.98	1.37	6.98	91.92	2.03

(续表)

角钢号数	尺寸/mm			截面面积/cm²	理论质量/(kg·m⁻¹)	外表面积/(m²·m⁻¹)	参考数值											
							x—x			x₀—x₀			y₀—y₀			x₁—x₁	z₀/cm
	b	d	r				I_x/cm⁴	i_x/cm	W_x/cm³	I_{x0}/cm⁴	i_{x0}/cm	W_{x0}/cm³	I_{y0}/cm⁴	i_{y0}/cm	W_{y0}/cm³	I_{x1}/cm⁴	
7.5	75	5	9	7.367	5.818	0.295	39.97	2.33	7.32	63.30	2.92	11.94	16.63	1.50	5.77	70.56	2.04
		6		8.797	6.905	0.294	46.95	2.31	8.64	74.38	2.90	14.02	19.51	1.49	6.67	84.55	2.07
		7		10.160	7.976	0.294	53.57	2.30	9.93	84.96	2.89	16.02	22.18	1.48	7.44	98.71	2.11
		8		11.503	9.030	0.294	59.96	2.28	11.20	95.07	2.88	17.93	24.86	1.47	8.19	112.97	2.15
		10		14.126	11.089	0.293	71.98	2.26	13.64	113.92	2.84	21.48	30.05	1.46	9.56	141.71	2.22
8	80	5	9	7.912	6.211	0.315	48.79	2.48	8.34	77.33	3.13	13.67	20.25	1.60	6.66	85.36	2.15
		6		9.397	7.376	0.314	57.35	2.47	8.87	90.98	3.11	16.08	23.72	1.59	7.65	102.50	2.19
		7		10.860	8.525	0.314	65.58	2.46	11.37	104.07	3.10	18.40	27.09	1.58	8.58	119.70	2.23
		8		12.303	9.658	0.314	73.49	2.44	12.83	116.60	3.08	20.61	30.39	1.57	9.46	136.97	2.27
		10		15.126	11.874	0.313	88.43	2.42	15.64	140.09	3.04	24.76	36.77	1.56	11.08	171.74	2.35
9	90	6	10	10.637	8.350	0.354	82.77	2.79	12.61	131.26	3.51	20.63	34.28	1.80	9.95	145.87	2.44
		7		12.301	9.656	0.354	94.83	2.78	14.54	150.47	3.50	23.64	29.18	1.78	11.19	170.30	2.48
		8		13.944	10.946	0.353	106.47	2.76	16.42	168.97	3.48	26.55	43.97	1.78	12.35	194.80	2.52
		10		17.167	13.476	0.353	128.58	2.74	20.07	203.90	3.45	32.04	53.26	1.76	14.52	244.07	2.59
		12		20.306	15.940	0.352	149.22	2.71	23.57	236.21	3.41	37.12	62.22	1.75	16.49	293.76	2.67
10	100	6	12	11.932	9.366	0.393	114.95	3.01	15.68	181.98	3.90	25.74	47.92	2.00	12.69	200.07	2.67
		7		13.796	10.830	0.393	131.86	3.09	18.10	208.97	3.89	29.55	54.74	1.99	14.26	233.54	2.71
		8		15.638	12.276	0.393	148.24	3.08	20.47	235.07	3.88	33.24	61.41	1.98	15.75	267.07	2.76
		10		19.261	15.120	0.392	178.51	3.05	25.06	284.68	3.84	40.26	74.35	1.96	18.54	334.48	2.84
		12		22.800	17.898	0.391	208.90	3.03	29.48	330.95	3.81	46.80	86.84	1.95	21.08	402.34	2.91
		14		26.256	20.611	0.391	236.53	3.00	33.73	374.06	3.77	52.90	99.00	1.94	23.44	470.75	2.99
		16		29.627	23.257	0.390	262.53	2.98	37.82	414.16	3.74	58.57	110.89	1.94	25.63	539.80	3.06
11	110	7	12	15.196	11.928	0.433	177.16	3.41	22.05	280.94	4.30	36.12	73.38	2.20	17.51	310.64	2.96
		8		17.238	13.532	0.433	199.46	3.40	24.95	216.49	4.28	40.69	82.42	2.19	19.39	355.20	3.01
		10		21.261	16.690	0.432	242.19	3.38	30.60	384.39	4.25	49.42	99.98	2.17	22.91	444.65	3.09
		12		25.200	19.782	0.431	282.55	3.35	36.05	448.17	4.22	57.62	116.93	2.15	26.15	534.60	3.16
		14		29.056	22.809	0.431	320.71	3.32	44.31	508.01	4.18	65.31	133.40	2.14	19.14	625.16	3.24

（续表）

附录 A 型钢表

角钢号数	尺寸/mm b	d	r	截面面积/cm²	理论质量/(kg·m⁻¹)	外表面积/(m²·m⁻¹)	I_x/cm⁴	i_x/cm	W_x/cm³	I_{x0}/cm⁴	i_{x0}/cm	W_{x0}/cm³	I_{y0}/cm⁴	i_{y0}/cm	W_{y0}/cm³	I_{x1}/cm⁴	z_0/cm
12.5	125	8	14	19.750	15.504	0.492	297.03	3.88	32.52	470.89	4.88	53.28	123.16	2.50	25.86	521.01	3.37
		10		24.373	19.133	0.491	361.67	3.85	39.97	573.89	4.85	64.93	149.46	2.48	30.62	651.93	3.45
		12		28.912	22.696	0.491	423.16	3.83	41.17	671.44	4.82	75.96	174.88	2.46	35.03	783.42	3.53
		14		33.367	26.193	0.490	481.65	3.80	54.16	763.73	4.78	86.41	199.57	2.45	39.13	915.61	3.61
14	140	10	14	27.373	21.488	0.551	514.65	4.34	50.58	817.27	5.46	82.56	212.04	2.78	39.20	915.11	3.82
		12		32.512	25.522	0.551	603.68	4.31	59.80	958.79	5.43	96.85	248.57	2.76	45.02	1099.28	3.90
		14		37.567	29.490	0.550	688.81	4.28	68.75	1093.56	5.40	110.47	284.06	2.75	50.45	1284.22	3.98
		16		42.539	33.393	0.549	770.24	4.26	77.46	1221.81	5.36	123.42	318.67	2.74	55.55	1470.07	4.06
16	160	10	16	31.502	24.729	0.630	779.53	4.98	66.70	1237.30	6.27	109.36	321.76	3.20	52.76	1365.33	4.31
		12		37.411	29.391	0.630	916.58	4.95	78.98	1455.68	6.24	128.67	377.49	3.18	60.74	1639.57	4.39
		14		43.296	33.987	0.629	1048.36	4.92	90.95	1665.02	6.20	147.17	431.70	3.16	68.244	1914.68	4.47
		16		49.067	38.518	0.629	1175.08	4.89	102.63	1865.57	6.17	164.89	484.59	3.14	75.31	2190.83	4.55
18	180	12	16	42.241	33.159	0.170	1321.35	5.59	100.82	2100.10	7.05	165.00	542.61	6.58	78.41	2332.80	4.89
		14		48.896	38.388	0.709	1514.48	5.56	116.25	2407.42	7.02	189.14	625.53	3.56	88.38	2723.48	4.97
		16		55.467	43.542	0.709	1700.99	5.54	131.13	2703.37	6.98	212.40	698.60	3.55	97.83	3115.29	5.05
		18		61.955	48.634	0.708	1875.12	5.50	145.64	2988.24	6.94	234.78	762.01	3.51	105.14	3502.43	5.13
20	200	14	18	54.642	42.894	0.788	2103.55	6.20	144.70	3343.26	7.85	236.40	863.83	3.98	111.82	3734.10	5.46
		16		62.013	48.680	0.788	2366.15	6.18	163.65	3760.89	7.78	265.93	971.41	3.96	123.96	4270.39	5.54
		18		69.301	54.401	0.787	2620.64	6.15	182.22	4164.54	7.75	294.48	1076.74	3.94	135.52	4808.13	5.62
		20		76.505	60.056	0.787	2867.30	6.12	200.42	4554.55	7.72	322.06	1180.04	3.93	146.55	5347.51	5.69
		24		90.661	71.168	0.785	2338.25	6.07	236.17	5294.97	7.64	274.41	1381.53	3.90	133.55	6457.16	5.87

参考数值

293

表 A-2   热轧不等边角钢(GB/T 9788—1988)

符号意义:

B——长边宽度
d——边厚度
r_1——边端内圆弧半径
i——惯性半径
x_0——重心距离

b——短边宽度
r——内圆弧半径
I——惯性矩
W——截面系数
y_0——重心距离

角钢号数	尺寸/mm				截面面积 /cm²	理论质量 /(kg·m⁻¹)	外表面积 /(m²·m⁻¹)	参考数值													
								$x-x$			$y-y$			x_1-x_1		y_1-y_1		$u-u$			
	B	b	d	r				I_x /cm⁴	i_x /cm	W_x /cm³	I_y /cm⁴	i_y /cm	W_y /cm³	I_{x1} /cm⁴	y_0 /cm	I_{y1} /cm⁴	x_0 /cm	I_u /cm⁴	i_u /cm	W_u /cm³	$\tan\alpha$
2.5/ 1.6	25	16	3	3.5	1.162	0.912	0.080	0.70	0.78	0.43	0.22	0.44	0.19	1.56	0.86	0.43	0.42	0.14	0.34	0.16	0.392
			4		1.499	1.176	0.076	0.88	0.77	0.55	0.27	0.43	0.24	2.09	0.90	0.59	0.46	0.17	0.34	0.20	0.381
3.2/ 2	32	20	3	3.5	1.492	1.171	0.102	1.53	1.01	0.72	0.46	0.55	0.30	3.27	1.08	0.82	0.49	0.28	0.43	0.25	0.382
			4		1.939	1.522	0.101	1.93	1.00	0.93	0.57	0.54	0.39	4.37	1.12	1.12	0.53	0.35	0.42	0.32	0.374
4/ 2.5	40	25	3	4	1.890	1.484	0.127	3.08	1.28	1.15	0.93	0.70	0.49	6.39	1.32	1.59	0.59	0.56	0.54	0.40	0.386
			4		2.467	1.936	0.127	3.93	1.26	1.49	1.18	0.69	0.63	8.53	1.37	2.14	0.63	0.71	0.54	0.52	0.381
4.5/ 2.8	45	28	3	5	2.149	1.687	0.143	4.45	1.14	1.47	1.34	0.79	0.62	9.10	1.47	2.23	0.64	0.80	0.61	0.51	0.383
			4		2.806	2.203	0.143	5.69	1.42	1.91	1.70	0.78	0.80	12.13	1.51	3.00	0.68	1.02	0.60	0.66	0.380
5/ 3.2	50	32	3	5.5	2.431	1.908	0.161	6.24	1.60	1.84	2.02	0.91	0.32	12.49	1.60	3.31	0.73	1.20	0.70	0.68	0.404
			4		3.177	2.494	0.160	8.02	1.59	2.39	2.58	0.90	1.06	16.65	1.65	4.45	0.77	1.53	0.69	0.87	0.402
5.6/ 3.6	56	36	3	6	2.743	2.153	0.181	8.88	1.80	2.32	2.92	1.03	1.05	17.54	1.78	4.70	0.80	1.73	0.79	0.87	0.408
			4		3.590	2.813	0.180	11.45	1.79	3.03	3.76	1.02	1.37	23.39	1.82	6.33	0.85	2.23	0.79	1.13	0.408
			5		4.415	3.466	0.180	13.86	1.77	3.71	4.49	1.01	1.65	29.25	1.87	7.94	0.88	2.67	0.78	1.36	0.404

（续表）

角钢号数	尺寸/mm				截面面积/cm²	理论质量/(kg·m⁻¹)	外表面积/(m²·m⁻¹)	参考数值														
								$x-x$			$y-y$			x_1-x_1		y_1-y_1		$u-u$				
	B	b	d	r				I_x/cm⁴	i_x/cm	W_x/cm³	I_y/cm⁴	i_y/cm	W_y/cm³	I_{x1}/cm⁴	y_0/cm	I_{y1}/cm⁴	x_0/cm	I_u/cm⁴	i_u/cm	W_u/cm³	$\tan\alpha$
6.3/4	63	40	4	7	4.058	3.185	0.202	16.49	2.02	3.87	5.23	1.14	1.70	33.30	2.04	8.63	0.92	3.12	0.88	1.40	0.398
			5		4.993	3.920	0.202	20.02	2.00	4.74	6.31	1.12	2.71	41.63	2.08	10.83	0.95	3.76	0.87	1.71	0.396
			6		5.908	4.638	0.201	23.36	1.96	5.59	7.29	1.11	2.43	49.98	2.12	13.12	0.99	4.34	0.86	1.99	0.393
			7		6.802	5.339	0.201	26.53	1.98	6.40	8.24	1.10	2.78	58.07	2.15	15.47	1.03	4.97	0.86	2.29	0.389
7/4.5	70	45	4	7.5	4.547	3.570	0.226	23.17	2.26	4.86	7.55	1.29	2.17	45.92	2.24	12.26	1.02	4.40	0.98	1.77	0.410
			5		5.609	4.403	0.225	27.95	2.23	5.92	9.13	1.28	2.65	57.10	2.28	15.39	1.06	5.40	0.98	2.19	0.407
			6		6.647	5.218	0.225	32.54	2.21	6.95	10.62	1.26	3.12	68.35	2.32	18.58	1.09	6.35	0.98	2.59	0.404
			7		7.657	6.011	0.225	37.22	2.20	8.03	12.01	1.25	3.57	79.99	2.36	21.84	1.13	7.16	0.97	2.94	0.402
7.5/5	75	50	5	8	6.125	4.808	0.245	34.86	2.39	6.83	12.61	1.44	3.30	70.00	2.40	21.04	1.17	7.41	1.10	2.74	0.435
			6		7.260	5.699	0.245	41.12	2.38	8.12	14.70	1.42	3.88	84.30	2.44	25.37	1.21	8.54	1.08	3.19	0.435
			8		9.467	7.431	0.244	52.39	2.35	10.52	18.53	1.40	4.99	112.50	2.52	34.23	1.29	10.87	1.07	4.10	0.429
			10		11.590	9.098	0.244	62.71	2.33	12.79	21.96	1.38	6.01	140.80	2.60	43.43	1.36	13.10	1.06	4.99	0.423
8/5	80	50	5	8	6.375	5.005	0.255	41.96	2.56	7.78	12.82	1.42	3.32	85.21	2.60	21.06	1.14	7.66	1.10	2.74	0.388
			6		7.560	5.935	0.255	49.49	2.56	9.25	14.95	1.41	3.91	102.53	2.65	25.41	1.18	8.85	1.08	3.20	0.387
			7		8.724	6.848	0.255	56.16	2.54	10.58	16.96	1.39	4.48	119.33	2.69	29.82	1.21	10.18	1.08	3.70	0.384
			8		9.867	7.745	0.254	62.83	2.52	11.92	18.85	1.38	5.03	136.41	2.73	24.32	1.25	11.38	1.07	4.16	0.381
9/5.6	90	56	5	9	7.212	5.661	0.287	60.45	2.90	9.92	18.32	1.59	4.21	121.32	2.91	29.53	1.25	10.98	1.23	3.49	0.385
			6		8.557	6.717	0.286	71.03	2.88	11.74	21.42	1.58	4.96	145.59	2.95	35.58	1.29	12.90	1.23	4.18	0.384
			7		9.880	7.756	0.286	81.01	2.86	13.49	24.36	1.57	5.70	169.66	3.00	41.71	1.33	14.67	1.22	4.72	0.382
			8		11.183	8.779	0.286	91.03	2.85	15.27	27.15	1.56	6.41	194.17	3.04	47.93	1.36	16.34	1.21	5.29	0.380
10/6.3	100	63	6	10	9.617	7.550	0.320	99.06	3.21	14.64	30.94	1.79	6.35	199.71	3.24	50.50	1.43	18.42	1.38	5.25	0.394
			7		11.111	8.722	0.320	113.45	3.29	16.88	35.26	1.78	7.29	233.00	3.28	59.14	1.47	21.00	1.38	6.02	0.393
			8		12.584	9.878	0.319	127.37	3.18	19.08	39.39	1.77	8.21	266.32	3.32	67.88	1.50	23.50	1.37	6.78	0.391
			10		15.467	12.142	0.319	153.81	3.45	23.32	47.12	1.74	9.98	333.06	3.40	85.73	1.58	28.33	1.35	8.24	0.387

(续表)

角钢号数	B	b	d	r	截面面积 /cm²	理论质量 /(kg·m⁻¹)	外表面积 /(m²·m⁻¹)	I_x /cm⁴	i_x /cm	W_x /cm³	I_y /cm⁴	i_y /cm	W_y /cm³	I_{x1} /cm⁴	y_0 /cm	I_{y1} /cm⁴	x_0 /cm	I_u /cm⁴	i_u /cm	W_u /cm³	$\tan\alpha$
10/8	100	80	6		10.627	8.350	0.354	107.04	3.17	15.19	61.24	2.40	10.16	199.83	2.95	102.68	1.97	31.65	1.72	8.37	0.627
			7		12.304	9.656	0.354	122.73	3.16	17.52	70.08	2.39	14.71	233.20	3.00	119.98	2.01	36.17	1.72	9.60	0.626
			8		13.914	10.946	0.353	137.92	3.14	19.81	78.58	2.37	13.21	266.61	3.04	137.37	2.05	40.58	1.71	10.80	0.625
			10	10	17.167	13.476	0.353	166.87	3.12	24.24	94.65	2.35	16.12	333.63	3.12	172.48	2.13	49.10	1.69	13.12	0.622
11/7	110	70	6		10.637	8.350	0.354	133.37	3.54	17.85	42.92	2.01	7.90	265.78	3.53	69.08	1.57	25.36	1.54	6.53	0.403
			7		12.301	9.656	0.354	153.00	3.53	20.60	49.01	2.00	9.09	310.07	3.57	80.82	1.61	28.95	1.53	7.50	0.402
			8		13.944	10.946	0.353	172.04	3.51	23.30	54.87	1.98	10.25	354.39	3.62	92.70	1.65	32.45	1.53	8.45	0.401
			10	10	17.167	13.476	0.353	208.39	3.48	28.54	65.88	1.96	12.48	443.13	3.70	116.83	1.72	39.20	1.51	10.29	0.397
12.5/8	125	80	7		14.096	11.066	0.403	277.98	4.02	26.86	74.42	2.30	12.01	454.99	4.01	120.32	1.80	43.81	1.76	9.92	0.408
			8		15.989	12.551	0.403	256.77	4.01	30.41	83.49	2.28	13.56	519.99	4.06	137.85	1.84	49.15	1.75	11.18	0.407
			10		19.712	15.474	0.402	312.04	3.98	37.33	100.67	2.26	16.56	650.09	4.14	173.40	1.92	59.45	1.74	13.64	0.404
			12	11	23.351	18.330	0.402	364.41	3.95	44.01	116.67	2.24	19.43	780.39	4.22	209.67	2.00	69.35	1.72	16.01	0.400
14/9	140	90	8		18.038	14.160	0.453	365.64	4.50	38.48	120.69	2.59	17.34	730.53	4.50	195.79	2.04	70.83	1.98	14.31	0.411
			10		22.261	17.475	0.452	445.50	4.47	47.31	146.03	2.56	21.22	913.20	4.58	254.92	2.12	85.82	1.96	17.48	0.409
			12		26.400	20.724	0.451	521.59	4.44	55.87	169.79	2.54	24.95	1096.09	4.66	296.89	2.19	100.21	1.95	20.54	0.406
			14	12	30.456	23.908	0.451	594.10	4.42	64.18	192.10	2.51	28.54	1279.26	4.74	348.82	2.27	114.13	1.94	23.52	0.403
16/10	160	100	10		25.315	19.872	0.512	668.69	5.14	62.13	205.03	2.85	26.56	1362.89	5.24	336.59	2.28	121.74	2.19	21.02	0.390
			12		30.054	23.592	0.511	784.91	5.11	73.49	239.06	2.82	31.28	1635.56	5.32	405.94	2.36	142.33	2.17	25.79	0.388
			14		34.709	27.247	0.510	896.30	5.08	84.56	271.20	2.80	35.83	1908.50	5.40	476.42	2.43	162.23	2.16	29.56	0.385
			16	13	39.281	30.835	0.510	1003.04	5.05	95.33	301.60	2.77	40.24	2181.79	5.48	548.22	2.51	182.57	2.16	33.44	0.382
18/11	180	110	10		28.373	22.273	0.571	956.25	5.80	78.96	278.11	3.13	32.49	1940.40	5.89	447.22	2.44	166.50	2.42	26.88	0.376
			12		33.712	26.464	0.571	1124.72	5.78	93.53	325.03	3.10	38.32	2328.38	5.98	538.94	2.52	194.87	2.40	31.66	0.374
			14		38.967	30.589	0.570	1286.91	5.75	107.76	369.55	3.08	43.97	2716.60	6.06	631.95	2.59	222.30	2.39	36.32	0.372
			16	14	44.139	34.649	0.569	1443.06	5.72	121.64	411.85	3.06	49.44	3105.15	6.14	726.46	2.67	248.94	2.38	40.87	0.369
20/12.5	200	125	12		37.912	29.761	0.641	1570.90	6.44	116.73	483.16	3.57	49.99	3193.85	6.54	787.74	2.83	285.79	2.74	41.23	0.392
			14		43.867	34.436	0.640	1800.97	6.41	134.65	550.83	3.54	57.44	3726.17	6.62	922.47	2.91	326.58	2.73	47.34	0.390
			16		49.739	39.045	0.639	2023.35	6.38	152.18	615.44	3.52	64.69	4258.86	6.70	1058.86	2.99	366.21	2.71	53.32	0.388
			18	14	55.526	43.588	0.639	2238.30	6.35	169.33	677.19	3.49	71.74	4792.00	6.78	1197.13	3.06	404.83	2.70	59.18	0.385

参考数值

表 A-3

热轧工字钢（GB/T 706—1988）

符号意义：
h——高度
b——腿宽度
d——腰厚度
t——平均腿厚度
r——内圆弧半径
r₁——腿端圆弧半径
I——惯性矩
W——截面系数
i——惯性半径
S——半截面的静矩

型号	尺寸/mm						截面面积/cm²	理论质量/(kg·m⁻¹)	参考数值						
									x—x				y—y		
	h	b	d	t	r	r_1			I_x /cm⁴	W_x /cm³	i_x /cm	$I_x:S_x$ /cm	I_y /cm⁴	W_y /cm³	i_y /cm
10	100	68	4.5	7.6	6.5	3.3	14.3	11.2	245	49	4.14	8.59	33	9.72	1.52
12.6	126	74	5	8.4	7	3.5	18.1	14.2	488.43	77.529	5.195	10.85	46.906	12.677	1.609
14	140	80	5.5	9.1	7.5	3.8	21.5	16.9	712	102	5.76	12	64.4	16.1	1.73
16	160	88	6	9.9	8	4	26.1	20.5	1130	141	6.58	13.8	93.1	21.2	1.89
18	180	94	6.5	10.7	8.5	4.3	30.6	24.1	1660	185	7.36	15.4	122	26	2
20a	200	100	7.0	11.4	9.0	4.5	35.5	27.9	2370	237	8.15	17.2	158	31.5	2.12
20b	200	102	9.0	11.4	9.0	4.5	39.5	31.1	2500	250	7.96	16.9	169	33.1	2.06
22a	220	110	7.5	12.3	9.5	4.8	42	33	3400	309	8.99	18.9	225	40.9	2.31
22b	220	112	9.5	12.3	9.5	4.8	46.4	36.4	3570	325	8.78	18.7	239	42.7	2.27
25a	250	116	8	13	10	5	48.5	38.1	5023.54	401.88	10.18	21.58	280.046	48.283	2.403
25b	250	118	10	13	10	5	53.5	42	5283.96	422.72	9.938	21.27	309.297	52.423	2.404

(续表)

型号	尺寸/mm						截面面积/cm²	理论质量/(kg·m⁻¹)	参考数值						
	h	b	d	t	r	r_1			x—x				y—y		
									I_x/cm⁴	W_x/cm³	i_x/cm	$I_x:S_x$/cm	I_y/cm⁴	W_y/cm³	i_y/cm
28a	280	122	8.5	13.7	10.5	5.3	55.45	43.4	7114.14	508.15	11.32	24.62	345.051	56.565	2.295
28b	280	124	10.5	13.7	10.5	5.3	61.05	47.9	7480	534.29	11.08	24.24	379.496	61.209	2.404
32a	320	130	9.5	15	11.5	5.8	67.05	52.7	11075.5	692.2	12.84	27.46	459.93	70.758	2.619
32b	320	132	11.5	15	11.5	5.8	73.45	57.7	11621.4	726.33	12.58	27.09	501.53	75.989	2.614
32c	320	134	13.5	15	11.5	5.8	79.95	62.8	12167.5	760.47	12.34	26.77	543.81	81.166	2.608
36a	360	136	10	15.8	12	6	76.3	59.9	15760	875	14.4	30.7	552	81.2	2.69
36b	360	138	12	15.8	12	6	83.5	65.6	16530	919	14.1	30.3	582	84.3	2.64
36c	360	140	14	15.8	12	6	90.7	71.0	17310	962	13.8	29.9	612	87.4	2.6
40a	400	142	10.5	16.5	12.5	6.3	86.1	67.6	21720	1090	15.9	34.1	660	93.2	2.77
40b	400	144	12.5	16.5	12.5	6.3	94.1	73.8	22780	1140	15.6	33.6	692	96.2	2.71
40c	400	146	14.5	16.5	12.5	6.3	102	80.1	23850	1190	15.2	33.2	727	99.6	2.65
45a	450	150	11.5	18	13.5	6.8	102	80.4	32240	1430	17.7	38.6	855	114	2.89
45b	450	152	13.5	18	13.5	6.8	111	87.4	33760	1500	17.4	38	894	118	2.84
45c	450	154	15.5	18	13.5	6.8	120	94.5	35280	1570	17.1	37.6	938	122	2.79
50a	500	158	12	20	14	7	119	93.6	46470	1860	19.7	42.8	1120	142	3.07
50b	500	160	14	20	14	7	129	101	48560	1940	19.4	42.4	1170	146	3.01
50c	500	162	16	20	14	7	139	109	50640	2080	19	41.8	1220	151	2.96
56a	560	166	12.5	21	14.5	7.3	135.25	106.2	65585.62	2342.31	22.02	47.73	1370.16	165.08	3.182
56b	560	168	14.5	21	14.5	7.3	146.45	115	68512.52	2446.69	21.63	47.17	1486.75	174.25	3.162
56c	560	170	16.5	21	14.5	7.3	157.85	123.9	71439.42	2551.41	21.27	46.66	1558.39	183.34	3.158
63a	630	176	13	22	15	7.5	154.9	121.6	93916.22	2981.47	24.62	54.17	1700.55	193.24	3.314
63b	630	178	15	22	15	7.5	167.5	131.5	98083.6	3163.38	24.2	53.51	1812.07	203.6	3.289
63c	630	180	17	22	15	7.5	180.1	141	102251.13	3298.42	23.82	52.92	1924.91	213.88	3.268

表 A-4

热轧槽钢（GB/T 707—1988）

符号意义：

h —— 高度
b —— 腿高度
d —— 腰厚度
t —— 平均腿厚度
r —— 内圆弧半径
r₁ —— 腿端圆弧半径
I —— 惯性矩
W —— 截面系数
i —— 惯性半径
z₀ —— yy 轴与 y₁y₁ 轴间距

型号	尺寸/mm						截面面积 /cm²	理论质量 /(kg·m⁻¹)	参考数值							
									x—x			y—y			y₁—y₁	z₀ /cm
	h	b	d	t	r	r₁			W_x /cm³	I_x /cm⁴	i_x /cm	W_y /cm³	I_y /cm⁴	i_y /cm	I_{y1} /cm⁴	
5	50	37	4.5	7	7	3.5	6.93	5.44	10.4	26	1.94	3.55	8.3	1.1	20.9	1.35
6.3	63	40	4.8	7.5	7.5	3.75	8.444	6.63	16.123	50.786	2.453	4.50	11.872	1.185	28.38	1.36
8	80	43	5	8	8	4	10.24	8.04	25.3	101.3	3.15	5.79	16.6	1.27	37.4	1.43
10	100	48	5.3	8.5	8.5	4.25	12.74	10	39.7	198.3	3.95	7.8	25.6	1.41	54.9	1.52
12.6	126	53	5.5	9	9	4.5	15.69	12.37	62.137	391.466	4.953	10.242	25.6	1.576	77.09	1.59
14a	140	58	6	9.5	9.5	4.75	18.51	14.53	80.5	563.7	5.52	13.01	53.2	1.7	107.1	1.71
14b	140	60	8	9.5	9.5	4.75	21.31	16.73	87.1	609.4	5.35	14.12	61.1	1.69	120.6	1.67

(续表)

型号	尺寸/mm						截面面积/cm²	理论质量/(kg·m⁻¹)	参考数值							
	h	b	d	t	r	r_1			$x-x$			$y-y$			y_1-y_1	z_0/cm
									W_x/cm³	I_x/cm⁴	i_x/cm	W_y/cm³	I_y/cm⁴	i_y/cm	I_{y1}/cm⁴	
16a	160	63	6.5	10	10	5	21.95	17.23	108.3	866.2	6.28	16.3	73.3	1.83	144.1	1.8
16	160	65	8.5	10	10	5	25.15	19.74	116.8	934.5	6.1	17.55	83.4	1.82	160.8	1.75
18a	180	68	7	10.5	10.5	5.25	25.69	20.17	141.4	1 272.7	7.04	20.03	98.6	1.96	189.7	1.88
18	180	70	9	10.5	10.5	5.25	29.29	22.99	152.2	1 369.9	6.84	21.52	111	1.95	210.1	1.84
20a	20	73	7	11	11	5.5	28.83	22.63	178	1 780.4	7.86	24.2	128	2.11	244	2.01
20	200	75	9	11	11	5.5	32.83	25.77	191.4	1 913.7	7.64	25.88	143.6	2.09	268.4	1.95
22a	220	77	7	11.5	11.5	5.75	31.84	24.99	217.6	2 393.9	8.67	28.17	157.8	2.23	298.2	2.1
22	220	79	9	11.5	11.5	5.75	36.24	28.45	233.8	2 571.4	8.42	30.05	176.4	2.21	326.3	2.03
25a	250	78	7	12	12	6	34.91	27.47	269.597	3 369.62	9.823	30.607	175.529	2.243	322.256	2.065
25b	250	80	9	12	12	6	39.91	31.39	282.402	3 530.04	9.405	32.657	196.421	2.218	353.187	1.982
25c	250	82	11	12	12	6	44.91	35.32	295.236	3 690.45	9.065	35.926	218.415	2.206	384.133	1.921
28a	280	82	7.5	12.5	12.5	6.25	40.02	31.42	340.328	4 764.59	10.90	35.718	217.989	2.333	387.566	2.097
28b	280	84	9.5	12.5	12.5	6.25	45.62	35.81	366.46	5 130.45	10.6	37.929	242.144	2.304	427.589	2.016
28c	280	86	11.5	12.5	12.5	6.25	51.22	40.21	392.594	5 496.32	10.35	40.301	267.602	2.286	426.597	1.951
32a	320	88	8	14	14	7	48.7	38.22	474.879	7 598.06	12.49	46.473	304.787	2.502	552.31	2.242

（续表）

型号	尺寸/mm						截面面积/cm²	理论质量/(kg·m⁻¹)	参考数值								
									x—x			y—y			y₁—y₁		
	h	b	d	t	r	r_1			W_x/cm³	I_x/cm⁴	i_x/cm	W_y/cm³	I_y/cm⁴	i_y/cm	I_{y1}/cm⁴	z_0/cm
32b	320	90	10	14	14	7	55.1	43.25	509.102	8 144.2	12.15	49.157	366.332	2.471	592.933	2.158
32c	320	92	12	14	14	7	61.5	48.28	543.145	8 690.33	11.88	52.642	374.175	2.467	643.299	2.092
36a	360	96	9	16	16	8	60.89	47.8	659.7	11 874.2	13.97	63.54	455	2.73	818.4	2.44
36b	360	98	11	16	16	8	68.09	53.45	702.9	12 651.8	13.63	66.85	496.7	2.7	880.4	2.37
36c	360	100	13	16	16	8	75.29	50.1	746.1	13 429.4	13.36	70.02	536.4	2.67	947.9	2.34
40a	400	100	10.5	18	18	9	75.05	58.91	878.9	17 577.9	15.30	78.83	592	2.81	1 067.7	2.49
40b	400	102	12.5	18	18	9	83.05	65.19	932.2	18 644.5	14.98	82.52	640	2.78	1 135.6	2.44
40c	400	104	14.5	18	18	9	91.05	71.47	985.6	19 711.2	14.71	86.19	687.8	2.75	1 220.7	2.42

附录 B 习题参考答案

单元 2

2-1 $F_R = 100 \text{ N}(\text{四象限})$， $\alpha = 52°$

2-2 $F_{NA} = 7.2 \text{ kN}$， $F_{NB} = 8.9 \text{ kN}$

2-3 $F_{1x} = -70.7 \text{ kN}$， $F_{2x} = -86.6 \text{ kN}$， $F_{3x} = 173.2 \text{ kN}$， $F_{4x} = 0$
$F_{1y} = 70.7 \text{ kN}$， $F_{2y} = -50 \text{ kN}$， $F_{3y} = -100 \text{ kN}$， $F_{4y} = 200 \text{ kN}$

2-4 (a) $F_{AB} = 11.5 \text{ kN}(\text{拉})$ (b) $F_{AB} = 17.32 \text{ kN}(\text{拉})$ (c) $F_{AB} = 20 \text{ kN}(\text{拉})$
$F_{AC} = -23.1 \text{ kN}(\text{压})$ $F_{AC} = -10 \text{ kN}(\text{压})$ $F_{AC} = 20 \text{ kN}(\text{拉})$

2-5 (f) $M_O(F) = -F \sqrt{a^2 + l^2} \sin\beta$

2-6 $M_R = 25 \text{ N} \cdot \text{m}(\circlearrowright)$

2-7 (a) $F_{RA} = F/3(\downarrow)$ (b) $F_{RA} = F/2(\uparrow)$ (c) $F_{RA} = F/3(\searrow)$
$F_{RB} = F/3(\uparrow)$ $F_{RB} = F/2(\downarrow)$ $F_{RB} = F/3(\swarrow)$

2-8 $F_R = 32\,800 \text{ kN}, \alpha = 72°2', d = 18.97 \text{ m}$

2-9 $F_R = 18 \text{ kN}(\downarrow)$， $d = 0.622 \text{ m}(\text{与} F_{W1} \text{距离})$

2-10 (a) $F_{Ax} = 7.07(\rightarrow)$， $F_{Ay} = 12.07 \text{ kN}(\uparrow)$， $M_A = 38.3 \text{ kN} \cdot \text{m}(\circlearrowright)$
(b) $F_{Ax} = 1 \text{ kN}(\leftarrow)$， $F_{Ay} = 1.24 \text{ kN}(\downarrow)$， $F_{By} = 2.97 \text{ kN}(\uparrow)$
(c) $F_{Ay} = 12 \text{ kN}(\uparrow)$， $M_A = 28 \text{ kN} \cdot \text{m}(\circlearrowright)$
(d) $F_{Ay} = 16 \text{ kN}(\uparrow)$， $F_{By} = 12 \text{ kN}(\uparrow)$

2-11 (a) $F_{Ax} = 0$， $F_{Ay} = 12 \text{ kN}(\uparrow)$， $M_A = 10 \text{ kN} \cdot \text{m}(\circlearrowright)$
(b) $F_{Ax} = 24 \text{ kN}(\leftarrow)$， $F_{Ay} = 12 \text{ kN}(\uparrow)$， $F_{By} = 28 \text{ kN}(\uparrow)$
(c) $F_{Ax} = 4 \text{ kN}(\leftarrow)$， $F_{Ay} = 1 \text{ kN}(\uparrow)$， $F_{By} = 7 \text{ kN}(\uparrow)$
(d) $F_{Ax} = 20 \text{ kN}(\leftarrow)$， $F_{Ay} = 20 \text{ kN}(\uparrow)$， $F_{By} = 30 \text{ kN}(\uparrow)$

2-12 $F_{Ax} = 31 \text{ kN}(\leftarrow)$， $F_{Ay} = 70 \text{ kN}(\uparrow)$， $M_A = 171.5 \text{ kN}(\circlearrowright)$

2-13 $F_{Ax} = 32 \text{ kN}(\rightarrow)$， $F_{Ay} = 24 \text{ kN}(\uparrow)$， $F_C = 40 \text{ kN}(\searrow)$

2-14 (a) $F_{Ax} = 0$， $F_{Ay} = 7.36 \text{ kN}(\uparrow)$， $F_{By} = 7.82 \text{ kN}(\uparrow)$
(b) $F_{Ax} = 0$， $F_{Ay} = 8.06 \text{ kN}(\uparrow)$， $F_{By} = 11.34 \text{ kN}(\uparrow)$

2-15 (a) $F_{Ay} = 1 \text{ kN}(\downarrow)$， $F_{By} = 3 \text{ kN}(\uparrow)$， $F_{Ey} = 2 \text{ kN}(\uparrow)$
(b) $F_{Ay} = 14 \text{ kN}(\downarrow)$， $M_A = 48 \text{ kN} \cdot \text{m}(\circlearrowleft)$， $F_{Dy} = 20 \text{ kN}(\uparrow)$
(c) $F_{Ay} = 4.83 \text{ kN}(\downarrow)$， $F_{By} = 17.5 \text{ kN}(\uparrow)$， $F_{Dy} = 5.33 \text{ kN}(\uparrow)$
(d) $F_{Ay} = 10 \text{ kN}(\uparrow)$， $F_{Cy} = 42 \text{ kN}(\uparrow)$， $M_C = 164 \text{ kN} \cdot \text{m}(\circlearrowleft)$

2-16 (a) $F_{Ax} = 5 \text{ kN}(\leftarrow)$， $F_{Ay} = 10 \text{ kN}(\uparrow)$， $M_A = 39 \text{ kN} \cdot \text{m}(\circlearrowright)$， $F_{By} = 2 \text{ kN}(\uparrow)$
(b) $F_{Ax} = 2.5 \text{ kN}(\leftarrow)$， $F_{Ay} = 5 \text{ kN}(\downarrow)$， $F_{Bx} = 2.5 \text{ kN}(\leftarrow)$， $F_{By} = 25 \text{ kN}(\uparrow)$
(c) $F_{Ax} = 30 \text{ kN}(\rightarrow)$， $F_{Ay} = 45 \text{ kN}(\uparrow)$， $F_{By} = 30 \text{ kN}(\uparrow)$， $F_{Cy} = 15 \text{ kN}(\uparrow)$
(d) $F_A = 0$， $F_{Bx} = 0$， $F_{By} = 12 \text{ kN}(\uparrow)$， $F_{Dy} = 6 \text{ kN}(\uparrow)$

2-17 $F_{NCD} = -10.4 \text{ kN}(\text{压})$， $F_{NDE} = 12 \text{ kN}(\text{拉})$

2-18 $F_{Ax} = 0.25qa(\leftarrow)$， $F_{Ay} = 0.75qa(\uparrow)$， $F_{Bx} = 0.75qa(\leftarrow)$
$F_{By} = 1.25qa(\uparrow)$， $F_{Cx} = 0.75qa(\leftarrow\ \rightarrow)$， $F_{Cy} = 0.25qa(\uparrow\downarrow)$

单元 3

3-1 (a) $z_C = 0, y_C = 91.18 \text{ mm}$;   (b) $z_C = 29.05 \text{ mm}, y_C = 44.05 \text{ mm}$;

302

(c) $z_C = 15.91$ mm,$y_C = 25$ mm; (d) $z_C = 446.84$ mm,$y_C = 300$ mm

3-2 (a) $\frac{2}{3}R^3$ (b) 3.25×10^6 mm³ (c) 2.69×10^6 mm

3-3 $y_C = 275.13$ mm, $S_z = 199.7 \times 10^5$ mm³

3-4 $\Delta = 74.07\%$

3-5 (a) $I_z = \frac{BH^3 - bh^3}{12}$, $I_y = \frac{B^3H - b^3h}{12}$

　　(b) $I_z = 105.4 \times 10^5$ mm⁴, $I_y = 1\,221 \times 10^5$ mm⁴ (c) $I_z = 0.052h^4, I_y = 0.014h^4$

3-6 (a) $I_z = \left(\frac{1}{8} - \frac{8}{9\pi^2}\right)\pi R^4$, $I_y = \frac{\pi R^4}{8}$; (b) $I_z = 11.35 \times 10^7$ mm⁴, $I_y = 3.54 \times 10^7$ mm⁴

　　(c) $I_z = 10.19 \times 10^7$ mm⁴, $I_y = 5.36 \times 10^7$ mm⁴

3-7 $a = 120.5$ mm

3-8 (a) $I_z = 3.59 \times 10^6$ mm⁴; (b) $I_z = 58.37 \times 10^6$ mm⁴

单元 4

图 4-20—图 4-28,图 4-30,图 4-32,图 4-34,图 4-36 为几何不变且无多余约束;图 4-29 为几何可变;图 4-31 为几何不变有 1 个多余约束;图 4-33 为瞬变体系;图 4-35 为几何不变有 1 个多余约束;图 4-37 为瞬变体系;图 4-38 几何不变有 2 个多余约束;图 4-39 几何不变有 4 个多余约束。

单元 5

5-2 122.3 MPa(AB), -8.1MPa

5-3 $\sigma_{AB} = -10$ MPa, $\sigma_{BC} = 0$, $\sigma_{CD} = -15$ MPa, $\Delta l = -1.25$ mm

5-4 $\sigma = 120$ MPa, $F_P = 9.425$ kN

5-5 $\sigma = 11.26$ MPa

5-6 $a = 119$ mm

5-7 $2\llcorner 20 \times 3$

5-8 $[F_P] = 84$ kN

5-9 $\tau = 99.5$ MPa, $\sigma_c = 125$ MPa

5-10 $t \geqslant 100$ mm

单元 6

6-1 (a) $F_{Q1} = F_P$, $M_1 = -F_P a$, $F_{Q2} = 0$, $M_2 = 0$

　　(b) $F_{Q1} = -8$ kN, $M_1 = 0$, $F_{Q2} = -\frac{8}{3}$ kN, $M_2 = 0$

　　(c) $F_{Q1} = 0.5$ kN, $M_1 = 17$ kN·m, $F_{Q2} = 0.5$ kN, $M_2 = 19$ kN·m

　　(d) $F_{Q1} = 0$, $M_1 = 45$ kN·m

6-2 (a) $F_{Q1} = 4$ kN, $M_1 = -2.4$ kN·m, $F_{Q2} = 4$ kN, $M_2 = 0$

　　(b) $F_{Q1} = 8$ kN, $M_1 = 10$ kN·m, $F_{Q2} = -8$ kN, $M_2 = 10$ kN·m

　　(c) $F_{Q1} = \frac{26}{3}$ kN, $M_1 = 0$, $F_{Q2} = 0$, $M_2 = 8$ kN·m

　　(d) $F_{Q1} = -5$ kN, $M_1 = 10$ kN·m, $F_{Q2} = 20$ kN, $M_2 = -20$ kN·m

6-3 (a) $F_{QA}{}^R = 40$ kN, $M_A = -2$ kN·m, $M_{AB}{}^{中} = 38$ kN·m

　　(b) $F_Q = \frac{4}{3}$ kN, $M_A{}^R = -8$ kN·m

　　(c) $F_{QA}{}^R = 35$ kN, $M_C = 82.5$ kN·m,

　　(d) $F_{QB}{}^R = 10$ kN, $M_B = -12$ kN·m

6-4 (a) $F_{QA}{}^R = 60$ kN, $M_A{}^R = -48$ kN·m, $M_B = -12$ kN·m

　　(b) $F_{QB}{}^R = 8$ kN, $M_B = -2$ kN·m

(c) $F_{QA}{}^R = 2.83$ kN, $M_B = -0.5$ kN $\cdot$ m

(d) $F_{QA}{}^R = \dfrac{35}{3}$ kN, $M_C = \dfrac{80}{3}$ kN $\cdot$ m, $M_B = \dfrac{70}{3}$ kN $\cdot$ m

6-5 (a) $\sigma_{tmax} = -\sigma_{cmax} = 9.38$ MPa

(b) $\sigma_{tmax} = -\sigma_{cmax} = 4.5$ MPa

6-6 $b \geqslant 61.5$ mm, $h \geqslant 184.5$ mm

6-7 $[q] = 3.24$ kN/m

6-8 $W_z = 187.5$ cm³

6-9 $\sigma_{tmax}{}^c = 34.5$ MPa, $\sigma_{cmax}{}^B = 69$ MPa, 不满足

6-10 (a) $\varphi_B = \dfrac{ql^3}{6EI}$, $y_B = \dfrac{ql^4}{8EI}$; (b) $\varphi_B = \dfrac{qa^2(l+a)}{6EI}$, $y_B = \dfrac{qa^3(4l+a)}{24EI}$

6-11 (a) $\varphi_C = -\dfrac{9F_p l^2}{8EI}$, $y_C = \dfrac{29F_p l^3}{48EI}$; (b) $\varphi_A = -\dfrac{3qa^3}{8EI}$, $y_A = \dfrac{7qa^4}{24EI}$

6-12 选 20b

单元 7

7-1 $\sigma = 5.1$ MPa, $\tau = 40.7$ MPa

7-2 $\sigma_1 = 10.61$ MPa, $\sigma_3 = -0.07$ MPa, $\alpha_0 = 4.74°$

7-3 (a) $\sigma_\alpha = -25$ MPa, $\tau_\alpha = 26$ MPa, $\sigma_1 = 20$ MPa, $\sigma_3 = -40$ MPa

(b) $\sigma_\alpha = -26$ MPa, $\tau_\alpha = 15$ MPa, $\sigma_1 = 30$ MPa, $\sigma_3 = -30$ MPa

(c) $\sigma_\alpha = -50$ MPa, $\tau_\alpha = 0$, $\sigma_2 = -50$ MPa, $\sigma_3 = -50$ MPa

(d) $\sigma_\alpha = 40$ MPa, $\tau_\alpha = 10$ MPa, $\sigma_1 = 41$ MPa, $\sigma_3 = -61$ MPa

7-4 a 点: $\sigma_1 = 212.4$ MPa, $\sigma_3 = 0$

b 点: $\sigma_1 = 210.6$ MPa, $\sigma_3 = -17.6$ MPa

c 点: $\sigma_1 = 84.9$ MPa, $\sigma_3 = -84.9$ MPa

7-5 $\sigma_{max} = 179$ MPa, $\tau_{max} = 96.3$ MPa, $\sigma_{r4} = 175.6$ MPa

7-6 $\sigma_{max} = 153.3$ MPa

7-7 $b \geqslant 94$ mm, $h \geqslant 141$ mm, 可取 $b \times h = 100$ mm $\times$ 150 mm

7-8 $\sigma_{max} = 122$ MPa

7-9 $\sigma_{tmax} = 2$ MPa, $\sigma_{cmax} = -4$ MPa

7-10 $h = 372$ mm, 此时 $\sigma_{cmax} = 3.9$ MPa

单元 8

8-1 123 kN

8-2 137 kN

8-3 BC 杆

8-4 246 kN

单元 9

9-1 (a) $M_{AB} = \dfrac{1}{8}ql^2$（上侧受拉）, $M_{BA} = \dfrac{1}{8}ql^2$（下侧受拉）

(b) $M_{AB} = \dfrac{1}{4}F_p l$（上侧受拉）, $M_C = 0$

9-2 (a) $F_{QAB} = -10$ kN, $M_{AB} = 20$ kN $\cdot$ m（下侧受拉）

(b) $F_{QAB} = 30$ kN, $M_B = 60$ kN $\cdot$ m（上侧受拉）

(c) $F_{QBC} = qa$, $M_B = \dfrac{1}{2}qa^2$（上侧受拉）

9-3 (a) $M_{AC} = 30$ kN $\cdot$ m（左侧受拉）, $F_{QAC} = 0$

(b) $M_{DA} = 24$ kN $\cdot$ m（外侧受拉）, $M_{EC} = 24$ kN $\cdot$ m（外侧受拉）

(c) M_{CA} = 320 kN · m(外侧受拉)，　M_{CD} = 310 kN · m(外侧受拉)

(d) M_{CA} = 60 kN · m(内侧受拉)

9-6　(a) F_{N34} = - 120 kN，　F_{N37} = - 60 kN

　　(b) F_{N54} = - 15 kN，　F_{N64} = - 3 kN

9-7　(a) F_{Na} = 7.5 kN，　F_{Nb} = 25 kN，　F_{Nc} = - 22.5 kN

　　(b) $F_{Na}N_a$ = - 6 kN，　F_{Nb} = - 4$\sqrt{2}$ kN，　F_{Nc} = 2 kN

　　(c) $F_{Na}N_a$ = 125 kN，　F_{Nb} = 0

　　(d) F_{N1} = - 4.5F_P，　F_{N2} = $\dfrac{\sqrt{2}}{2}F_P$，　F_{N3} = 4F_P

9-8　M_K = 125 kN · m，　F_{QK}^R = - 46.4 kN，　F_{QK}^L = 46.4 kN，

F_{NK}^R = 153.2 kN，　F_{NK}^L = 116.1 kN

9-9　(a) φ_A = $\dfrac{ql^3}{8EI}$($\curvearrowright$)，　(b) Δ_{BH} = $\dfrac{7ql^4}{24EI}$($\rightarrow$)

9-10　Δ_{BV} = 0.767 9 cm($\downarrow$)

9-11　(a) Δ_{CV} = $\dfrac{F_Pl^3}{48EI}$($\downarrow$)，　(b) Δ_{CV} = $\dfrac{17ql^4}{384EI}$($\downarrow$)

9-12　(a) Δ_{BH} = $\dfrac{2\,020}{3EI}$($\rightarrow$)，　φ_B = $\dfrac{1\,310}{3EI}$($\curvearrowleft$)

　　(b) Δ_{BH} = $\dfrac{7F_Pl^3}{12EI}$($\rightarrow$)，　φ_D = $\dfrac{F_Pl^2}{12EI}$($\curvearrowright$)

9-13　Δ_{CV} = 2.57 mm($\uparrow$)，　φ_B = 0.004 7 rad($\curvearrowleft$)

单元 **10**

10-1　(a) 2;(b) 6;(c) 7;(d) 10;(e) 3;(f) 21;(g) 3;(h) 5

10-2　(a) M_{AB} = $\dfrac{1}{8}ql^2$(上边受拉)；　(b) M_{BA} = $\dfrac{3}{32}F_Pl$(上边受拉)；

10-3　(a) M_{CA} = 84 kN · m(右侧受拉)，　M_{DB} = 156 kN · m(右侧受拉)

　　(b) M_{BA} = $\dfrac{1}{8}F_Pl$(右侧受拉)，　M_{CB} = F_Pl(上边受拉)

　　(c) M_{AD} = 36.99 kN · m(右侧受拉)，　M_{BE} = 104.43 kN · m(右侧受拉)

　　(d) M_{DA} = $\dfrac{1}{32}ql^2$(上边受拉)

10-4　F_{NAB} = 0.145F_P

10-5　(a) 1;(b) 1;(c) 3;(d) 3;(e) 4;(f) 2

10-7　(a) M_{BA} = $\dfrac{7}{44}ql^2$(上侧受拉)

　　(c) M_{BC} = - 40 kN · m(上侧受拉)，　M_{CB} = 40 kN · m(上侧受拉)

10-8　(a) M_{BA} = 5.72 kN · m，　M_{BC} = 4.29 kN · m

　　(b) M_{AB} = - 2.67 kN · m，　M_{BA} = - M_{BC} = 14.67 kN · m，　M_{CB} = 32.67 kN · m

　　(c) M_{AB} = 11.4 kN · m，　M_{BA} = - M_{BC} = 22.7 kN · m，　M_{CB} = - M_{CD} = 83.6 kN · m

单元 **11**

11-2　M_C = 80 kN · m(下边受拉)，　F_{QC} = 70 kN

11-3　M_{Cmax} = 314 kN · m，　F_{QCmax} = 104.5 kN，　F_{QCmin} = - 27.3 kN

参 考 文 献

[1]沈伦序.建筑力学[M].北京:高等教育出版社,1990.

[2]刘鸿文.简明材料力学[M].北京:高等教育出版社,2008.

[3]卢光斌.土木工程力学基础[M].北京:机械工业出版社,2010.

[4]杨力彬,段贵明.建筑力学[M].上海:同济大学出版社,2011.

[5]周国瑾.建筑力学[M].上海:同济大学出版社,2011.

[6]于英.建筑力学[M].北京:中国建筑工业出版社,2013.